KB051415

국제개발협력개론

국제개발협력개론

초판 1쇄 발행 **2018년 5월 31일**
초판 2쇄 발행 **2021년 3월 22일**

지은이 **배리 베이커(Barry Baker)**
옮긴이 **권상철 · 박경환 · 고은경 · 김권호 · 이정호**

펴낸이 **김선기**
펴낸곳 **(주)푸른길**
출판등록 **1996년 4월 12일 제16-1292호**
주소 **(08377) 서울특별시 구로구 디지털로 33길 48 대륭포스트타워 7차 1008호**
전화 **02-523-2907, 6942-9570~2**
팩스 **02-523-2951**
이메일 **purungilbook@naver.com**
홈페이지 **www.purungil.co.kr**

ISBN **978-89-6291-453-5 93980**

• 이 도서의 국립중앙도서관 출판예정도서목록(CIP)은 서지정보유통지원시스템 홈페이지(http://seoji.nl.go.kr)와 국가자료공동목록시스템(http://www.nl.go.kr/kolisnet)에서 이용하실 수 있습니다.(CIP제어번호: CIP2018015349)

일러두기:

1. Development는 발전과 개발 두 용어로 번역이 가능한데, 이 책에서는 발전을 주로 사용하였으나 맥락에 따라 개발을 사용하기도 하였다.
2. 영국에서 출간한 책이지만 금액 단위 달러($)는 미국달러 가치이다.
3. 제14장 새천년개발목표의 일부, 제15장 지속가능개발목표 전체는 번역자가 최근의 상황을 반영하기 위해 원저에 없는 내용을 새로이 추가한 것이다.

World Development
국제개발협력개론

세계의 발전과 불평등, 개발협력의 핵심개념에 대한 비판적 이해

배리 베이커 지음 | 권상철·박경환·고은경·김권호·이정호 옮김

푸른길

‥역자 서문

최근 국내에서 해외원조와 국제개발협력에 대한 관심이 높아지고 있다. 2000년대 이후 자유시장주의에 토대를 둔 글로벌화로 인해 국가 간, 지역 간 불평등이 그 어느 때보다도 심화되고 있기 때문이다. 개발 관련 국제기구와 국제구호단체를 중심으로 하는 시민사회 영역은 불평등과 빈곤의 지리가 인류 공영의 문제임을 강조하면서 국경과 인종을 초월한 전 세계적 연대를 강조해 오고 있다. 이런 배경에서 개발교육뿐만 아니라 유네스코 등이 강조하는 세계시민교육 분야에서도 세계 빈곤과 불평등에 대해 관심을 기울이는 개발교육에 기초한 변혁적 접근을 수용하는 모습이다. 한국도 2010년에 정식으로 OECD 개발원조위원회 회원국으로 가입함에 따라 국제적인 관심을 받고 있고, 해외원조와 국제개발협력에 적극적으로 참여할 것을 계획하고 있다.

현재 한국에 소개된 국제개발협력개론서는 매우 적은 편이다. 국내의 국제개발협력 관련 도서는 한국국제협력단(KOICA)에서 간행해 온 것들이 많은데, 대체로 공적개발원조의 역사와 정책을 소개하는 데 집중하고 있기 때문에 개발도상국의 글로벌 빈곤과 불평등에 관한 구체적인 현황과 이에 대한 심도 깊은 내용은 충분치 않다. 또한 외국의 전문서적이 한국어로 번역되어 몇 권 소개된 바 있으나, 이 또한 다양한 전공과 배경을 지닌 학부생들이 개발도상국의 현실과 국제개발협력의 바람직한 방향을 생생하고 재미있게 이해하기에는 어느 정도 한계가 있는 듯하다. 이러한 배경이 이 책을 소개하기로 결심한 이유이다.

이 책은 개발교육과 국제개발협력 분야의 연구와 활동이 가장 활발하게 전개되는 영국에서 출간한 개론서로서 세계 빈곤과 발전 관련 주요 주제를 여러 국가와 지역의 사례와 더불어 비판적 관점으로 제시하고 있다. 이러한 내용과 관점은 한국에서 개발도상국과 이들의 문제에 대한 관심과 참여를 높이는 데 도움을 줄 수 있을 것이다. 원래 이 책은 '세계 발전의 필수 교재(World Development: An essential Text)'라는 제목으로 영국의 비영리 출판협동조합인 뉴인터내셔널리스트(New Internationalist)에서 영국 고등학교 졸업자격 시험을 위한 세계의 발전, 지리, 사회 개론서로 출간하였다. 뉴인터내셔널리스트는 1973년 영국의 두 주요 원조기구인 옥스팜(Oxfam)과 크리스천에이드(Christian Aid)의 활동 홍보를 위해 시작한 잡지의 이름으로, 현재도 세계 빈곤과 불평등 문제를 보도하는 진보적 성향의 잡지로 출간되고 있다.

이 책은 세계의 발전과 불평등, 개발협력이라는 중요한 주제를 핵심개념 그리고 이와 관련한 주요 이슈를 중심으로 비판적 관점을 견지하여 내용을 구성하고 각 장마다 다양한 사례연구와 사진, 표 자료를 담고 있어 많은 정보를 간략하고 쉽게 전달할 수 있는 형식을 취하고 있다. 발전에서 시작하여 빈부격차, 불평등, 무역, 보건, 환경, 최근의 새천년개발목표와 지속가능개발목표 논의의 핵심개념을 포함하고 있어 독자에게 비판적 안목을 길러 주는 기회를 제공할 것이다.

모쪼록 한국의 청년들이 이 책을 통해 다른 나라의 빈곤과 불평등이 우리와 어떻게 연관되어 있는지를 인식함으로써, 해외 봉사와 국제구호 활동을 비롯한 다양한 국제개발협력 활동이 단순히 '불쌍한 그들을 돕는다'는 것을 넘어 글로벌 정의와 평등을 구현하고 세계의 공존공영을 달성하기 위한 세계시민으로서의 책무임을 깨닫기를 희망한다.

2018년 5월

역자 일동

··차 례

역자 서문 · 4

제1장 발전 11

1. 발전이 의미하는 것은? _ 12
2. 발전 개념의 역사 _ 12
3. 남북문제 _ 14
4. 지난 50년간의 발전 과정 _ 15
5. 경제적 복지의 측정 _ 16
6. 발전의 사회적 측정 _ 19
7. 성차별 측정 _ 22
8. 기본적 수요 _ 22
9. 농식품업 _ 24

사례 연구 미국_ 노스다코타의 농업 _ 27

제2장 부와 빈곤 32

1. 종속이론 _ 32
2. 근대화이론 _ 36
3. 다른 발전이론 _ 39

사례 연구 모잠비크_ 발전 역사 _ 41
사례 연구 영국_ 빈곤 _ 44
사례 연구 남아프리카공화국_ 교육과 언어 _ 50

제3장 불평등 52

1. 국가 내 지역 차에 대한 설명 _ 52
2. 누적적 인과론 _ 54
3. 수출지향적 성장과 산업화 _ 56
4. 수입대체 _ 56
5. 산업성장에서 외부 요인의 중요성 _ 57
6. 신흥공업국의 성장 _ 58

사례 연구 브라질_ 북동부 지역의 빈곤 _ 59
사례 연구 중국_ 급속한 산업 성장 _ 62
사례 연구 인도_ 케랄라의 모두를 위한 교육: 성장을 위한 전략? _ 65

제4장 **세계화** 69
1. 세계화 과정 _ 69
2. 자유시장 자본주의의 등장 _ 70
3. 세계화와 사회변동 _ 70
4. 세계화에 대한 상반된 견해 _ 73
5. 지구적 과정과 지구적 결과 _ 74
6. 세계화의 사회적·환경적 영향 _ 75
7. 서구적 가치의 확산 _ 77
8. 초국적 기구 _ 77
9. 세계은행 _ 78
10. 국제통화기금 _ 79
11. 세계무역기구 _ 82
12. 세계화 사례 연구 _ 82
사례 연구 나이지리아_ 석유의 지배 _ 83
사례 연구 미국_ 몬산토 기업의 권력과 영향 _ 86
사례 연구 우간다_ 빈곤 감소와 세계화의 영향 _ 88

제5장 **인구** 94
1. 인구 성장의 특성 _ 94
2. 인구변천모형 _ 95
3. 연령구조의 중요성 _ 99
4. 맬서스적 관점 _ 102
5. 발전에 대한 긍정적 요인으로서의 인구 성장 _ 105
6. 인구 성장이 식량 공급과 환경 지속가능성에 미치는 영향 _ 107
사례 연구 케냐_ 인구와 자원 _ 109

제6장 원조와 부채 감면 113
1. 원조는 무엇인가? _ 113
2. 원조는 어떻게 주어지는가? _ 114
3. 구속성 원조 _ 115
4. 원조의 가치는 무엇인가? _ 117
5. 원조의 본질과 가치에 대한 다른 관점 _ 118
6. 원조의 사례 _ 122
7. 효과적 원조 _ 124
8. 참여 _ 125
9. 원조 효과성에 대한 파리선언 _ 127
10. 부채 감면 _ 128
11. 부채 감면의 다른 영향 _ 130
사례 연구 아이티_ 부채 감면 _ 133

제7장 무역과 발전 135
1. 무역 _ 135
2. 교역조건 _ 136
3. 세계무역에 대한 다른 관점 _ 137
4. 세계무역기구 _ 140
5. 공정무역의 성장 _ 141
6. 공정무역에 대한 반대 _ 143
7. 무역연합 _ 143
8. 아프리카 토지 잠식 _ 145
9. 초국적기업 _ 146
사례 연구 코카콜라_ 전 세계가 치이익~ _ 151
사례 연구 카리브해 지역_ 윈드워드 제도의 바나나와 공정무역 _ 153

제8장 보건과 발전 155
1. 보건과 발전-명백하지 아니한가? _ 155
2. 1970년대의 낙관론 _ 156
3. 부채 위기 _ 157
4. 기대수명의 감소 _ 157
5. 선진국과 개발도상국-건강의 우선순위 차이 _ 158
6. 의료비용 _ 160
7. 보건 노동자들의 불공정거래 _ 160

8. 보건에서 이윤 취하기 _ 162
9. 제약산업의 영향 _ 163
10. 복제약품의 영향 _ 164
11. 공중보건의 재정 지원은 어떻게 해야 하는가? _ 165
사례 연구 미국_ 건강보험: 무르익은 개혁 _ 168
사례 연구 우간다_ 보건: 중대한 도전 _ 171

제9장 HIV, AIDS와 말라리아 173
1. 아프리카의 HIV와 AIDS의 영향 _ 173
2. HIV와 AIDS는 아프리카의 각 국가에 어떠한 영향을 끼쳤나? _ 176
3. AIDS의 불인정 _ 177
4. HIV와 AIDS와의 전쟁 _ 177
5. 가구에 미치는 영향 _ 179
6. ABC 논란 _ 179
7. 말라리아 _ 181
8. 말라리아의 통제 _ 182
9. 말라리아의 영향 _ 182
사례 연구 말라위_ 말라위는 어떻게 AIDS 위기를 극복했나? _ 184
사례 연구 우간다_ 말라리아 전쟁 _ 187

제10장 젠더와 발전 190
1. 왜 성 평등은 중요한 발전 이슈인가? _ 190
2. 젠더와 빈곤 _ 190
3. 현대의 젠더와 발전 접근 _ 191
4. 양성 평등의 중요성 _ 193
5. 양성 불평등에 대한 세계화의 영향 _ 195
사례 연구 케냐_ 전통과 단절하기 _ 199
사례 연구 일본_ 여성의 변화 _ 201

제11장 이주 203
1. 사람들은 왜 이주를 하는가? _ 204
2. 이주에 관한 이론 _ 206
사례 연구 중국_ 대규모 국내 이주 _ 210
사례 연구 탄자니아/르완다_ 1994년 르완다의 난민 위기 _ 213

제12장 환경과 개발 217
1. 기후변화 _ 220
2. 오염자 부담은 실패 _ 221
3. 해수면 상승 _ 223
4. 생물다양성 유지의 중요성 _ 225
사례 연구 투발루_ 한 국가의 종말 _ 227
사례 연구 아랄해_ 환경 비극 _ 230
사례 연구 코끼리_ 사선 앞에 선 아프리카코끼리 _ 232
사례 연구 2012년 런던올림픽_올림픽, 지속가능한 행사? _ 234

제13장 기술과 발전 238
1. 기술적 격차 _ 238
2. 무역관련 지적재산권에 관한 협정과 HIV 치료제 _ 240
3. 태국의 복제약품 이용 _ 241
4. 기술적으로 도약하기 _ 244
5. 중간기술 _ 244
6. 기술은 트로이 목마인가? _ 245
사례 연구 아프가니스탄_ 가장 낙후된 지역까지 뻗어 나간 휴대전화 _ 246
사례 연구 수단_ 카랄라와 다르푸르의 연기가 적게 나는 난로 _ 248

제14장 새천년개발목표 250
1. 새천년개발목표 수립의 배경 _ 251
2. 새천년개발목표 _ 253
3. 새천년개발목표의 성과 _ 271

제15장 지속가능개발목표 276
1. 새천년개발목표 이후 포스트-2015 개발 어젠다에 대한 논의 _ 276
2. 새천년개발목표에서 지속가능개발목표로 _ 280
3. 지속가능개발목표의 가능성 _ 283
4.지속가능개발목표의 한계 _ 287

참고문헌 _ 296
찾아보기 _ 301

발전

핵심내용

발전이란 무엇이며 어떻게 측정할 수 있는가?

- 발전의 정의는 다소 복잡할 수 있는데, 종종 문화에 기초한다. 발전은 교육, 건강, 민주주의, 인권, 수익, 복지 그리고 지속성을 포함한다.
- 빈곤은 발전의 핵심요소 중 하나이며, 빈곤의 측정 방법은 국가별·지역별로 다양하게 나타날 수 있다.
- 발전을 측정하는 방법은 국민총생산(GNP), 국내총생산(GDP), 국민총소득(GNI), 인간개발지수(HDI), 성평등발전지수(GDI)와 같은 다양한 경제·사회·정치적 지표를 이용할 수 있다.
- 특정 국가 또는 지역 내의 소득 분배는 측정할 수 있으며, 이는 인구집단 내 부의 불평등 수준의 증거가 된다.
- 부와 자원의 불균형 분배에 대한 설명은 국가마다 다를 수 있다.
- 인간의 기본적 욕구 충족은 물리적·인문적 환경에 영향을 미친다.

내가 서구 문명에 대해 어떻게 생각하느냐고? 아주 좋은 아이디어라 생각한다!

-'위대한 영혼'이라는 의미의 마하트마로 알려진 모한다스 K. 간디(1869~1948)

마하트마 간디(Mahatma Gandhi)는 인도 독립운동의 정신적·정치적 지도자였으며, 억압에 대항한 비폭력 철학은 전 세계 시민권운동의 불을 지폈다. 매우 단순한 삶을 추구했던 간디는 서구에서 일어나고 있는 급격한 산업화에 따른 사회 변화에 반대했다. 당시 대다수의 서양인들은 인도를 미개하고 후진적인 국가로 여겼으며, 인도의 풍부한 문화와 역사에 대해 거의 알지 못했다. 따라서 그에게 던져진 질문에 간디의 답변은 서구식 사회조직 모델에 대한 의구심을 보여 준다. 아직까지도 서구 문명은 종종 발전과 동의어로 여겨지고 있어 간디의 관점은 최근의 미래 방향에 대한 논의에 적합하다.

1. 발전이 의미하는 것은?

긍정적인 분위기를 풍기는 영어 단어들이 몇 가지 존재한다. '공동체(community)'가 그중 하나이며, '발전(development)' 또한 이에 해당한다. 사람들이 공동체에 관해 논의할 때, 우리는 곧바로 더 나은 선(善)을 위한 협동을 떠올린다. 마찬가지로 '발전' 또한 일정 기간 동안 더 나아진다는 일반적 인식, 즉 '개선'과 연결된다. 발전은 가치판단적 단어여서 더욱 정확한 정의를 내리기 어렵다. 일부는 발전을 빈곤을 탈피하기 위한 부(富)의 증대로 여기는 반면, 다른 사람들은 발전을 개선된 사회환경과 연계시킨다. 또 다른 이들은 지속적인 발전 또는 성장을 지속불가능한 자원 이용, 환경 악화, 그리고 사회 결합에 대한 위협으로 본다.

그렇다면 발전은 무엇을 의미하는가? 자주 인용되는 정의 중 하나는 '인간의 노력에 의해 성취되는 이상적 상태'이다. 이 개념은 발전이란 단순히 국민의 소득과 부를 향상시키는 데 그치는 것이 아닌 인권과 복지의 향상에도 초점을 맞춰야 함을 의미한다. 전 세계적으로 사회적·문화적·경제적 다양성이 존재하기에, 발전을 진행시킬 단 한 가지의 처방을 내리는 것은 불가능하다.

2. 발전 개념의 역사

발전의 현대적 개념은 1949년 미국 대통령 해리 트루먼(Harry S. Truman)의 취임 연설까지 거슬러 올라간다. 트루먼은 이 연설에서 과학적·산업적 성과를 통해 얻은 이익은 '저발전' 지역에서 이용 가능해야 하며, 이러한 발전은 '민주적이고 공정한 거래'에 기반을 두어야 한다고 강조했다. 물론 당시는 냉전체제가 시작되는 시점이었기 때문에, 트루먼의 연설은 정치적 동기를 가지고 있었을 것이다. 미국은 1947년 잘 알려진 마셜플랜(Marshall Plan)을 통해 서유럽 지역을 대상으

그림 1.1 우리는 할 수 있다! 부르키나파소의 미소 띤 학생들은 발전노력의 가장 중요한 목표이다.

로 대규모 원조를 제공했다. 이는 단순히 수원국의 산업 부활을 도운 것만이 아니라 그들이 사회·정치적으로 미국식 모델을 따르도록 고착시켰으며, 이는 곧 소련과 동유럽의 지배하에 있는 공산주의 체제와의 간접적인 전쟁으로 나타났다. 트루먼은 '발전'이 국제적으로 유사한 효과를 낼 것으로 여겼다.

1950년대 들어 서구와 동구권 간의 긴장상태는 갈수록 심각해졌다. 한국에서는 이웃 공산국가인 중국과 서구 강대국들이 얽혀 전쟁이 발발했다. 같은 시기 아프리카와 아시아 곳곳의 식민지에서는 전 식민주의 국가들을 향한 독립요구가 거셌고, 서구권 국가와 소비에트연방 양쪽 모두는 이 신생독립국들에 대한 주도권을 얻기 위해 경쟁했다. 이 시기 '제3세계(Third World)'—프랑스어의 tiers monde로 1952년 프랑스에서 처음 등장—가 개발도상국 그룹을 칭하는 용어로 등장하는데, 결과적으로 이들은 서구의 자본주의와 동구의 공산주의 진영 어느 쪽에도 속하지 않았다.

'제3세계' 국가 중 일부는 1955년 인도네시아 반둥(Bandung)에 모여 회담을 통해 워싱턴과 모스크바 간의 전략적 경쟁으로부터 독립한다는 그들만의 어젠다 설정에 착수했는데, 이로 인해 그들은 비동맹그룹(non-aligned group)으로 알려진다. 1960년대에 많은 수의 아프리카 국가까지 참여한 이 신생독립국들은 대부분 열악한 수준의 부(富)와 부족한 산업기반이라는 공통된 특징을 가지고 있었다. 국가의 소득 향상과 산업의 발전을 위해 경제적·기술적 자원에 접근할 필요가 있다는 것을 깨달은 후, 점차 많은 국가들이 비동맹그룹에서 탈퇴하고 선진국으로부터의 원조를 선택했다. 하지만 이들은 스폰서들로부터 경제적·정치적·문화적·철학적 원조를 얻기 위해 많은 대가를 치러야만 했다.

3. 남북문제

브란트위원회보고서(Brandt Report)는 세계의 많은 사람들이 지녀 왔던 국제개발의 본질에 대한 인식을 변화시킨 중대한 사건이었다. 이 보고서는 1980년 전 서독 총리인 빌리 브란트(Willy Brandt) 초대 의장을 중심으로 구성된 독립위원회(Independent Commission)에서 다루어진 국제 이슈들을 검토한 보고서이다. 이 기념비적 문건을 통해 선진국과 개발도상국의 특성 간에는 참담한 격차가 존재함이 확인되었으며, 이는 이후 남북문제(Global North and South)라는 개념으로 알려졌다.

북부국가(the North)와 남부국가(the South)는 지구를 가로지르는 하나의 선으로 구분된다. 이 경계는 지구를 크게 두 개의 지역으로 나누며, 이 중 북부국가는 북아메리카, 유럽, 러시아, 한국, 일본뿐만 아니라 오스트레일리아와 뉴질랜드 같은 남반구에 속한 국가들도 포함한다. 일반적으로 이 그룹에 속한 국가들은 고부가가치 상품 무역을 통해 경제적으로 발달된 모습을 보인다. 반면 남부국가는 남반구에 속한 나머지 국가들을 포함한다. 이 그룹의 국가들은 부가가치가 낮은 중간재나 1차상품 수출에 의지하는 경향이 크다. 이러한 북부-남부 구분은 여전히 널리 통용되는 개념이며, 부유국과 빈곤국, 선진국과 개발도상국의 구분보다는 차별적 의미를 덜 내포하고 있다.

1960년대 국제개발 개념의 성장은 정치적 편리성이 중요한 요인이었지만, 의사소통 수단의 발달 역시 많은 사람들이 국제적인 부의 불평등이나 대규모의 빈

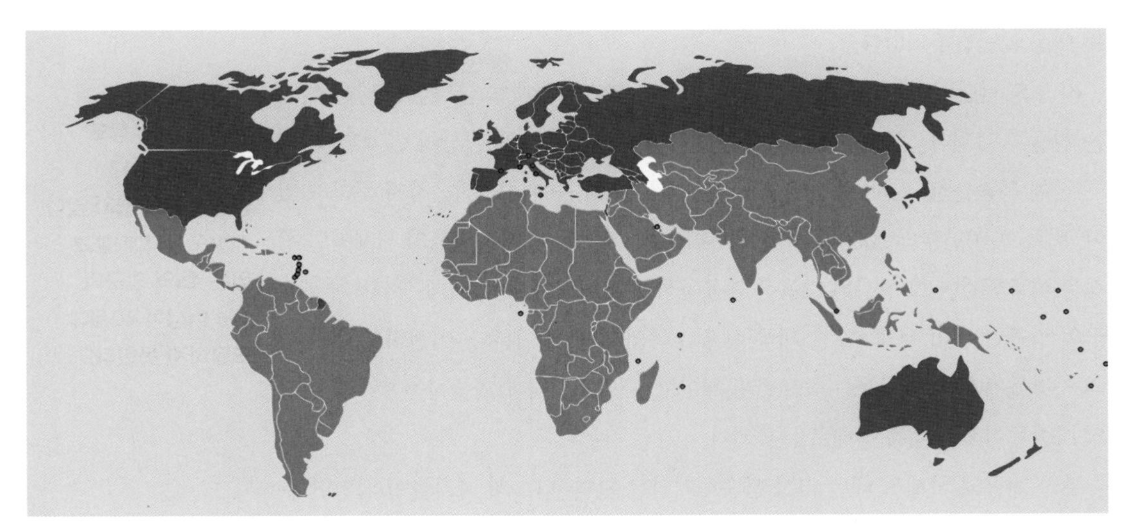

그림 1.2 남북 격차의 새로운 관점

곤과 영양실조 상태를 인지하는 데 일조했다는 점도 간과해서는 안 된다. 남부국가의 경제상태에 관심을 가진 옥스팜(Oxfam)이나 케어(CARE) 같은 자선단체들이 속속 등장했고, 산업화를 이루기 위해 분투하는 국가들에 자원을 제공하는 것이 하나의 원조방법으로 받아들여졌다. 이로써 사람들은 점차 국가 간 평등한 부의 분배를 통해 사회적 정의를 성취할 수 있다고 믿기 시작했다.

4. 지난 50년간의 발전 과정

1960년대 이래로 이루어 낸 성과들은 기껏해야 부분적으로 드러날 뿐이고, 이에 대해서는 이 책의 뒷부분에서 더욱 면밀히 다룰 것이다. 이러한 문제의 원인 중 하나는 지난 50여 년간 통용된 발전의 개념적 정의가 지나치게 단순했기 때문이라는 것은 분명하다. 그동안 발전이라는 개념은 광범위하게 산업화와 자연환경에 대한 집약적인 착취와 소비에 기초한 북부국가들의 모델에 순응해 나가는 과정이라고 인식되었다. 빈곤국가에서 이루어지는 농업—대다수는 농부들의 가족을 위한 자급자족적 작물재배—은 대규모적이거나 효율적이지 않고 기계화되어 있지 않기 때문에 빈곤의 원인 중 하나라고 여겼다. 자급적 농부는 자신들의 농업으로 편안하게 살고 있더라도 소득이 낮기 때문에 빈곤 탈피를 위해 도움을 받아야 하는 대상으로 간주되었다.

지난 50년간의 발전은 얼마나 성공적이었는가? 아쉽게도 긍정적 대답을 얻기는 힘들어 보인다. 개발도상국에 사는 인구 45억 명 중 25% 이상이 만 40세가 되기 전에 목숨을 잃고, 이 중 약 13억 명은 깨끗한 물 근처에도 접근하지 못하고 있다. 비록 1950년부터 2000년 사이에 무려 10배 가까이 국내총생산의 세계적인 성장을 이룩했지만 그 향상된 소득은 불균등하게 분배되었으며, 세계 상위 5개 부유국의 평균 소득이 세계 하위 5개국 평균 소득의 70배에 이른다. 여전히 수백만 명의 사람들에게 식량 확보는 중요한 문제이고, 개발도상국에 거주하는 8억 명 이상의 사람들이 영양부족 상태로 분류된다.

'지난 50년간 발전은 어느 정도 성공적이었나? 긍정적이기 쉽지 않다. 개발도상국에 살고 있는 45억 인구의 1/4 이상이 40세에 도달하지 못한다.'

부와 빈곤의 국제적 패턴 역시 단순하지만은 않다. 다수의 국가들이 상당한 수준의 부와 삶의 질 향상을 경험했지만, 그 이면에는 성공적 경제성장이라 칭하며 넘기기에는 너무도 중대한 예외사항들이 있다. 상당수의 아프리카 국가들은 내전(앙골라, 시에라리온, 르완다 등)과 AIDS(남아프리카공화국, 잠비아, 짐바브웨 등)로 인해 경제적으로 고통받고 있다. 또한 구소련에 속해 있던 일부 국가들은 시장경제 체제로의 편입 과정에서 심각한 경제위기를 겪어야만 했다. 그 밖에도 소규모 수출산업에 의지하고 있는 국가들은 국제 상품시장의 물가 변동에 굉장히 취약한 모습을 보이는데, 상품의 국제시장 가치가 떨어지면 국가 부채를 감당할 수 없게 되어 심각한 대혼란이 발생할 수 있다. 이러한 간략한 설명을 통해서도 알 수 있듯이, 국제개발을 통해 풀어내지 못한 남부국가들의 문제는 결코 어제오늘의 문제가 아니다.

5. 경제적 복지의 측정

국가별 혹은 지역별로 경제발전의 진행 정도를 비교하기란 결코 단순하지 않다. 그렇다면 비교를 위해 필요한 것은 무엇인가?

국내총생산(GDP), 국민총생산(GNP), 국민총소득(GNI)은 국가 간의 경제적 발전 정도를 비교하는 데 사용되는 가장 일반적인 지표이다. 이 지표들은 국가 내에서 생산되는 재화와 서비스의 시장가치를 통해 측정되는데, GNP와 GNI의 경우 국내기업이 해외에서 생산하는 상품가치도 포함하여 측정하므로 일반적으로 GDP보다 경제적 발전 정도를 표현하는 데 용이한 지표로 여겨진다. 따라서 현재 한 국가의 경제적 수준을 측정하는 기준방법으로 GNI가 보편적으로 이용된다. 하지만 단순히 전체 시장가치의 합인 GNI만으로 경제수준을 측정할 경우 오판을 내리기 쉬운데, 이는 GNI가 국가의 인구규모를 반영하지 않은 수치이기 때문이다. 그러므로 일반적으로 총 GNI 값을 전체 인구수로 나눈 '1인당'의 형태로 표시한다.

그러나 이 3가지 지표 모두 국가의 발전 정도에 대한 정보로는 한계가 있다. GDP, GNP, GNI의 성장은 한 국가 내 부의 수준 증가를 나타내지만, 이것이 곧 대다수 사람들에게 보편적인 교육이나 복지와 같은 사회적 조건이 향상되는 것을 의미하지는 않는다. 다른 예를 들면, 위의 1인당 경제지표들은 부유층과 빈곤층 사이에 일반적으로 존재하는 거대한 경제적 격차를 감추기 때문에 개인별로 진정

그림 1.3 태국 방콕의 빈곤층은 사진의 클롱토이(Klong Toey)처럼 수로(klong)를 따라 집중한다.

한 부의 수준을 나타내기에는 적합하지 않을 수 있다. 실제로 부의 불균등한 분배는 거의 모든 국가에서 나타나는 특징이다.

이러한 경제지표에 대한 또 다른 비판은 이 지표들이 공식적인 경제 부분만을 다루고, 자급적 농업과 같이 더 개발도상국답다고 할 수 있는 비공식적인 부분의 가치는 전혀 고려하지 않는다는 점을 지적한다. 또한 많은 주부들의 무보수 가사 노동이 계산되지 않는 성차별적 편견을 반영한다고 생각한다. 부의 지표들은 국가 간에 존재하는 차이를 일반적으로 드러낼 수는 있지만, 이를 너무 숫자 그대로 사용하기에는 조심스럽다.

부의 수준을 측정하는 것이 이렇게 어렵다면, 빈곤 측정은 어떠한가? 특정 국가 혹은 지역의 빈곤수준을 측정하는 능력은 발전수준 평가의 중요한 요소이며, GNP, GNI, GDP가 이러한 목적에 적합한 경제지표는 아니다. 한 국가의 빈곤수준을 측정하는 가장 일반적인 방법은 전체 인구 중 빈곤선 이하의 인구비율을 측정하는 것이다. 빈곤선은 구체적인 기준값을 이용하는데, 유엔개발계획(United Nations Development Programme, UNDP)을 예로 들면 1일 소득액 1.25달러 혹은 2달러를 기준으로 잡고 있으며, 그 밖에도 국가별로 자체적인 빈곤선을 설정하기도 한다. 다음 표에 제시한 선별된 국가들의 자료는 국가별로 매우 광범위한 변화를 보여 주며, 각 국가가 고유한 빈곤선을 설정하고 있다면 국가 간 빈곤수준을 단순히 비교하는 것은 문제가 있음을 강조한다.

이 자료는 유용하지만 사람들이 빈곤선 이하의 어느 정도 수준인지를 나타내지

표 1.1 선별된 국가 중 빈곤선 이하 인구비율
출처: 유엔 인간개발보고서, 2008

국가	1일 $1.25 미만으로 사는 비율 (2008)	1일 $2 미만으로 사는 비율 (2008)	국가 빈곤선 이하에서 사는 비율
방글라데시	49.6	81.3	49.8
중국	15.9	36.3	2.8
콩고민주공화국	59.2	79.5	71.3
에티오피아	39	77.5	44.2
엘살바도르	11	20.5	37.2
인도	41.6	75.6	28.6
인도네시아	21.4	53.8	16
케냐	19.7	39.9	52
말라위	73.9	90.4	65.3
터키	2.7	9	27

못하기 때문에 제한적이다. 예를 들어 최빈곤층 사람들이 소득을 향상시켰더라도 여전히 빈곤선 이하의 수준에 있다면 그 증가를 전혀 확인할 수 없다. 조금 더 정교화된 측정방법은 선택된 빈곤선으로부터 빈곤층 소득의 격차를 나타내는 빈곤격차비율을 측정하는 것으로 소득빈곤의 심각성을 확인할 수 있다. 빈곤선 이하 전체 빈곤인구의 평균 소득 부족분을 이용해 계산하는 이 측정방법을 통해(빈곤층이 아닌 인구는 부족분이 없는 것으로 계산) 빈곤선을 기준으로 계산한 부족분의 비율을 보여 줄 수 있다. 모든 국가들의 연간 측정값이 유효하다고 볼 수는 없지만, 2007년의 경우 인도는 10.8%, 인도네시아는 7.1%의 수치를 보였다. 측정된 값이 클수록 빈곤문제 역시 심각함을 의미한다.

$$\text{빈곤격차비율} = \frac{\text{빈곤선 이하 인구의 평균 소득 부족분}}{\text{빈곤선(예를 들면 1.25달러)}} \times 100$$

6. 발전의 사회적 측정

경제성장이 환경에 부정적 영향을 끼치거나, 부의 불평등이 심화되어 사회적 요소를 파괴할 경우 그 성장의 지속성을 보장하기 힘들다. 따라서 이러한 다양한 범위의 요인들을 포함하여 특정 국가나 지역의 발전 정도를 보다 정확히 측정하기 위한 새로운 측정방법이 도입되었다.

발전의 사회적 요소를 측정하는 방법에는 건강, 교육, 양성 평등, 민주정치에 대한 접근성 등 다양한 정보들이 이용된다. 가장 일반적으로 사용되는 사회발전의 척도는 유엔개발계획(UNDP)에서 개발한 인간개발지수(Human Development Index, HDI)이다. 이 지수는 발전을 측정하는 데 다음의 3가지 핵심요소를 제시한다.

- 국가의 부 수준은 1인당 국내총생산을 기준으로 측정하여, 구매력지수(Purchasing Power Parity, PPP)로 조정
- 보건–평균 기대수명으로 측정
- 교육–특정 연령에서 교육받는 인구비율(초등, 중등, 고등)과 문맹수준(교육성취)으로 측정

이 변수들을 조합하여 가장 낮은 발전수준인 0부터 가장 높은 수준인 1까지 범위의 종합지수를 만든다. 2010년의 보고서에 따르면 가장 높게 기록된 점수는 0.938(노르웨이)이었고, 가장 낮은 점수는 0.140(짐바브웨)이었다. 당시에는 유엔 가맹국 중 25개국이 국가 자료의 부족으로 인해 조사 대상에서 제외되었다. 같은 해에 유엔은 기존 인간개발지수 산정방식에 불평등의 정도를 반영해 새롭게 수정된 형태의 인간개발지수 측정방식을 소개했다. 이 방식을 통해 국가 내에서 나타나는 건강, 교육, 소득의 불평등한 분배 정도를 반영할 수 있다. 불평등 정도를 반영한 인간개발지수는 평균적으로 기존 인간개발지수의 약 25% 정도 낮은 수치를 보이는데, 선진국의 경우 그 차이가 이보다 훨씬 덜하며, 개발도상국의 경우는 더 크다.

이러한 인간개발지수의 사용에서도 반드시 비판적으로 짚고 넘어가야 할 점이 존재한다. 개발도상국에서 구하는 데이터들은 완전히 신뢰하기는 힘들며, 또한 이 데이터들을 구체적으로 정립·확립하기가 어렵다는 점이다. 게다가 건강이나 교육과 같은 상대적 가치는 다양한 방법으로 측정할 수 있어, 기존에 이용되는 몇 가지 지표들이 너무 임의적으로 선택된 것이 아닌가 하는 추론도 가능하다. 국가의 불평등 정도를 확인할 수 없다는 비판을 받는 1인당 GDP와 마찬가지로, 인간개발지수 역시 같은 원인의 비판을 받을 수 있다. 또한 부유한 학생들의 높은 상급학교 진학률을 이용하여 가난한 아이가 기초교육을 받기 힘든 현실을 덮을 수 있

높음			낮음		
순위	국가	점수	순위	국가	점수
1	노르웨이	0.938	160	말리	0.309
2	오스트레일리아	0.937	161	부르키나파소	0.305
3	뉴질랜드	0.907	162	라이베리아	0.300
4	미국	0.902	163	차드	0.295
5	아일랜드	0.895	164	기니비사우	0.289
6	리히텐슈타인	0.891	165	모잠비크	0.284
7	네덜란드	0.890	166	부룬디	0.282
8	캐나다	0.888	167	니제르	0.261
9	스웨덴	0.885	168	콩고민주공화국	0.239
10	독일	0.885	169	짐바브웨	0.140
26	영국	0.849			

표 1.2 인간개발지수(HDI) 순위
출처: 유엔, 『인간개발보고서』, 2010

다는 점에서, 사회의 모든 계층이 교육을 받을 수 있는 정도를 나타내는 지표가 언급조차 되지 않은 점은 분명히 문제가 있다. 그럼에도 불구하고 인간개발지수는 국가 간 개발 정도를 비교하기 위해 널리 애용되고 있으며, 개발 정도의 아주 명확한 국제적 패턴을 드러내는 데 역할을 했다.

국가별 행복수준과 같은 지표들은 개발에서도 매우 중요한 요소이지만, 양적으로 측정하기가 매우 힘들고 이 때문에 상호 비교하는 것 역시 힘들다. 따라서 유엔의 『인간개발보고서(Human Development Report)』(초판 1990)에서는 지금까지와 다른 3가지의 측정방법을 다루고 있다. 첫 번째는, 발전과 빈곤 사이에 존재하는 강력한 연결고리를 증명하며, 나아가 경제적 의미의 빈곤만이 아닌 더 폭넓은 의미의 빈곤을 측정하고자 했다. 이처럼 인간빈곤지수(Human Poverty Index, HPI)는 앞서 언급한 인간개발지수와 유사한 종합 측정지표로, 다음과 같은 국가별 데이터를 이용한다.

- 빈곤선 이하로 생활하는 인구의 비율
- 글을 아는 성인 비율(문자해득률)
- 깨끗한 물을 얻을 수 없는 인구의 비율
- 40세 이하 사망률

표 1.3 인간빈곤지수(HPI), 2007
출처: 유엔, 『인간개발보고서』, 2007

순위	국가	인간빈곤 지수-2	출생시점에서 60세까지 생존하지 못할 확률(%)	기능적 문자해득력이 부족한 인구비율(%)	장기 실업률(%)	중간소득의 50% 미만 인구비율(%)
1	스웨덴	6.3	6.7	7.5	1.1	6.5
2	노르웨이	6.8	7.9	7.9	0.5	6.4
3	네덜란드	8.1	8.3	10.5	1.8	7.3
4	핀란드	8.1	9.4	10.4	1.8	5.4
5	덴마크	8.2	10.3	9.6	0.8	5.6
6	독일	10.3	8.6	14.4	5.8	8.4
7	스위스	10.7	7.2	15.9	1.5	7.6
8	캐나다	10.9	8.1	14.6	0.5	11.4
9	룩셈부르크	11.1	9.2	–	1.2	6.0
10	오스트리아	11.1	8.8	–	1.3	7.7
13	오스트레일리아	12.1	7.3	17.0	0.9	12.2
16	영국	14.8	8.7	21.8	1.2	12.5
17	미국	15.4	11.6	20.0	0.4	17.0
18	아일랜드	16.0	8.7	22.6	1.5	16.2

• 5세 미만 아동 중 체중미달 아동의 비율

인간빈곤지수는 앞선 각각의 요인들을 반영하여 하나의 지표로 계산된다. 특히 위의 3가지 기준을 반영하여 측정한 값은 인간빈곤지수-1(HPI-1)이라고 부른다. 하지만 모든 개발도상국으로부터 국가별 인간빈곤지수 순위를 매기기 위한 데이터를 얻는 것은 쉬운 일이 아니다. 따라서 유엔의 『인간개발보고서』는 2007년 한 해 동안 인간개발지수 상위 22개국들의 데이터만을 이용한 인간빈곤지수를 측정하였고, 이와 관련된 기준을 일부 개정한 인간빈곤지수-2(HPI-2)를 만들어 냈다.

7. 성차별 측정

성차별의 정도 역시 『인간개발보고서』에서 다루는 여러 가지의 측정요소 중 하나이다. 성평등발전지수(Gender-Related Development Index, GDI)는 인간개발지수를 이용하여 남성과 여성 간에 존재하는 불평등의 정도를 다룬다. 예를 들면 교육에 관한 성별 불평등 때문에 남성과 여성 간 문자해득률의 차이가 높게 나타날 경우, 곧 성평등발전지수의 감소로 연결된다. 성평등발전지수는 그 자체만으로 이용되는 지표는 아니지만, 인간개발지수와 성평등발전지수 사이의 격차를 이용하여 성별 불평등의 정도를 확인하는 데 유용하다.

이와 다르게 여성권한척도(Gender Empowerment Measure, GEM)는 남성과 여성이 정치적·경제적 정책결정 과정에 참여하는 데의 평등 정도를 측정한다. 『인간개발보고서』는 이러한 측정방법들을 이용하여 특별히 낮은 인간개발 수준을 가진 22개국을 확인하였는데, 이들 모두는 아프리카에 속해 있었다.

8. 기본적 수요

유엔은 인간이 생활하는 데에 물질적·사회적으로 필수적이고, 어떠한 과정의 국제개발 형태에서도 지역의 초기 개발에 긍정적이라 평가할 수 있는 인간의 욕구들을 선정하였다. 유엔이 지정한 기본적 수요는 다음과 같다.

- 의식주와 연료
- 깨끗한 물, 위생, 교통, 건강과 고용
- 건강하고 안전한 환경
- 의사결정에 참여할 수 있는 능력

지구상에 존재하는 약 70억 명이라는 거대한 수의 사람들이 불가항력적으로 기본적 욕구를 충족하지 못하는 자연적·인문적 환경에 처해 있다. 이러한 환경적 영향은 균일하지 않고 인구밀도, 도시나 촌락으로서의 입지, 두드러진 전통이나 문화적 환경조건과 같은 거의 모든 범주의 영향에 의해 다양한 형태로 나타난다.

개인이나 가족에게 식량을 제공하는 것은 가장 기본적인 인간의 욕구 중 하나이다. 식량 생산은 자급자족을 위한 작은 규모일 수도 있고, 상업적 목적에 의한 거대한 규모일 수도 있지만 인간사에서 논쟁이 되는 중요한 쟁점이었다. 그렇다고 그 영향이 항상 생각한 대로 분명히 나타난 것은 아니다.

서부 국가에서 소비되는 식량 중 상당 부분은 수입되고 있다. 영국을 예로 들면, 40%의 식량이 해외로부터 유입된다. 이러한 식품 수입은 중요하게 짚고 넘어가야 할 환경적 의미를 가지는데, 이는 단순히 식품 운송 간에 발생하는 문제뿐만 아니라 식품 경작을 위해 필수적으로 요구되는 투입요소들 때문이기도 하다. 아스파라거스가 이에 해당되는 대표적 사례이다. 지난 몇 년 동안 아스파라거스는 영국 슈퍼마켓 선반에서 찾을 수 있는 아주 일반적인 채소가 되었다. 물론 이 아스파라거스를 영국 내에서 재배하는 것이 불가능한 것은 아니지만, 재배 가능 기간이 한두 달 정도로 짧고 습한 조건에서만 생존할 수 있는 작물이기 때문에 부적합하다. 그럼에도 불구하고 소비자들은 이 고급스러워 보이는 상품에 다소 비싼 가격이더라도 기꺼이 지출할 의향이 있기에, 슈퍼마켓들은 먼 거리로부터 언제나 상품 수송이 가능하도록 만반의 준비가 되어 있다. 영국 슈퍼마켓에서 제공되는 아스파라거스의 상당 부분은 페루로부터 항공화물 편으로 운반된다. 안데스 고산지대가 영국에 비해 긴 재배 가능 기간을 갖고 있는 것은 사실이지만, 이를 재배하기 위해서는 지하에서 공급되는 어마어마한 양의 물이 필요하다.

개발도상국에 거주하는 대부분의 자급적 농가들이 농작을 할 때 마주하는 가장 큰 문제는 충분한 양의 물 공급이다. 깨끗한 물을 공급하는 것은 많은 개발계획에서 공통적으로 찾을 수 있는 주요 목적 중 하나이며, 실제로 농촌지역에 거주하는 많은 농가들이 향상된 수자원 공급의 혜택을 받아 왔다. 하지만 수자원 공급의 개선이 항상 긍정적 결과로 연결되는 것은 아니며, 심지어 개선된 수자원이 가난한 농부들에게는 오히려 농가의 부의 수준과 물에 대한 접근성을 더 악화시킬 수도 있다.

르완다의 농부 중 70% 이상이 자급적 농업을 하면서 이를 통해 산출되는 약간의 잉여생산물을 팔아 가족의 생계를 유지하고 있다. 이들 대부분이 수자원 공급의 부족에 시달리고 있는데, 이를 예방하려면 건기에도 경작을 할 수 있는 관개시설이 필요하다. 관개시설 없는 농지는 생산성이 매우 낮으며, 이 농지의 생산성을 높이기 위해서는 막대한 투자가 필요하지만 농부들은 돈이 없다. 이것이 빈곤 순환의 가장 전형적인 모습이다.

다음에 나오는 르완다 음용수 관련 글은 키갈리(Kigali) 북부 룰린도(Rulindo) 지역에서 시행한 수자원 개선사업을 다루고 있다. 이 내용에 따르면 민간기관이 독점하고 있는 수도를 통해 공급되는 '개선된' 물 공급이 자급적 농부들에게는 오히려 문제를 악화시키고 있음을 보여 준다.

9. 농식품업

선진국의 농업시스템은 앞서 설명한 개발도상국의 상황과는 완전히 다른 특징을 보여 준다. 가장 뚜렷한 차이점은 선진국 농업의 대규모 경작과 대량의 투자방식이다. 농업생산성이 높은 선진국의 경작방법은 기계공학, 화학, 생명공학 등 각 분야 전문가의 조언과 정보를 활용하여 결정된다. 이와 같으니 이들과 개발도상국의 자급적 농가의 격차는 아주 극단적일 수밖에 없다고 하겠다.

농식품업(agribusiness)이라는 용어는 1970년대 선진국의 경작방식에서 나타나는 투입요소의 증가 및 향상을 표현하기 위해 만들어졌다. 이는 경작방법, 종자공급, 농약, 도매업, 처리 및 분배 과정, 소매업 등의 투입요소들을 포함한 포괄적인 발전이었다. 이후 이 용어는 다른 사람들에게 전혀 다른 의미로 알려지게 되었다. 특히 식품생산업계 종사자들에게 농식품업이라는 용어는 현대사회의 식품 생

페루 이카계곡(Ica Valley)의 아스파라거스 재배

페루의 이카(Ica)시에 위치한 농산물 가공공장에서 노동자가 아스파라거스 무게를 달고 있다.

페루에서 재배되어 영국에서 팔리고 있는 아스파라거스는 이제 수용이 불가능할 정도로 심각한 수준의 푸드마일리지(food mileage)를 나타내는 상징이 되어 버렸지만, 최근에 발표된 보고서에 따르면 어쩌면 이보다 더 심각한 문제가 존재한다. 바로 물 발자국(water footprint)이다.

발전자선단체인 프로그레시오(Progressio)의 연구에 따르면, 페루의 이카계곡에서 행해지는 기업형 아스파라거스 생산으로 인해 인근 지역주민이나 소규모 농가가 우물이 말라 가는 것을 확인할 수 있을 만큼 매우 빠른 속도로 수자원이 고갈되고 있다. 이카계곡에 위치한 주요 도시들 역시 위험에 처해 있다. 따라서 지금과 같은 형태가 계속되면, 대부분 영국 슈퍼마켓으로 향하는 현재의 고급 농산품 수출산업은 지속성을 보장할 수 없다고 경고했다.

이카계곡은 안데스 산지의 사막지역으로, 지구상에서 가장 건조한 지역 중 하나이다. 지난 10년간 아스파라거스 생산지가 성장한 이래 지속적으로 관개시설이 증축되었으며, 그 결과 추출한 양이 보충한 양을 따라잡은 2002년 이래로 지하수면이 급격히 낮아지는 상황으로 이어졌다. 일부 지역에서는 무려 매년 8m 정도씩 지하수면이 낮아지고 있어, 세계에서 가장 빠른 속도의 지하수 고갈을 보이는 지역이다. 세계자연기금(World Wide Fund for Nature, WWF)에 따르면 영국은 세계 6위의 '가상수(可相水, virtual water)' 수입국으로, 이는 다른 나라로부터 수입하는 상품들을 만들 때 사용된 실제 물의 양을 의미한다. 이 가상수 소비의 대부분이 최근 몇 년간의 고가식품 수입 열풍과 직접적으로 관련된다. 1990년대 후반까지만 해도 찾아보기 힘들던 슈퍼마켓 선반 위의 신선한 아스파라거스가 가장 전형적인 사례이다. 현재 영국은 세계에서 세 번째로 큰 페루산 아스파라거스 수입국이 되었으며, 매년 약 650만kg을 소비하고 있다.

『가디언(The Guardian)』, 2010년 9월 15일

르완다, 룰린도 지역의 음용수

르완다에 기존보다 개선된 공공 수도체계가 설치되면서 많은 농가들의 경작방식에도 변화가 생겼다. 농가들이 물을 구입하기 위해서는 당연히 소득을 창출해야 했고, 이 때문에 오랜 기간 자신들을 먹여 살린 카사바, 콩, 옥수수 같은 구

황작물이 아닌, 대표적으로 커피와 같은 상품작물을 재배하고 있다. 이러한 사실은 자급적 농가들이 겪어야만 하는 상당한 수준의 불안과 고민을 보여 준다. 만약 국제시장에서 커피의 시장가치가 하락할 경우 하부 자급적 농가들의 구매력 역시 사라지게 되며, 이는 단순히 물 구매력을 하락시키는 것만이 아니라 생존을 위한 식량을 구할 수 없고 전반적인 경제생활 수준마저 유지할 수 없게 만들 것이다. 점차 많은 자급적 농가들이 커피 생산에 참가함으로써 커피 가격의 하락으로 연결되고 있고, 더 심각한 것은 르완다 농촌의 자급적 농가들을 위험에 빠뜨리고 있다는 사실이다.

정수(淨水)의 대가: 르완다 사람들은 식수로 인해 부채를 지고 있다.

현재 관개시설을 이용하는 데 비용이 들기 때문에 많은 수의 농가가 토마토, 고추, 양파, 시계꽃 열매(passion fruit), 이비뇨모로(ibinyomoro)와 같은 물 공급이 필요한 농산품의 경작을 중단하고 있다. 이 열매와 채소들은 단순히 농가에 식량을 공급하는 것만이 아닌, 여기서 나오는 잉여생산물(일반적으로 전체 생산량의 약 30%)을 지역시장에 판매해 소득을 창출함으로써, 반드시 필요하지만 농가 스스로는 만들 수 없는 물품(옷, 도구 등)을 구매할 수 있었다.

결국 인터뷰한 모든 가정들이 최근에 있었던 공공 수도시설의 개선 및 민영화를 비난하였다. 불과 3개월 전까지 수도는 해당지역 수자원조합에 의해 경영되었고, 물 한 통 채우는 데 5르완다프랑(Rwanda Franc)밖에 들지 않았다. 이후 지방정부가 개선된 공공 수도체계를 지방 민간기업이 경영할 수 있도록 계약을 체결하였다. 인터뷰한 가정의 말에 따르면, 가격은 두 배로 뛰어올랐으며 수자원의 양과 질적인 측면에서도 뚜렷한 개선을 느낄 수가 없었다고 한다. 이 마을에서는 처음으로 마실 물을 살 수가 없어 부채에 빠진 사람들이 나타났다고 한다.

마이클 마스카레나스(Michael J. Mascarenhas), 「뉴욕타임스(New York Times)」 웹사이트, 2010년 9월

산과 관련된 다양한 비즈니스 및 농업활동을 설명하기에 매우 적합했다. 하지만 이와 다른 많은 사람들에게 이 용어는 기업식 경작방식이라는 부정적인 의미로 여겨지기도 한다. 이들이 가진 기업식 농업의 대략적 이미지는 대규모이자 수직적으로 통합된 식량 생산체계를 가지고 있고, 오로지 수익 창출을 목적으로 하고 있어 환경과 식품의 질에 악영향을 미치며, 일부 농촌지역에는 사회적인 피해를 입히기까지 한다. 이러한 인식을 갖게 만든 사례들은 아주 흔하게 찾을 수 있다.

농식품업은 1960년대 녹색혁명(Green Revolution)의 등장과 함께 급속하게 성장했다. 신품종 종자의 등장, 거름과 농약의 사용, 농기구의 혁신 등은 농업이 빠른 속도로 성장할 수 있도록 했다. 그 결과 전 세계 거의 모든 선진국의 농장에서는 농식품업계에서 판매하는 상품과 기술을 이용하고 있으며, 개발도상국의 농경도 점차 종속적인 형태로 변하고 있다.

사례 연구
미국

노스다코타의 농업

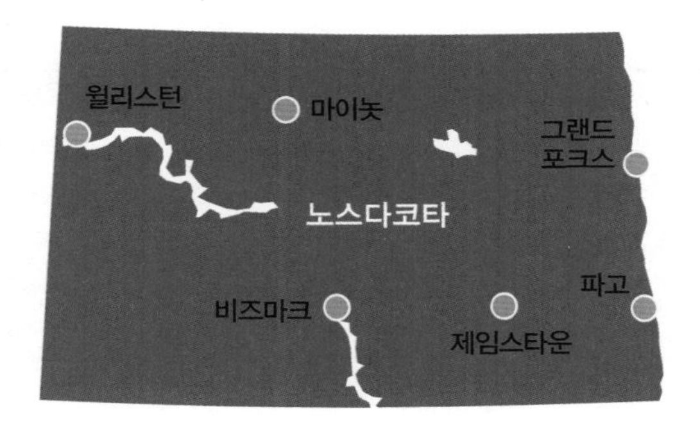

노스다코타는 미국 중서부 지역의 가장 서쪽에 위치한 주이다. 중서부 지역에는 총 12개의 주가 있는데, '미국의 심장지역(Heartland of America)'이라는 별칭으로도 잘 알려져 있다. 이 지역의 농업 특성은 경관 곳곳에 나타나는 농장과 작은 마을들에서 찾을 수 있다.

노스다코타주 벨바(Velva)에 있는 곡물 엘리베이트–저 멀리 풍력 터빈이 보인다.

정보

노스다코타의 농업 특징

기후와 토양

- 노스다코타는 아습윤(subhumid) 대륙성 기후를 띤다.
- 연평균 강수량은 300~450mm 사이이다.
- 1월 평균기온은 −9℃이며, 7월 평균기온은 21℃를 나타낸다.
- 기상이변은 이 지역의 대표적 특징이다. 1936년에 각각 최고기온이 48℃, 최저기온이 −50℃로 기록된 바 있다.
- 토양은 레드리버밸리(Red River Valley)의 비옥한 흑색 양질토부터 서부의 사질토(沙質土)까지 다양하게 분포한다.

노스다코타 농업센서스, 2007

구분	면적과 비율
전체 농경지(헥타르/전체 토지에서의 비율)	16,055,749/89.8
경작지(헥타르/전체 농경지에서의 비율)	11,139,864/69.4
삼림지(헥타르/전체 농경지에서의 비율)	84,649/0.6
초지(헥타르/전체 농경지에서의 비율)	4,216,377/26.3
평균 농장 크기(헥타르)	502

농장 면적, 판매액(%)

면적	비율	판매액(년)	비율
1-40헥타르	15.0	$9,999 미만	42.1
40-200헥타르	33.3	$10,000~$49,999	12.9
200-400헥타르	14.7	$50,000~$99,999	9.0
400-800헥타르	16.8	$100,000~$499,999	24.6
800헥타르 이상	20.3	$500,000 이상	11.3

주요 농장 운영자의 특징, 1997~2007

	1997년	2002년	2007년
평균 운영자 나이(연령)	51.4	54.4	56.5
농업이 주 직업인 비율	72.3	70.7	57.9
남성	30,863	28,125	28,314
여성	1,485	2,494	3,656

상위 5 농산물, 2009

	수입액 ($1,000)	주 전체 농업 수입 중 비율	미국 전체 가치 중 비율
1. 밀	1,869,016	29.4	16.5
2. 콩	1,025,580	16.1	3.4
3. 옥수수	806,121	12.7	1.9
4. 소와 송아지	596,094	9.4	1.4
5. 보리	360,010	5.7	35.7

노스다코타에서는 170만 마리의 젖소가 사육되며, 이 소들을 통해 매년 2억 1900만*l*의 우유를 생산한다. 노스다코타의 농장 소유는 미국의 보편적 소유 양상과는 다르다. 1933년 이래 이 지역에서는 농장의 기업 소유가 법적으로 금지된 이후 대부분의 농장들은 개인이나 개별 농가가 소유하고 있다. 1862년 제정된 연방 '자영농지법(Homesteads Acts)'으로 인해 65헥타르의 토지에 대해 자신의 토지에서 5년 이상 종사하며 개간한 21세 이상의 신청자 모두에게 소유권이 각각 부여되었다. 새로운 농부들에게로 이

전된 토지면적은 습한 서부지역의 농장면적을 기준으로 결정되었기 때문에, 건조지역인 미국 중서부의 대규모 조방적(粗放的) 농업을 하기에는 너무 작았다. 1909년 확대 자영농지법은 130헥타르의 관개가 될 수 없었던 주변 농지를 농부들에게 추가적으로 이양했다. 이들 주변 농지에 대한 과도한 농경은 1930년대에 몰아닥친 거대한 '더스트볼 재난(Dust Bowl disaster)'의 원인 중 하나였다.

대규모 농업

물론 '가족농장'이 아직 노스다코타의 가장 흔한 농장형태이기는 하지만, 농업의 규모는 가족농장이라는 단어 자체가 풍기는 친숙한 가족노동의 이미지와는 거리가 멀다. 노스다코타의 전형적인 밀 농장은 수천 헥타르 규모로 농업의 모든 부분이 기계화되어 있고, 최대의 효율성을 위해 첨단 농업기술을 활용한다. 이러한 형태의 밀 농장들은 기존에 농가별로 배분된 원래 가족농장이'었던' 곳의 토지가 20곳 이상 모인 곳이다. 이곳에서 생산된 농산품은 해당 지역이 아닌 전국 또는 전 세계를 대상으로 판매된다.

점차 '더 적은 수의 더 큰 규모의 농장'으로 가는 흐름은 미국만이 아닌 전체 북부국가의 농업에서 일어나는 변화이다. 1930년에는 64%의 농장이 500에이커 미만의 규모를 가졌지만, 1978년에는 겨우 40% 정도의 농장만이 같은 정도의 작은 규모였다. 미국에서 매년 50만 달러 이상의 매출을 올리는 가장 거대한 농장은 전체 농장의 2.5%에 해당하지만, 이들은 전체 농장 생산량의 40%를 차지하며, 노스다코타가 이와 유사한 형태를 보인다. 미국 대규모 농장의 성장은 정부가 농업소득 안정을 목적으로 농부들에게 지급한 보조금으로 인해 가능했다. 2009년 미국 정부는 154억 달러 규모의 보조금을 농부들에게 지급했다. 보조금의 평균 수령액은 약 48,000달러 수준이지만, 전체 보조금의 60%가 상위 10%의 대규모 농장에 지급되었으며, 사실상 보조금은 농업의 산업화 혹은 기업화에 대한 인센티브의 성격이 짙었다. 가장 많은 보조금을 얻어 낸 작물로는 사료용 곡물(주로 옥수수), 목화, 밀, 쌀, 콩 등이 해당된다. 이 대부분은 노스다코타에서 거대한 규모로 재배되고 있다.

거대한 규모의 농장이 증가하는 상황은 사회적·환경적으로 큰 영향을 끼칠 수 있다. 농업의 기계화는 농부들의 일자리가 줄어들고 있음을 의미하며, 또한 대규모 농장들이 해당 지역이 아닌 외부에서 투입요소를 공급받는다는 것은 해당 지역사회가 지니고 있던 농업과의 연결고리가 약해지고 있음을 의미한다. 대규모 농장들은 종종 거대 가공업자와 직접 마케팅 관계를 맺어 지역 소비자들을 건너뛰곤 한다. 법이 노스다코타에서 기업의 농장 소유를 금지한 것은 사실이지만, 대규모 농장의 상당수는 이미 대기업과 생산품의 판매 및 가공과 관련된 계약이 맺어져 있는 상태이다. 이들 대기업은 식량 생산과 관련한 거의 모든 측면의 권한을 갖고, 소비자에게까지 전달되는 과정을 통제한다. 이러한 일련의 과정을 '수직적 통합'이라 부른다. 이 대표적인 사례가 미국의 기업 콘티넨털 그레인(Continental Grain)으로, 이들은 돼지와 가금류를 가공하고 판매할 뿐만 아니라 사육장을 운영하고 영양이 강화된 옥수수를 판매하는데, 다시 이 옥수수를 가금류나 가축의 사료로 이용한다. 다른 사례인 코크인더스트리(Koch Industries)의 경우는 종자와 곡물 가공시설뿐만 아니라 소목장, 사육장, 거름 및 농약 생산까지 아우르는 거대기업이다.

농촌 쇠퇴

농촌 쇠퇴는 미국 중서부 지방에서 수년 동안 해결하지 못하고 있는 문제이다. 지금과 같은 농업 산업화 속도의 상승추세는 주요 농산물 생산시설과 관련된 사람들에게는 농업 생산의 증가라는 긍정적 의미로 다가올 테지만, 그와 동떨어진 사람들은 오히려 이 상황에 고통을 받고 있다. 상품농업(곡물, 소, 유제품, 돼지)이 여전히 남아 있다고는 하지만, 이미 더 거대한 손아귀에 넘어가 손쓸 수 없다. 농업의 산업화로 인해 있는 사람과 없는 사람이 분명히 구분되었고, 지역 내에서 농업의 영향력을 점차 감소시키고 있다. 이는 결국 농촌인구 감소라는 결과를 낳았고, 농촌 곳곳에 버려진 수천 개의 농가와 이들이 모였던 유령마을이 그 증거이다.

공장형 축산(Confined Animal Feeding Operations, CAFO)은 그동안 지속된 농업 산업화의 가장 궁극적인 결과물이라 할 수 있다. 공장형 축산은 좁은 공간에 육류식품 생산과 관련된 모든 요소들이 채워진다. 사료, 배설물, 오줌 그리고 동물과 그들의 삶과 죽음까지도. 넓은 목장이나 사육장에서 먹이를 찾아다니며 뜯어먹는 것이 아닌, 모든 사료들은 동물들에게 직접 배달된다. 현재 육우, 젖소, 돼지, 가금류 등 거의 대부분의 가축들이 이 공장형 축산으로 길러지고 있다. 현재 일부 농촌지역에서만 주로 이용되던 공장형 축산은 미국 전역에 걸쳐 그 수와 이용의 정도가 확대되고 있다. 인디애나주에 위치한 초거대 축산농장에서는 무려 32,000마리의 소들이 17,000에이커에 달하는 거대한 울타리에 갇혀 지내며, 매일 약 100만*l* 이상의 우유를 짜내고 있다. 가금류를 다루는 상당수의 축산농장들은 무려 100만 마리 이상의 닭들을 동시에 수용한다.

공장형 축산의 문제점

동물복지 문제야말로 동물을 공장의 부품 정도로 취급하는 공장형 축산(CAFO)의 가장 주요한 쟁점이다. 그 밖에 다른 주요 쟁점을 들자면 매일 CAFO에서 배출되는 어마어마한 양의 배설물 처리 문제이다. 경우에 따라서 이 오물들은 큰 저류지에 매립되기도

미주리주의 공장식 축산농장의 돼지들. 한 사람이 축사 두 군데에서 4,000마리의 돼지를 기르는 농장을 운영한다. 돼지들은 이 좁은 축사에서 5년 반 동안 사육된 후 도축된다.

하고, 하수도 파열로 인해 막대한 양의 오물들이 하천, 지하수층, 습지 등으로 흘러 들어가기도 한다. 또한 CAFO에서 배출된 오물들이 만들어 내는 심각한 악취가 농장 주변의 넓은 지역까지 피해를 입힐 수도 있다. 미국 환경보호국(EPA)은 "CAFO의 폐기물 부당처리로 인해 발생할 수 있는 환경적 영향 중에는 양분 과잉상태(질소, 인 등)를 원인으로 발생하는 하천의 용존산소량 감소(어류의 집단폐사)와 유독한 녹조현상을 야기하는 유기체의 분열이 포함된다."라고 경고했다. 폐기물 저류지의 범람이나 유출로 인해 수자원도 악화될 수 있으며, 음용수가 오물이나 병원균으로 인해 오염되어 인근 주민들이 질병에 노출될 수도 있다. 인근 지역의 근무자나 거주자들은 CAFO에서 발생하는 먼지나 악취로 말미암아 호흡기 질환에 시달릴 수도 있다.

반면, CAFO 운영자들에게 발생하는 혜택은 분명하다. 이들은 '규모의 경제'의 막강한 힘을 즐기며, 그들의 행위가 산업활동이 아닌 농축산업활동으로 구분되기 때문에 정부로부터 막대한 보조금을 요구할 수도 있다. 노스다코타 캐링턴에서는 소 1,500마리 규모의 거대 사육장을 건설하겠다는 제안이 있었으나, 지역주민들의 반대에 부딪혀 여전히 검토 중인 사업이다. 지역주민의 반대이유는 너무도 분명하지만, 이와 반대로 어떤 마을에서는 지역에 CAFO가 생기는 것을 두 팔 벌리고 환영하는데, 그 이유를 밝히는 것은 그리 쉬운 일이 아니다.

지역사회는 다음과 같은 이유로 CAFO를 받아들이게 된다.

- 일자리 확대: 아무리 기계화되어 있는 CAFO라 하더라도 어느 정도의 일자리는 발생
- 세수 기반 확대에 따른 지방정부의 수요: 공공서비스 제공을 위한 세수 증대
- 침체하는 농업경제 부흥을 위한 필요
- 자기 지역에서 CAFO 수용이 거부될 경우, 다른 지역에서 설치될 것이라는 주장
- 대형 CAFO의 경우 충분히 오염예방 시설을 완비할 것이라는 믿음
- 지역사회는 대형 농장과 기업에 대적할 권력이 없을 것이라는 의식

노스다코타의 경우 주 경계 내에서 CAFO의 지속적인 성장을 보였다. 하지만 이러한 상황이 지방정부로서는 매우 민감한 사안이었기 때문에, 소유주의 허가 없이 해당 CAFO의 사진 촬영은 불법으로 규정하였다.

긍정적 발전

농업에서의 다른 발전은 훨씬 희망적이며 지속성이 높다. 예를 들면 최근 몇 년간 유기농 식품과 방목 식품에 대한 관심이 다시 높아지고 있다. 그동안 일부에서는 기업적 농업방식의 가능성에 대해 지속적으로 의문을 제기해 왔는데, 식품의 질과 동물복지라는 두 가지 목적을 동시에 고려한 가족농장 방식의 유기농 제품 생산으로 전환이 이루어지고 있다. 이러한 방식은 인근에 유기농 제품이나 방목 식품 같은 프리미엄 상품에 대한 구입의지가 높은 도시, 근교 지역의 부유한 소비자가 많을 경우에만 실현 가능하다. 농장의 규모 역시 취미생활이나 부업을 위한 소규모 농장에서부터 최신기술과 막대한 자본을 이용한 부유한 농가들의 대규모 농장까지 다양하다. 이처럼 근래의 조사에서 나타나는 소규모 농장의 증가는 소규모 유기농 농장의 증가만이 아닌, 부업과 취미생활을 위한 농장의 증가에서도 그 원인을 찾을 수 있다. 하지만 전체적으로 보았을 때 이러한 부분적 변화가 거대농장 주도의 기업적 농업을 대체할 수는 없을 것이다.

부와 빈곤 2

핵심내용

왜 일부 국가는 다른 국가에 비해 더 발전했는가?

- 최근의 세계경제 질서는 노예무역, 식민주의, 산업화, 냉전, 국제부채, 신흥공업국 등장 등의 중요한 역사적 사건과 과정으로 만들어졌다.
- 국가 간 발전의 차이는 근대화이론, 종속이론, 마르크스이론, 포스트발전이론 등으로 다양하게 설명된다.
- 각 이론은 왜 어떤 국가는 특정의 발전수준에서 멈추었는가에 대해 다른 해석을 할 수 있다.
- 부유국들은 극빈층을 보호하는 복지 지원을 더 많이 제공할 수 있지만, 개발도상국에서 빈곤은 단지 한 문제만이 아니다.
- 토착문화는 발전과정에서 중요하다.

1. 종속이론

발전의 수준은 어떻게 측정하든 엄청난 차이가 있다는 것은 분명하며, 북부와 남부 국가의 구분선은 단지 이러한 발전수준의 차이를 가장 분명하게 보여 주는 사례이다. 왜 보건이나 영양 수준과 같은 부와 관련된 것들에서 대조가 나타나는가? 많은 사람들이 이러한 차이를 지난 500년간의 지구 역사를 돌이켜 보며 설명해 보려 했다. 종속이론은 1970년대 마르크스주의 경제학자인 안드레 군더 프랑크(Andre Gunder Frank)의 작업을 통해 생겨난 이러한 설명 중 하나이다. 이 이론에 따르면, 자원은 빈곤한 '주변' 국가로부터 부유한 '중심' 국가로 흐른다. 이러한 자원의 흐름은 더 부유한 국가에 유리하게 작용한다. 종속이론가들은 부와 인간개발의 불평등한 분배로 이르게 하는 3단계를 구분한다.

1단계 상업적 자본주의

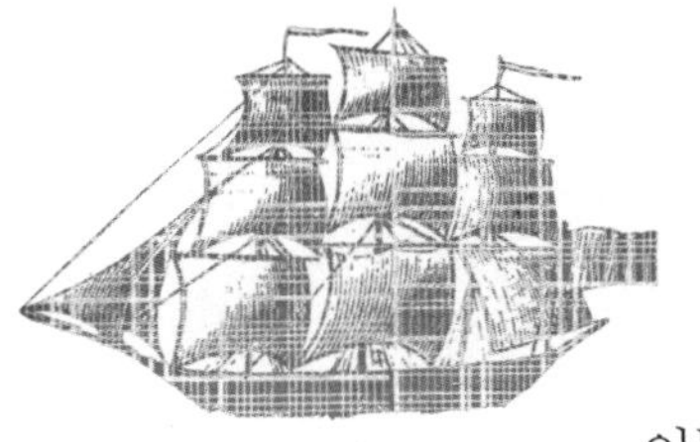

15~16세기 동안 유럽의 상인들은 향료, 의류, 보석과 같이 유럽 시장에서 높은 가격에 팔릴 수 있는 상품의 공급을 위해 지구 전체를 항해했다. 더 많은 유럽의 상품들이 무역을 위해 소개되었고, 상인들은 상당한 권력자가 되었다.

이들은 유리한 무역조건을 위해 가격 협상이나 교환 능력과 더불어 위협과 힘을 사용하기도 했다. 협상은 동등하게 이루어지지 않았고, 기존의 번성하고 안정된 사회는 커다란 피해를 입었다. 유럽인들은 종종 자신들이 식민화시키기 이전 수세기 동안 아프리카에 잘 발달된 사회와 문화가 존재했다는 사실을 알고 놀랐다. 고대 왕국인 베닌(Benin)은 그 한 예이다.

2단계 식민주의

16~20세기 사이 식민기간 동안, 유럽 국가들은 세계 곳곳의 토지에 직접적인 정치적 통제를 가했다. 토지는 값싼 식량, 자원 그리고 노동을 위해 착취되었다. 인도의 면직물 생산과 같은 몇몇의 경우 산업시설은 유럽 생산자와의 경쟁을 방지하기 위해 폐쇄되었다. 이 기간, 특히 19세기 아프리카에서는 국가 간 경계가 식민국가를 위해 임의적으로 설정되었고, 사회집단이나 기존의 역사에 대해서는 거의 관심을 기울이지 않았다. 가장 좋은 토지에서의 식량 생산은 수출을 위한 상품작물로 대치되었고, 식민국가의 기업이나 개인이 소유한 거대한 플랜테이션과 사유지가 생겨났다.

3단계 신식민주의

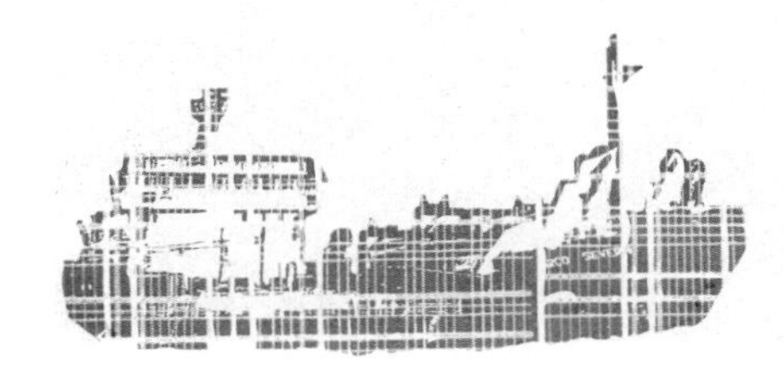

종속이론가들은 (대다수 20세기 중반에 있었던) 식민통치 말기 이후의 시기가 현재의 국제적 개발에 가장 강력한 영향을 미쳤다고 본다. 비록 식민권력이 직접적인 정치적 통치를 포기

했지만, 지속되는 경제력을 통해 막대한 영향력을 계속적으로 구사했다. 기존 식민경제는 식민국가의 통치자에게 혜택을 주기 위해 만들어졌고, 세계시장과 상호교역을 하는 기반을 바꿀 수 있는 기회는 거의 없었다. 오늘날 이러한 영향의 대다수는 세계무역에서 지배적인 초국적기업의 엄청난 규모 및 권력과 관련이 있다.

3단계 식민기의 지속적인 영향은 여러 가지 이유로 생겨난다.

- 정부의 결정에 영향을 미치는 식민권력의 능력
- 식민시기 동안 개발된 자원에 대한 높은 의존도. 이는 이전 식민지들이 세계시장의 상품가격 변동에 취약하게 한다.
- 민주주의 경험이나 참여가 부족해 민주적 모델의 발전을 어렵게 만든다. 이는 종종 권위주의적, 특히 이전 식민권력에 의해 지지를 받는 정부를 등장하게 한다.
- 식민가들이 기업 관리 분야에 지역주민을 고용하지 않아 이 분야의 기술 기반이 낮다. 이는 전문가와 투자를 위해 이전 식민권력에 지속적으로 의존해

그림 2.1 유럽에서 두 번째로 큰 항구인 독일 함부르크의 엘베강에 정박한 컨테이너 선박

야 함을 의미한다.

종속이론은 본질적으로 반(反)자본주의 관점으로, 역사적으로 서구의 부유한 국가에게 개발에 따른 불평등에 대다수 책임을 묻는 해석을 제시한다. 국민국가는 실제적인 권력을 가지지 못하고, 이들의 경제성장은 이러한 체계와의 관계에 의해 결정된다고 주장한다.

국가들이 자신의 발전수준에 대한 통제를 할 수 없다는 강조는 종속이론가들의 핵심주장으로, 아직도 세계 체제의 중심에 있는 지배적인 국가집단에 의해 중요한 결정이 이루어진다고 본다. 비록 최근 도전을 받고 있지만 자국의 자본을 가지고 스스로 투자 결정을 하는 국가는 유럽, 북아메리카, 일본이다. 국가 간의 중심-주변 관계는 많은 개발도상국들이 부유한 국가를 위해 천연자원 생산자가 되도록 했고, 부유국들은 이를 시장에서 훨씬 높은 가격을 부과하는 상품으로 가공한다. 이러한 관계는 '국제분업(international division of labor)'이라 불린다.

왜 일부 국가는 다른 국가에 비해 더 발전했는가에 대한 이러한 설명은, 만일 빈곤국들이 부와 발전수준을 향상시키려면 이 체계에서 벗어나 자급적인 발전경로를 설정할 필요가 있다는 것이다. 이를 위한 한 가지 방법은 특정 상품의 국내 생산자를 외국의 경쟁으로부터 보호하는 정부정책을 가져야 한다는 것이다. 한국은

그림 2.2 2009년 출생 기대수명. 부·빈곤 국가 간 차이는 평균 기대수명의 차이에 분명하게 나타난다.

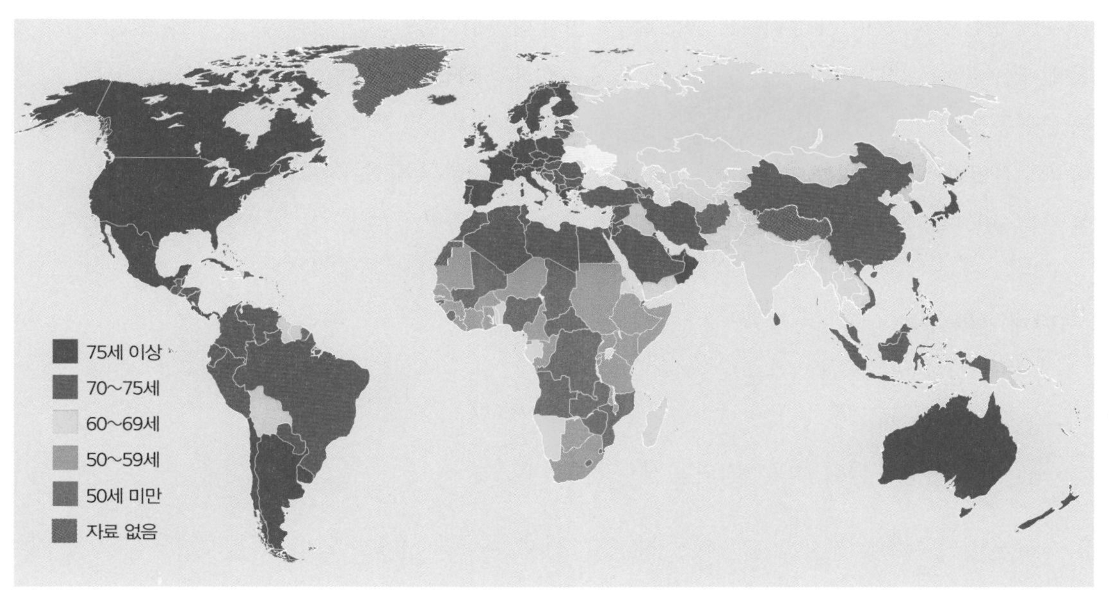

이러한 경로를 따른 국가의 예로, 산업화된 고소득 국가로 진입하는 것을 가능하게 했다고 평가한다.

'세계체제론'은 종속이론과 비슷한데, 중심과 주변의 중간인 반(半)주변 국가집단을 제안한다. 반주변은 산업화되었지만 중심보다 덜 복잡한 기술수준으로, 금융에 대한 통제를 하지 못하는 곳이다. 이 이론에 따르면 한 주변 집단의 등장은 다른 집단의 희생으로 가능하며, 세계경제의 불평등한 구조는 변함없이 유지된다. 몇몇 개발도상국의 변화하는 지위에서 이러한 증거를 찾아보는 것은 흥미롭다.

2. 근대화이론

근대화이론은 발전수준의 차이를 설명하는 주류적 설명의 하나이다. 근대화이론에 따르면 저개발국은 자신들의 경제에 기술, 농업 그리고 산업 생산의 근대적 방법을 도입함으로써 강화시킬 수 있다. 이 관점은 국가들이 경제발전 단계를 거친다고 보는데, 이는 월트 휘트먼 로스토(Walt Whitman Rostow)의『경제성장 단계 연구(The Stages of Economic Growth: A non-communist manifesto)』(1960)와 밀접히 연관되어 있다. 로스토는 1960년대 미국 케네디와 존슨 대통령을 위해 일한 경제학자이자 정치이론가로, 철두철미한 반공주의자인 그의 경제성장에 대한 관점은 근대화이론의 초석이 되었다. 종속이론과 직접적으로 대조되도록 불평등 발전의 원인을 국가의 내부 구조, 통치, 문화에서 찾으려 했다. 영국과 미국의 산업화 성장에 대한 연구를 통해, 로스토는 모든 발전하는 사회가 통과해야 하는 5단계를 구분했다.

1단계: 전통사회

- 뉴턴 이전의 기술과 과학 수준
- 생계형 농업경제
- 능력보다 출생에 의해 거의 결정되는 계층적 사회구조

2단계: 이륙을 위한 사전조건

- 다양한 제도에서 종종 일부 침입에 의한 외부의 자극으로 변화가 발생
- 개선된 기술에 의해 농업 생산이 증가
- 통신이 개선되면서 지역 간 무역이 증가하기 시작
- 일부 산업, 특히 석탄과 철광 같은 채취산업이 발전하기 시작
- 자신들의 부를 재투자하려는 기업가적 엘리트가 등장
- 지역의 과학적 사고가 등장하고, 더 광범위하게 받아들여짐

3단계: 이륙

- 최소 국내총생산(GDP) 10% 정도의 투자 증가
- 한두 가지 제조업, 아마도 제철 또는 섬유산업이 등장
- 사회기반시설의 급격한 개선

4단계: 성숙 지향

- 통합의 시기
- 과학과 기술의 사용이 확대되고 기계화가 진행
- 투자비율이 높은 수준 유지(10~20%)
- 정치적 개혁이 지속되고 투표권의 확대 허용
- 무역이 더욱 중요해짐

5단계: 대량소비의 시대

- 소비산업의 성장
- 개인의 부와 재산 소유 수준의 급격한 증가
- 안정된 정치와 사회 체계
- 높은 교육수준
- 무역의 엄청난 증가

로스토는 자신의 모델이 실제 국가들이 발전하며 경험한 것을 단순화한 것이라고 인정했다. 모든 국가에서 발생하는 복잡한 정치·경제·사회 과정은 '원시적인'

그림 2.3 고대 이집트의 스핑크스에 미국 대통령 해리 트루먼의 얼굴을 보여 주는 삽화. 「뉴인터내셔널리스트」 잡지의 특집호에 실린 볼프강 작스(Wolfgang Sachs)의 글 「개발: 파멸로 가는 길」에 풍자화가 폴립(Polyp)이 그린 그림

문화로부터 철학적인 사회에 이르기까지 변화하는 상황에서 발생한다. 로스토에게 중요한 것은 개별 국가들이 '발전'하며 경험한 공통된 단계를 기술하는 것이었다. 이 모델은 기술적으로 한 단계에서 다음 단계로의 이동에 대한 설명은 없지만, 내부의 변화에 대한 초점은 종속이론과 중요한 대조를 이룬다.

근대화 이론가들은 한 국가의 역사 유산이 엄청나게 중요한 영향을 미친다는 것을 인정하지 않는다. 이들은 국가 내의 의사결정이 발전에 가장 큰 영향을 가진다고 본다. 이 이론은, 개발은 정부의 간섭이 적고 시장이 간섭 없이 기능하도록 허용될 때 가장 잘 이루어진다는 근대 신자유주의자의 관점과 잘 어울린다. 이들은 거대한 관료조직과 정부의 규제가 민간 투자를 방해하고 가격을 왜곡하며, 개발을 점차 어렵게 한다고 믿는다. 이 이론에 따르면, 인도, 브라질, 중국과 같은 국가들의 최근 급격한 경제성장은 자유시장을 받아들였기 때문이다. 탄자니아와 러시아와 같이 대안적인 사회주의 전략을 채택하려 한 국가들은 결국 실패를 인정해야 하고, 경제성장과 발전을 성취하기 위해서는 신자유주의 원칙을 채택해야 한다고 주장한다.

3. 다른 발전이론

"발전이라는 아이디어는 지적 경관에 솟아 있는 폐허처럼 보입니다."

그림 2.4 볼프강 작스

근대화이론과 종속이론은 개발에 대해 가장 보편적으로 논의되는 접근이지만, 다른 관점도 있다. '후기발전이론'은 개발의 모든 개념과 실천을 서구/북부의 헤게모니가 세계 다른 지역에 반영된 것으로 본다. 이 관점에 따르면, 근대 발전이론은 지배적인 저변의 정치적 이념에 영향을 받은 학자들에 의해 구성된 것이다. 이러한 학문적·정치적 연합에 의해 지배된 어떤 개발 과정도 그 방향과 결과는 서구의 사고를 반영한다. 그 결과는 개발의 목표가 '서구 헤게모니의 양상'을 반영하는 것이라는 사회적으로 구성된 개발관점이다.

이 이론은 아르투로 에스코바르(Arturo Escobar)나 볼프강 작스와 관련이 깊다. 이 이론의 지지자는 개발은 항상 불공평하고, 작동되지 않았으며, 이제 분명하게 실패했다고 주장한다. 이들에게 서구 생활양식이 개발도상국에 부과한 중산층 의식은 세계 인구의 대다수에게 현실적이지도 않고 바람직한 목표도 아닐 수 있다. 개발도상국이 '개발'하기 위해 권장되는 행동은 토착문화의 손실 또는 의도적인 근절을 요구한다.

한편, '후기구조주의 이론'은 불평등한 발전수준을 설명하기 위해 종합 과정을 주장하는 신마르크스주의 이론이다. 이 이론은 특정 국가 또는 지역의 현재 발전수준의 원인에 초점을 맞추는 대신, 우리는 '모든 것이 중요하다'고 보고 어떤 주어진 순간의 사회와 환경 과정의 독특한 효과를 이해하고자 노력해야 한다고 제안한다. 근대화와 종속 이론가들의 문화에 종속된 설명을 넘어 외부를 바라볼 필요성을 인식한 것은 후기발전주의 사고를 반영한다.

불균등 발전에 대한 이러한 경쟁적인 설명은 각각 자신들의 주장을 지지하기 위해 지구의 다른 부분으로부터 증거를 확보할 수 있고, 세계 발전을 공부하는 학생들에게 이러한 증거를 면밀히 검토해 자신들의 결론에 도달하게 하는 상당한 도전이라 할 수 있다. 이들 이론은 모잠비크의 발전역사를 어떻게 해석할까?

모든 국가는 불균등하게 발전하는데, 일부 지역은 다른 지역에 비해 빈곤한 상태에 머물게 된다. 영국은 부유한 국가 중 매우 불균등한 발전을 보이는 대표적인 사례인데, 특히 북부와 남부의 구분이 분명하다. 영국 남부, 특히 남동부에 비해 북부는 높은 실업, 낮은 임금수준과 주택 가격을 나타낸다. 일부 질병 발생률 및 평균수명과 같은 사회지표에서도 뚜렷한 차이가 나타난다.

사례 연구
모잠비크

발전 역사

모잠비크의 기본 통계

총인구	2290만 명
성인 문자해득률	54%
유아 사망률	1,000명 출산당 96명
1인당 국민총소득	$440
기대수명	48세
HIV 감염 성인수	150만 명
빈곤선 미만 인구	55%

포르투갈인들은 1498년 처음 모잠비크에 도착해 해안을 따라 극동으로 항해하기 위한 체류 목적의 무역항과 요새를 건설했다. 점진적으로 그들은 금과 노예를 판매하기 위해 내부로 이동해 들어갔다. 이 지역에 포르투갈이 미친 영향은 인도와 극동 지역과의 무역을 발전시키고 브라질 식민화에 관심을 가지면서 서서히 증가했다.

20세기가 시작되자 포르투갈인들은 모잠비크를 관리하기 위해 대규모 민간기업을 활용했는데, 대다수가 영국인 소유였다. 이 시기 영국인들은 인근 국가와 철도를 연결했고, 인근 식민지와 남아프리카공화국의 광산 및 플랜테이션에 값싼 노동력을 공급하는 데 앞장섰다.

많은 유럽 국가들이 제2차 세계대전 이후 자국 식민지에 독립을 허용했지만, 포르투갈은 여전히 식민지에 집착했고 많은 시민들이 모잠비크로 이주했다. 다른 아프리카 국가들이 해방을 얻고, 1962년 모잠비크해방전선(FRELIMO)이 결성되면서 모잠비크 내 독립 압력은 격해졌다. 포르투갈 식민통치에 대항하는 무장 캠페인이 시작되었고, 몇 년간의 산발적인 전투와 정치적 변화 이후 모잠비크는 1975년에 독립

했다.

독립 이후 모잠비크해방전선은 소비에트연방과 동맹한 단일정당 국가를 설립하고, 경쟁 정치활동을 금지했다. 모잠비크해방전선은 정치적 다원주의(pluralism), 종교적 교육기관, 그리고 전통적 기관의 역할을 제거했다.

정부는 남아프리카공화국과 짐바브웨의 독립운동을 지원했고, 이들 두 국가의 정부는 중부 모잠비크의 모잠비크국가저항(RENAMO)이라 불리는 무장 저항운동을 재정적으로 지원했다. 국내 상황은 경제가 붕괴되면서 내전과 인접 국가에 의한 기반시설의 파괴로 지독히 혼란스러운 상태였다.

내전 기간 내내 실질적인 정부는 없었으며, 약 100만 명의 사람들이 죽었다고 추정된다. 170만 명의 난민이 이웃 국가로 도피했고 수백만 이상은 내부에서 축출되었다.

모잠비크의 진전

모잠비크는 세계 20대 빈곤국 중 하나로 유엔의 인간개발지수 순위 169위 중 165위이다. 그러나 아프리카의 갈등 이후 재건과 경제 회복의 가장 성공적인 사례로 꼽힌다. 내전이 끝난 후 경제성장은 연평균 9%로 아프리카 평균을 훨씬 넘어섰고, 빈곤선 아래 살고 있는 모잠비크인의 비율을 2003년 69%에서 2008년 54%로 감소시키는 데 성공했다. 이는 정부가 초기 빈곤감소전략(PARPA)으로 설정한 목표보다 앞서는 것이었다.

모잠비크는 내전 이후 최근 2009년을 포함하여 세 번의 선거를 성공적으로 치렀고, 많은 사람들이 불가능하다고 생각한 정치적 안정을 되찾았다. 이러한 진전은 놀랍다. 새천년개발목표(MDGs)의 2008년 국가 보고서는 모잠비크가 21개의 새천년개발목표 중 12개를 문제없이 달성할 것으로 추정했는데, 이들은 빈곤, 5세 이하 사망률, 산모 사망률, 말라리아, 그리고 개방 무역과 재정체계의 확립과 관련된 것들이다.

주로 정치적 안정과 높은 빈곤율의 결과로 모잠비크는 강력한 공여국 지원과 많은 해외직접투자를 유입했다. 해외원조는 사하라사막 이남 아프리카의 국내총생산 6~8%에 비교해 모잠비크는 15%를 차지한다.

이러한 진전에도 불구하고, 모잠비크는 많은 문제를 안고 있다. 인구의 70% 정도는 농촌에서 자급적

특집

무기의 왕좌

이 조형물은 100만 명의 목숨을 앗아 가고 500만 명으로 하여금 국가를 떠나게 한 모잠비크 내전(1977~1992)에서 해체된 무기로 만들어졌다. 이는 내전의 비극과 지속되는 평화를 성취한 사람들의 승리를 모두 나타낸다. 이것은 700만 자루의 총을 유용한 도구와 제품으로 자발적으로 교환한 '무기를 도구로 교환하기 프로젝트'를 위해 모잠비크 예술가 크리스토방 카나바투(Christóvão Canhavato, Kester)가 만들었다.

BBC, 100개의 물건으로 본 세계의 역사(History of the World in 100 Objects)

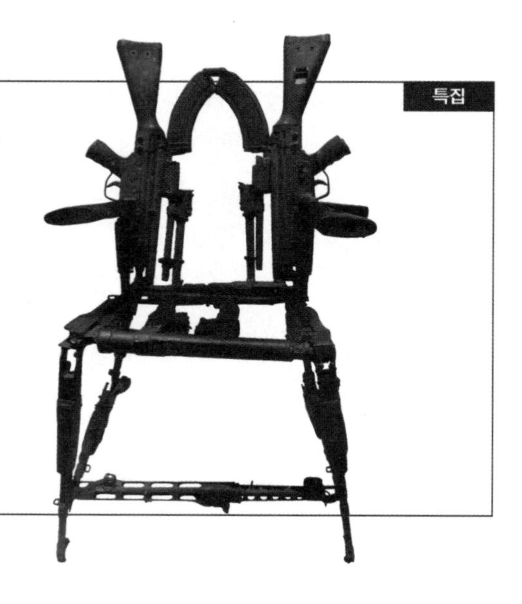

농업으로 생존을 유지하고 있다. 국가 중심부에 영향을 주는 정기적인 가뭄은 많은 사람들을 해안으로 이주하게 해 부정적인 환경 악화를 초래했다. 국가 인구의 반인 2200만 명은 아동이고 이들의 반 이상은 빈곤선 아래에서 살고 있다. 모잠비크의 가장 큰 과제 중 하나는 경제적 수익을 아동 및 산모의 건강과 복지를 개선하는 데 쓰이도록 하는 일이다.

유니세프(UNICEF)에 따르면 또 다른 주요 문제는 도시와 농촌 지역, 남성과 여성, 남아와 여아, 교육받은 사람과 그렇지 못한 사람 간의 소득, 교육, 건강과 영양상태, 안전한 물과 위생에서 나타나는 불균형이다.

AIDS는 모잠비크 발전에 가장 큰 위협이다. 인간면역결핍바이러스(HIV)에 감염된 사람은 160만 명이고, 35만 명의 아이들이 AIDS와 관련된 병으로 부모를 잃었다. 정부는 이 질병의 확산을 막기 위한 방법에 자금을 투자했지만, 고아들은 식품 불안정과 영양결핍의 문제를 겪고 있다. 또한 빈곤상태에 살고 있는 사람들은 정기적인 가뭄과 홍수 등 자연재해에도 취약한 문제를 드러내고 있다.

그러나 이들 중 어떤 것이라도 이 장 앞의 질문에 해답을 줄 수 있는가? 왜 모잠비크는 다른 국가에 비해 덜 발전했는가? 모잠비크의 낮은 발전수준의 뿌리에 있는 극한 빈곤은 여러 다른 관점으로 설명할 수 있을 것이다. 발전된 국가는 국가의 부를 이용해 가장 빈곤한 사람들에게 복지 지원을 제공함으로써 가장 빈곤한 국가에서 경험한 빈곤수준으로부터 사람들을 보호할 수 있는 기회를 가진다. 이것이 다음의 사례연구에서 보여 주는 영국의 빈곤처럼 발전된 국가에서는 빈곤이 큰 문제가 아님을 의미하는 것은 아니다.

빈곤

정보

영국의 빈곤 정보

- 거의 1300만 명이 빈곤상태에서 살고 있다.
- 380만 명의 아이들이 빈곤상태에서 살고 있다.
- 220만 연금수급자가 빈곤상태에서 살고 있다.
- 노동연령 성인 중 720만 명은 빈곤상태에 살고 있다.
- 영국의 방글라데시 아이들 중 70%가 빈곤상태에 살고 있다.
- 여성은 영국의 가장 빈곤한 집단의 다수를 형성한다.
- 런던은 영국의 다른 지역에 비해 빈곤상태에서 사는 사람의 비중이 가장 높다.
- 영국은 다른 대다수 유럽 국가들보다 상대적 빈곤상태에 사는 사람의 비중이 높다. 유럽연합(EU) 27개국 중 6개국 만이 영국보다 높은 비율을 보인다.

증거

"인구 중 개인, 가족, 집단은 이들이 식품을 구하고, 활동에 참가하고, 일상적인 생활조건과 환경을 유지하기 위한, 또는 자신들이 속한 사회에 최소한 누구에게나 용기를 얻고 인정을 받는 자원이 부족할 때 빈곤하다고 말할 수 있다."

타운센드(P. Townsend), 1979, 「영국의 빈곤(Poverty in the United Kingdom)」

빈곤의 주요 원인은 실업, 낮은 임금 또는 낮은 복지수준에서 기인하는 저소득이다.

소득 빈곤

가장 일반적으로 사용되는 저소득에 대한 정의는 영국의 평균 중위 가구소득의 60% 이하인 가구소득이다. 2009년 60%의 한계는 다음에 해당하는 가치를 가진다.

- 부양 자녀가 없는 독신 성인의 일주일 약 190달러
- 부양 자녀가 없는 부부의 일주일 약 329달러
- 14세 미만 부양 자녀 2명을 가진 독신 성인의 일주일 약 323달러
- 14세 미만 부양 자녀 2명을 가진 부부의 일주일 약 460달러

이는 소득세, 주민세, 임대료, 주택융자 지불, 건물 보험과 수도세를 포함한 주거비용을 뺀 수치이다. 이는 가구가 식품이나 난방부터 여행과 오락에 이르는 필요한 모든 것에 얼마나 지출할 수 있는가를 나타낸

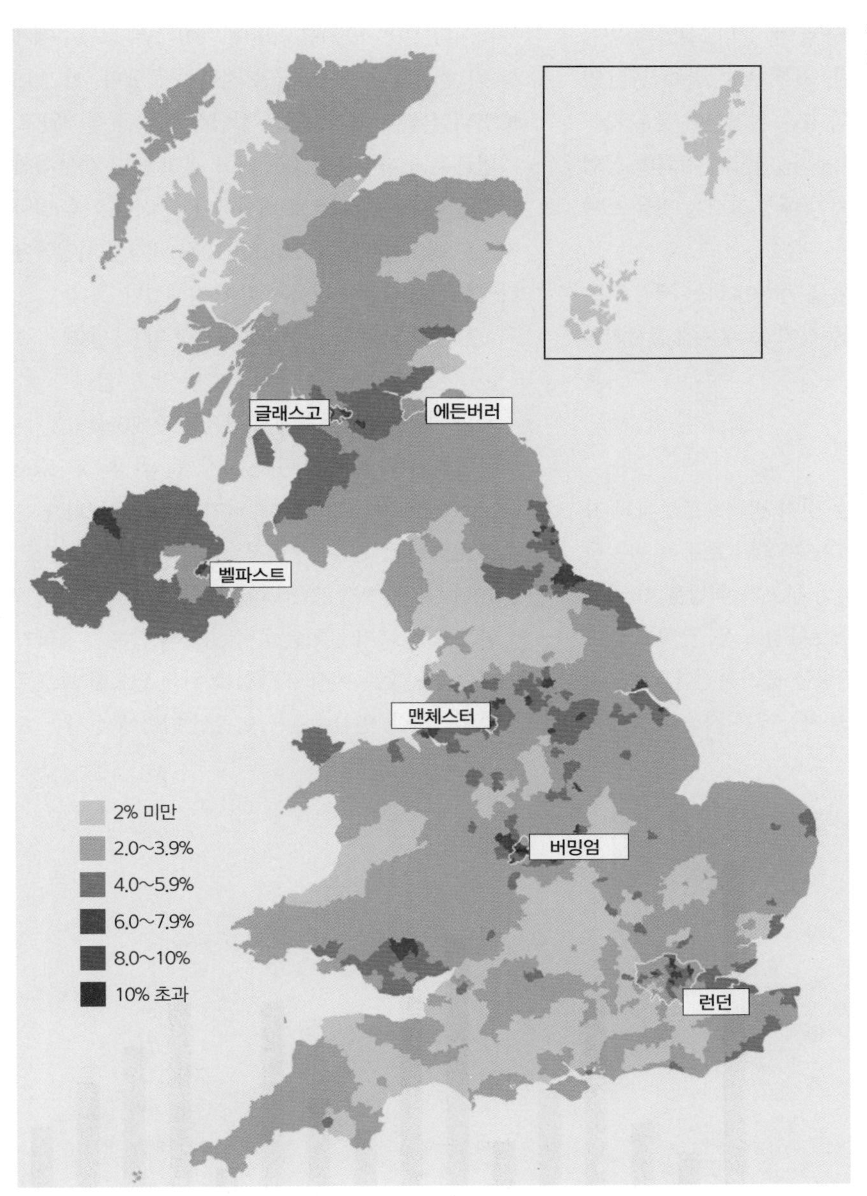

영국의 지역별 실업률, 2010년 6월

다. 이 액수를 사용하면 영국은 빈곤선 아래에서 생활하고 있는 사람이 거의 1300만 명에 이른다. 발전국가에서의 빈곤 측정은 개발도상국에서보다 더 너그럽다.

실업

영국의 실업수준은 상당한 변화의 대상이다. 2010년 6월 국가의 실업수준은 7.7%였지만, 경기 후퇴와 정부가 재정적자를 줄이고자 공공지출을 줄이기 위한 결정으로 가파르게 상승할 것 같다. 실업의 위험은 낮은 기술을 가진 사람, 일부 소수 민족집단, 영국 북동부와 남부 웨일스와 같은 취업률이 낮은 지역에 살고 있는 사람들에게 높다. 영국의 지역별 실업률 지도는 실업률의 지역차가 매우 크다는 것을 보여준다.

다른 실업의 이유는 가족을 돌봐야 하는 책임 또는 성별, 나이, 민족성, 장애, 동성애 등 때문에 일자리를 찾는 데 어려움을 겪는다.

낮은 임금

일자리를 가지고 있다는 것이 빈곤으로부터의 자유를 보장하는 것은 아니다. 2009년 소득이 빈곤한 아이들의 61%는 1명 이상의 부모가 취업을 한 가구에서 나왔다. 낮은 임금, 파트타임 노동, 맞벌이가 아닌 가구는 모두 빈곤의 위험을 증가시킨다. 국가 최저임금은 영국의 모든 노동자들에게 적용되는 법적 권리이다. 이는 1999년 입법이 되어 일부 고용주에게는 더 현실적인 생활임금을 지불하게 했다. 이 법이 도입되었을 때 최저임금은 상당한 논란을 불러왔고, 기업들은 추가비용이 요구되고 경쟁을 더욱 불리하게 만든다고 전반적으로 비판했다. 그러나 이후 일반적으로 받아들여졌다. 2010년 10월 국가 최저임금은 다양한 노동집단에 다음과 같이 정해졌다.

- 21세 이상의 노동자에게 시간당 약 9.5달러
- 18~20세의 노동자에게 시간당 약 7.9달러
- 16~17세의 노동자에게 시간당 약 5.9달러

런던의 생활임금은 런던 시장 켄 리빙스턴(Ken Livingstone)이 도입했는데, 국가 최저임금보다 높은 수준으로 정했다. 이는 법적 최저가 아니라 권고로, 2010년 시간당 약 12.6달러였다.

연금 또는 복지 급여는 종종 영국과 같은 복지국가에서는 빈곤수준 이상의 생활을 위해 필요한 보호로 생각되었지만, 연금수준은 빈곤선 미만에서 사는 요

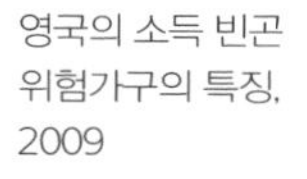
영국의 소득 빈곤 위험가구의 특징, 2009

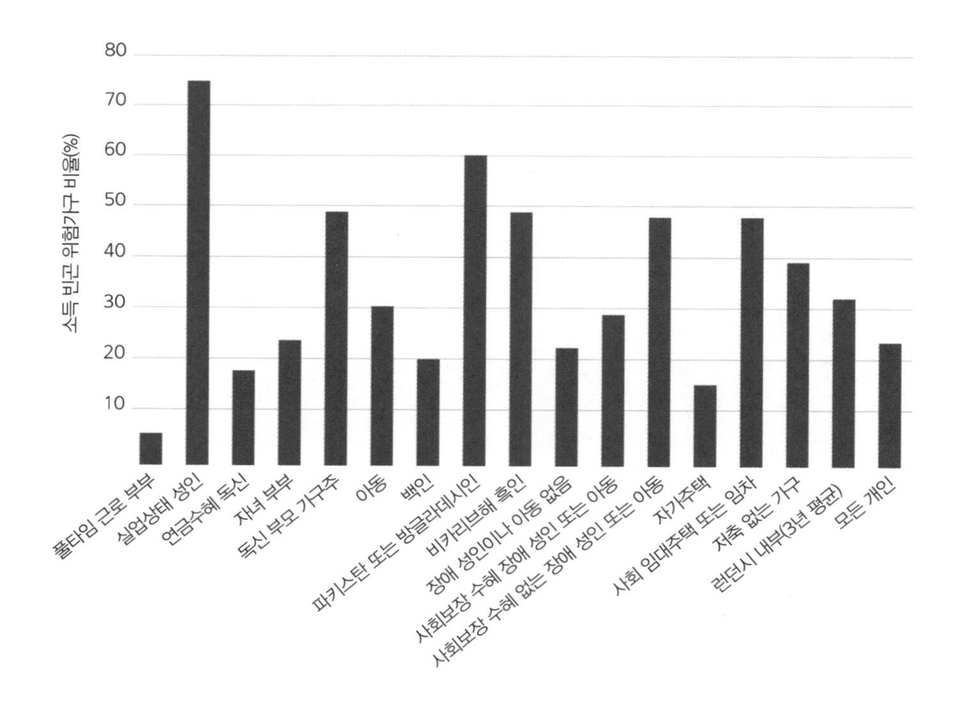

구자를 없애기에는 너무 낮게 설정되었다.

빈곤의 영향

빈곤의 영향은 광범위하고 복잡하다. 만일 당신이 영국에서 빈곤하다면, 당신은 더 많은 병을 앓고, 평균수명이 짧고, 교육받을 기회는 부유한 사람에 비해 제한적일 것이며, 일자리를 찾을 확률은 낮고, 무주택자가 될 가능성이 높다. 이러한 모든 빈곤의 부작용은 통계자료에 반영되어 있지만, 다른 덜 분명한 영향은 자신 스스로의 생활 통제가 제한적이 될 때

> 우리를 아프게 하는 것이 무엇인지 우리는 안다.
> 우리가 아플 때 치유할 사람은 우리 스스로라고 들었다.
> 우리가 당신에게 다가갈 때 우리는 낡은 옷을 벗고 당신은 우리의 몸 전체로부터 들을 것이다.
> 우리의 아픔에 대해서는 우리의 낡은 옷이 더 많은 말을 해 줄 것이다.
> 우리의 몸과 옷은 같은 원인으로 마모되고 있다.
>
> (베르톨트 브레히트*, 1898~1956):
> 「노동자가 의사에게 전하는 말(Worker's Speech to a Doctor)」
>
> * Bertolt Brecht: 독일의 극작가, 시인

자존심과 자부심을 지키기 어려운 것과 같은 것이다.

영국의 아동 빈곤

영국 아동의 약 20%(390만 명)는 심각한 빈곤상태, 2009년 전체 소득이 일주일에 약 407달러 미만인 가구에 살고 있다. 지역 간 차이는 매우 큰데, 예를 들어 북동부 지역의 아동은 남동부의 22%에 비해 40%가 저소득 가구에 살고 있다. 런던은 가장 높은 고소득자 비율을 보이지만, 빈곤 가구에 사는 아동의 비중(36%) 또한 크다.

아동 빈곤과 다중의 박탈 간의 연계는 사회과학자들의 수년 동안의 조사로 부정적 영향은 분명해졌다. 다음 그래프는 1977년 이래 사회계층이 유아 사망률에 미치는 직접적인 영향을 보여 준다. 비록 지난 30년간 차이가 줄어들고 있지만, 한 부모 또는 '낮은' 계층의 가족에게서 태어난 아동의 사망률(1,000명 출생당 5.9 유아 사망)과 중간과 상위 계층 가족에서 태어난 아동(1,000명 출생당 4.9 유아 사망) 간에 아직도 유의미한 차이가 있다. 평균적으로 가난한 아동들이 어린 시절 좋지 않은 건강 상황을 경험하고 이 영향은 어린 시절을 넘어 더 오래 지속된다. 소득이 약 16,000달러보다 낮은 가구의 3세 아이는 소득이 83,000달러인 가구의 아이보다 2.5배 높은 만성적 질병을 앓게 된다.

정보

빈곤한 가정의 아이들은 부유한 가정에 비해 갑작스런 유아 사망의 위험이 10배 높다. 형편이 좋지 않은 가정의 아기는 부유한 가정의 아기보다 평균 200g 정도 저체중으로 태어날 가능성이 높다. 「아이들의 빈곤이 건강에 미치는 결과」 보고서에 따르면, 빈곤한 아이들은 유아일 때 만성적 질병을 앓을 가능성이 2.5배 높고, 뇌성마비는 2배 높다.
빈곤한 가정의 아이들은 부유한 가정보다 정신건강 장애를 겪을 가능성이 3배 이상 되고, 연소득 약 16,600달러보다 낮은 가정의 3세 미만 유아들은 소득이 83,000달러 이상인 가정의 유아보다 천식을 앓을 가능성이 2배 높다.

「아동 빈곤 끝내기 보고서(End Child Poverty Report)」, 2010

유아 사망률의 (사회계층과 미혼모 출생신고에 따른) 보건 불평등
출처: 영국 보건부

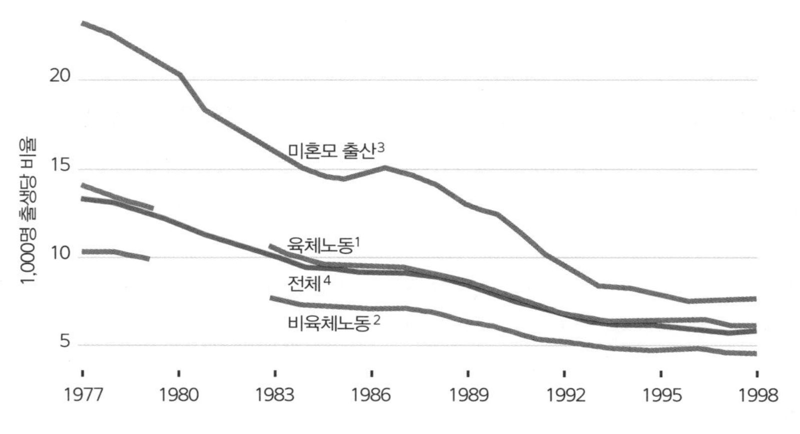

1 육체노동=사회계층 III, IV 그리고 V
2 비육체노동=사회계층 I, II 그리고 III
3 미혼모 출산=혼외 미혼모 출산 등록
4 전체=모든 사회계층 포함, 미혼모, 다른 출산 등록

선은 중위년에 표시한 3년 연속 평균
1981년의 사회계층 자료는 이용 불가능

아동 빈곤은 또한 교육 성취에도 부정적 영향을 미친다. 평균적으로 가난한 아동들은 독서 시험이나 중등교육자격시험(GCSE: 16세에 치르는 시험)과 같은 여러 교육평가에서 낮은 점수를 받는다.

가난한 아이들을 위한 교육기회를 개선하는 것은 중요한 정치적 주제가 되었다. 대학들은 저소득 가구의 학생 수를 늘리고, 부유한 가족에 비해 이들이 받는 불리한 교육을 고려하도록 권장받는다. 다양한 관점의 정치가들은 정기적으로 학생 성취와 기회를 높일 목적으로 학교 체제의 변화를 제안하지만, 교육 성취에서의 계층 차이를 줄이려는 도전은 아무것도 성공하지 못했다.

1999년 노동당 정부는 2020년까지 아동 빈곤을 완전히 근절하겠다고 약속했는데, 이를 위해 연금법, 조세제도, 사회보장에서의 변화를 도입했다. 앞으로 13년간 60만 명 이상이 빈곤에서 벗어날 것으로 재정

정보

5~7세 사이 영국 유치원의 독서 수준 2 이상의 점수를 받은 학생

- 가장 빈곤한 하위 10분위 지역–학생의 73%
- 가장 부유한 상위 10분위–학생의 93%

5개 중등교육자격시험에서 A*–C 등급을 받은 학생

- 무료 학교 급식을 받을 수 있는 학생–35.5%
- 무료 학교 급식을 받을 수 없는 학생–62.9%

영국의 국가교육과정 평가, GCSE, 학생의 특징에 따른 동등한 성취도와 16세 이후 성취도, 2006/2007

연구소는 추정했지만, 전체적인 빈곤율을 낮추지는 못했다. 이 정책은 다음을 포함한다.

- 저소득자에게 세금 공제
- 부모에게 세금 공제 지원과 보편적 아동 연금
- 국가 최저임금
- 장애인에 대한 지원 증대
- 교육, 건강과 주택에 대한 지출 증대
- 실업자에게 취업 복귀에 도움을 주는 정책

모든 정부는 아동 빈곤을 감소시키려는 시도에 상당한 정도의 이기심이 작동한다. 결국 빈곤 가정의 아이들이 잠재력을 실현시키기 못한다면 영향을 받는 사람은 자신들만이 아니다. 조지프 라운트리 재단(Joseph Rowntree Foundation)의 연구에 따르면, 아동 빈곤은 아이의 교육 성취를 제한하고 고용주에게 이용 가능한 기술을 감소시킴으로써 국가 경제성장을 저해하여 영국에 최소한 매년 약 350억 달러의 손실을 초래한다.

개인들이 빈곤에 대해 생각하는 것은 직접적으로 정당성의 언급으로 연계된다. 사회가 빈곤한 사람을 도와주려고 시도해야 하는 것은 정당한가? 정당한 사회는 필연적으로 사람들을 부와 기회에서 더 평등하게 해야 하는 것을 포함하는가?

사례 연구

남아프리카공화국

교육과 언어

남아프리카공화국의 기본 통계

총인구	5010만 명
성인 문자해득률	89%
유아 사망률	1,000명 출산당 43명
기대수명	52세
HIV 감염 성인수	570만 명
빈곤선 미만 인구	50%

배경: 인종차별정책, 아파르트헤이트(Apartheid)

남아프리카공화국의 인종차별정책인 아파르트헤이트는 1948년에서 1994년까지 국민당(National Party) 정부에 의해 실시된 법적인 인종격리 체계이다. 주거지역, 학교, 교통 그리고 문과 의자조차도 모두 격리되어 있다. 주거지역은 '흑인', '유색인', '인도인'을 강제로 이주시키는 방법으로 격리되어 모두 다른 지역에 살아야 했고, 이들의 집은 특히 지방정부가 '백인 거주지'에 너무 가깝다고 생각하면 철거의 위협을 받았다.

아파르트헤이트는 폭력과 비폭력의 형태로 국내외의 반대운동에 의해 저항을 맞았다. 아파르트헤이트 기간 동안 남아프리카공화국은 국제무역 출항금지 제재도 받았다. '백인' 인종집단은 모든 권력과 부를 보유하고, '흑인'을 더욱 곤궁한 빈곤으로 몰아넣었다. 인종차별 기간 동안 교육체계는 '흑인'을 저하시키도록 고안되었다. 영어와 아프리칸스어(Afrikaans) 두 공식 언어만이 교실에서 사용되었다. 격리구역의 의료와 교육 시설을 위한 재원은 최소로 유지되었다. 격리구역에 사는 사람들의 직업은 천하고 임금이 매우 낮았다.

1976년 소웨토(Soweto) 반란에는 수천의 흑인 학생들이 학교에서 나와 올랜도 스타디움까지 행진했다. 이 행진은 흑인학교의 공식 수업언어로 아프리칸스어를 강제로 사용하게 하는 것에 저항하는 학생 23명을 경찰이 학대한 것으로 시작되었다. 이때 학생 1만 명 정도가 플래카드를 들고 스타디움에 도착했다. 목격자에 따르면, 아주 적은 수의 학생들이 경찰 순찰대를 향해 돌을 던졌다. 한 경찰이 총을 쏘며 혼란과 공포가 시작되었고, 약 600명이 죽었다. 소웨토 반란은 저항의 초점이 되었다.

아파르트헤이트는 결국 1994년에 종지부를 찍었는데, 오랜 감옥살이를 한 아프리카민족회의 지도자인 넬슨 만델라(Nelson Mandela)가 남아프리카공화국의 첫 번째 흑인 대통령으로 선출되었다. 아파르트헤이트가 끝나자, 문화적 다양성이 새로운 국가 헌법의 주요 목표로 포함되었다. 모든 국가 언어가 교실에서 사용되어야 하는 법이 통과되었다.

교육과 언어

아파르트헤이트가 끝난 후 남아프리카공화국에서는 학생들을 가르칠 언어에 대한 맹렬한 주장이 있었다. 연구에 따르면 아이들은 자신들의 모국어로 가르칠 때 학습과 정보 습득이 더 잘 이루어진다. 유네스코(UNESCO)는 '모국어 교육'을 '교수의 매체로 개인의 모국어, 즉 학생이 어릴 때 습득한 언어로서 일반적으로 생각과 소통의 자연스런 도구가 되는 언어를 사용하는 교육'이라고 정의한다.

그러나 남아프리카공화국에는 11개의 공용어, 즉 영어(English), 아프리칸스어(Afrikaans), 호사어(Xhosa), 줄루어(Zulu), 은데벨레어(Ndebele), 세페디어(Sepedi), 세소토어(Sesotho), 세츠와나어(Set-swana), 시스와티어(Siswati), 치벤다어(Tshivenda), 총가어(Xitsonga)가 있다.

1994년 이후 아프리카 언어로 과학, 지리, 역사와 같은 과목의 주제를 가르치는 진전은 거의 없었다. 대다수 남아프리카공화국 사람들은 빈곤한 농촌 또는 반농촌지역에 살고 있어, 이 지역의 아프리카 언어 사용은 토착적인 주제에만 한정되어 있는 것이 현실이다. 문제는 지역 아프리카 언어는 과학과 같은 핵심과목에서 다루는 단어를 가지고 있지 않다는 것이다. 따라서 이런 분야는 영어로 가르친다. 남아프리카공화국은 이미 자원의 상당량을 교육에 사용하고 있어, 교육과정과 자료를 개발하고 교사를 훈련·재훈련시키거나, 자료를 생산해 배분하는 데 더 이상 지출할 여유가 없다.

또 다른 주요 요인은 대학입학시험(Matriculation Examination)이 영어로 치러진다는 것이다. 이 시험은 학생들이 대학에 진학하려면 통과해야 하는데, 이는 영어를 권력과 성공의 언어로 확립시킨다. 사람들은 교육체제가 아직 남아프리카공화국 학교 학생들에게 아파르트헤이트 같은 구분을 만들고 있다고 느낀다.

남아프리카공화국의 식민역사와 아파르트헤이트가 일으킨 사회적·경제적·환경적 피해는 이 국가의 발전에 중대한 영향을 미친다. 그러나 교육의 진전을 방해하는 문화적 문제 또한 국가 내 발전수준에 영향을 미친다.

케이프타운의 새로이 통합된 학교의 학생들

상위 5개 언어 사용 비율:
줄루어 23.8%
호사어 17.6%
아프리칸스어 13.3%
세페디어 9.4%
영어 8.2%

불평등 

> 핵심내용
>
> **왜 발전수준은 국가와 지역 내에서 차이가 나타나는가?**
>
> - 개발도상국 내 도시와 농촌 지역의 발전은 차이가 난다.
> - 이러한 차이를 설명하려는 이론적 모델이 있다.
> - 산업화는 많은 개발도상국에서 발전을 가속화시키는 방법으로 확인되었다.
> - 신흥공업국은 수출지향 성장과 수입대체와 같은 전략을 사용해 경제를 변환시켰다.
> - 물리적·사회적 요인이 지역 간 불균형의 원인이 된다.

모든 국가들은 일부 지역이 다른 지역보다 빈곤한 불균등 발전을 보인다. 영국은 북부와 남부의 분명한 구분으로 인해 특히 부유한 국가 중 불균등 발전의 가장 극명한 사례 중 하나로 꼽힌다. 영국의 북부는 남부, 특히 남동부에 비해 높은 실업률, 낮은 임금 수준, 그리고 저렴한 주택 가격을 보인다. 사회적 지표로는 질병 발생률, 평균수명에서조차 상당한 차이가 나타난다.

1. 국가 내 지역 차에 대한 설명

개발도상국은 지역 간 부의 수준과 경제성장률에서 불균형을 보인다.

종속이론가들에 따르면(제2장), 중심과 주변의 개념은 일부 남부국가의 불균등 발전을 부분적으로만 설명할 수 있을 것이다. 종속이론가들은 가장 빈곤한 사회에도 엘리트는 있으며, 이들은 투자 결정이 자기 지역에 유리하게 이루어지도록 부와 권력을 행사해 다른 지역보다 빠른 경제성장을 이루게 된다고 설명한다.

이와 반대로 자유시장 또는 신자유주의 이론에서는 지역차는 존재하지 않아야

그림 3.1 뒤처짐: 노숙자가 캐나다 토론토의 번잡한 거리에 누워 있다.

"삶의 기회 측면에서, 영국의 북-남 구분과 비교할 만한 유럽 국가의 구분은 독일의 동-서일 것이다."

대니 돌링(Danny Dorling, 셰필드대학교 지리학과 교수), 「옵서버(The Observer)」, 2007년 10월

정보

66% 영국 남부 해안지역의 평균 주택 가격, 북부의 평균 주택 가격보다 이만큼 높음

54.9세 옥스퍼드셔주 디드코트(Didcot)의 평균 건강수명, 미들해븐 미들즈브러(Middlesbrough)는 86세

10년 맨체스터에서 태어난 남자아이의 기대수명, 런던의 켄싱턴(Kensington)과 첼시(Chelsea)에서 태어난 남자아이보다 이만큼 짧음

90% 과음으로 인해 응급병원 처치가 가장 높은 비율, 북부지역이 여기에 해당

한다. 이 관점에 따르면, 한 지역이 다른 지역에 비해 더 많은 투자를 유치하면 공급과 수요가 노동비용의 상승을 일으키게 된다. 노동비용이 상승하지 않은 지역은 노동비용이 낮아질수록 더 매력적이 될 것이다. 만일 그렇게 되지 않는다면 이는 시장 메커니즘이 조정하는 과정을 방해하는 어떤 간섭이 있기 때문이라고 말한다.

그러나 현실에서는 대다수의 국가에 지역차가 나타나며, 이에 대해 가장 확신할 수 있는 설명은 군나르 뮈르달(Gunnar Myrdal)이 제시한 누적적 인과론(cumulative causation)이다.

2. 누적적 인과론

이 모델에서는 대규모의 새로운 공장을 짓는 결정과 같은 초기 투자가 이 지역에 대한 더 많은 후속 투자의 매력을 증강시키는 일련의 긍정적 피드백의 시작이 된다. 다른 기업들은 공장에 부품을 납품하기 위해 이를 따라 입지하게 된다. 유사한 서비스나 제품을 공급하는 기업들도 초기 투자로 생겨난 기술노동력을 이용할 수 있을 것이다. 이 지역에 취업기회가 늘어나며, 지역 세금을 통해 더 많이 조성된 재원이 기반시설과 학교를 개선하거나 여가시설을 늘리는 데 사용될 수 있을 것이다. 이들 모두는 이 지역에 후속 투자를 불러들이는 흡인요인이 된다.

뮈르달의 모델은 더 나아가 왜 낮은 발전수준을 보이는 지역은 더 부유하고 강력한 이웃 지역과의 불평등한 관계를 끊지 못하는가에 대한 설명을 제시했다. 경제적으로 강력한 핵심지역은 더 큰 시장으로의 접근이 가능하고, 이 핵심지역의 기업은 주변지역의 생산자들이 누릴 수 없는 규모의 경제로부터 혜택을 받을 수 있다. 핵심지역의 기업들은 높아진 소득을 보다 효율적이고 앞서가는 생산방법과 생산품에 투자할 수 있다. 이러한 모든 것들은 핵심지역에 있는 기업의 이점을 강화시키고, 주변지역 기업들은 일종의 무역 보호가 없으면 생존하기 매우 어렵게 한다.

주변지역은 실제 핵심지역의 발전으로 도움을 받을 수 있다. 만일 주변지역에 핵심지역에서 필요로 하는 자원이 있으면 이를 수출하는 데 필요한 기반시설은 주변지역의 경제에 혜택을 주고 성장을 도울 것이다. 핵심지역의 부의 증가는 주변지역으로부터 제품이나 자원에 대한 높은 수요로 이어질 것이고, 이러한 낙수효과(trickle-down effect)는 개발을 자극하는 데 도움을 줄 수 있다. 부의 증가는 가난한 사람에게 흘러 내려간다는 것이 신보수주의 경제의 중요한 요소 중 하나이다.

성장극(growth pole)은 핵심지역 내에 생겨난 일자리에 의해 형성된다. 고용된 사람에게 지불된 임금은 추가적인 서비스 수요로 이어지고, 이는 다시 더 많은 일자리를 창출하게 된다. 이러한 과정은 '긍정적 승수효과(positive multiplier effect)'라고 불린다. 이는 왜 많은 정부들이 특정 지역이나 국가에 투자하려는 초국적기업에 풍족한 보상을 해 주려는지를 설명해 준다. 투자가 클수록 승수효과

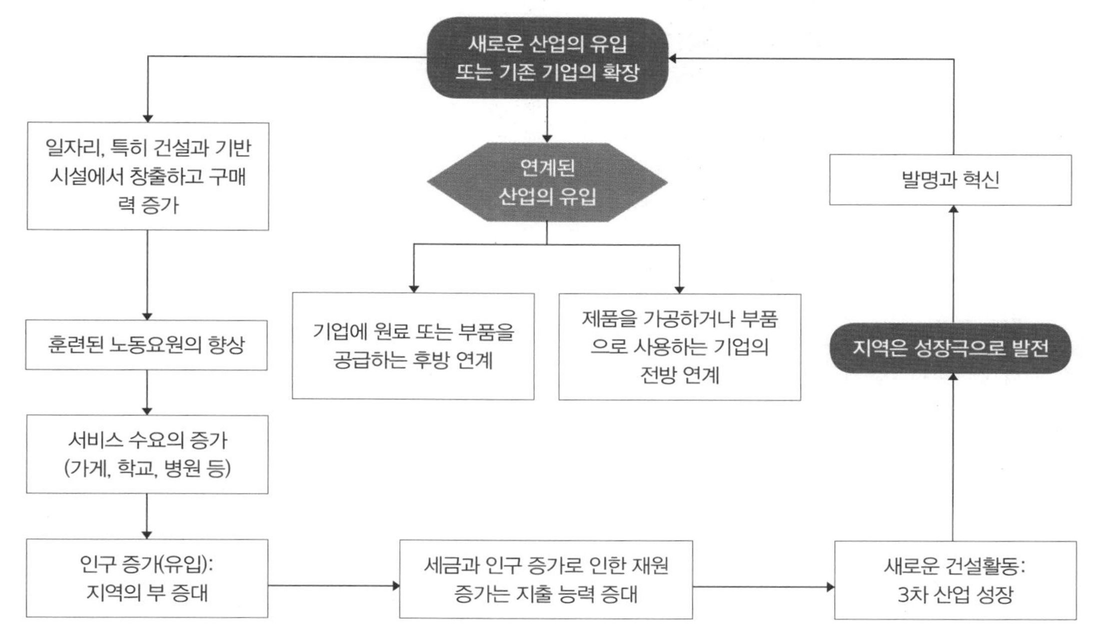

그림 3.2 뮈르달의 누적적 인과 모델

는 더 커질 것이다. 이 모델은 또한 주요 산업이나 공장이 문을 닫게 되면 발생할 반대 상황도 예견한다. 노동자들은 일자리를 잃을 것이고, 지출은 줄어들고, 서비스 수요도 줄어 다시 일자리는 감소할 것이다. 이는 '부정적 승수효과(negative multiplier effect)'이다.

뮈르달의 모델은 국가 내 지역 발전의 차이를 넘어 지구적 발전양상에 대해서도 적절한 설명력을 갖는다. 전통적인 핵심지역은 서구 유럽, 미국 그리고 일본이다. 이들 지역은 대다수의 아시아와 모든 아프리카를 비롯한 주변지역의 산업에 비해 경쟁우위를 가졌다. 주변지역은 무역 장벽이나 관세와 같은 보호장치 없이는 핵심지역과 경쟁할 수 없다.

최근의 세계무역에 관한 논의는 모두 무역장벽 해소와 세계 자유무역에 초점을 맞추고 있는데, '자유시장경제론자'들은 세계무역을 촉진함으로써 번영을 증진시킬 수 있다고 주장한다. 다른 일각에서는 주변지역 산업의 취약함을 문제로 본다. 자유무역 경향을 강력히 반대하고 서구의 경제발전 모델을 거부하는 국가와 지역들은 사회적 형평성을 강조했다. 인도 남부의 케랄라(Kerala)주가 이러한 경우 중 하나이다(65쪽 참조).

3. 수출지향적 성장과 산업화

가장 성공적인 개발도상국들은 산업화를 통해 빠른 경제성장을 이룩하고 국가 전반적으로 소득수준을 높였다. 20세기 중반 일부 국가들은 산업화의 수준을 높이면 부와 발전 수준이 높아질 것으로 보고 이를 추진했다. 여기에는 브라질, 인도, 멕시코, 한국 등이 포함된다. 국가마다 방법은 다르지만 이들이 선택한 전략에는 공통점이 있다.

첫 번째 경로는 수출지향, 종종 '수출 가치화'로 불리는 성장이다. 수출지향 정책을 채택한 국가는 잠재적으로 대규모 수출시장을 가진 산업이 성장하도록 대출과 다른 장려금을 제공하며 산업을 육성시킬 것이다. 낮은 수준의 부는 낮은 수요를 의미하기 때문에 국내 경제에는 그다지 관심을 기울이지 않는다. 내수시장은 수출산업이 성장해 임금수준이 높아지면서 대규모의 수요가 노동자들에 의해 만들어질 때에만 관심을 받게 된다. 국제통화기금(IMF)이나 세계은행(WB)은 이러한 발전에 자금을 제공하는 것을 선호했기 때문에 이 접근은 일부 급속한 성장 경제의 특징으로 자리 잡았다.

4. 수입대체

급속한 산업성장의 두 번째 가능한 경로는 수입대체이다. 이 경로를 사용하는 국가는 이전에 수입하던 제품을 자국 내에서 제조하는 선택을 한다. 제품 생산을 위해 새로이 생겨난 산업은 초기에는 오랜 공장에서 생산되는 값싼 제품과 경쟁할 수 없기 때문에, 수입대체의 초기 단계에는 국내 생산자들에게 보호가 필요하다. 이는 보통 높은 세금과 관세 또는 수입상품에 대한 할당의 형태를 보인다. 예를 들어, 일본 오토바이 생산의 성장은 상당 부분 초기에 보호해 줌으로써 가능했다. 이러한 경로를 선택하는 국가가 가지는 위험은 다른 국가가 이들 국가의 제품에 새로운 세금이나 관세 등 높은 세금을 부과하며 대응한다는 것이다. 이는 '보호무역주의(protectionism)'의 확산으로 이어질 수도 있다.

5. 산업성장에서 외부 요인의 중요성

경제학자들은 종종 '자급자족적 발전(autarkic development)'을 외부의 도움 없이 이루어진 발전형태라고 언급하지만, 이는 세계화된 현실에서는 거의 불가능한 일로 모든 산업성장은 외부 요인의 영향을 받는다.

일본, 한국, 대만과 같은 일부 아시아 경제의 초기 성장은 미국이 이들 태평양 연안 국가에서 공산주의 성장을 뿌리뽑기 위해 상당액의 자금을 투자하며 이루어졌다. 다른 지역에서도 이러한 지정학적 중요성에 관한 사례를 찾을 수 있다.

해외직접투자는 기업들이 다른 나라에 생산시설을 설립하는 것으로, 이는 생산비용을 줄이거나 수입제품에 대한 무역 제재를 피하기 위해 이루어졌다. 초국적 기업은 자신들의 제조업에 유리한 조건을 극대화하기 위해 정부와 협상을 할 수 있을 정도로 거대해지고 강력해졌다.

그림 3.3 국제 빈곤선인 1일 1.25달러 미만 인구 비율, 2009
출처: 세계은행

6. 신흥공업국의 성장

1960년대에 급속한 성장을 이룬 1세대 국가를 한데 뭉뚱그려 신흥공업국(Newly Industrialized Countries, NICs)이라 부른다. 여기에 속한 국가에 대한 일치된 의견은 없지만, 아시아의 '호랑이 경제(tiger economy)'로 불리는 한국, 대만, 싱가포르, 홍콩 등이 포함된다. 1980년대에 산업화한 태국과 필리핀 같은 국가는 2세대 신흥공업국으로 불린다. 이들 국가는 모두 제조업의 엄청난 성장에 힘입어 국민총소득(GNI)이 매년 최소 10% 정도로 급속한 성장을 경험했다.

신흥공업국의 성장은 세계 발전에 매우 중요했다. 이들 국가가 성공하기 전에는 산업 생산이 유럽과 북아메리카에 집중되어 있었다. 나머지 대다수는 주변지역으로 원자재를 중심지역에 제공해 '구국제분업(Old International Division of Labor)'으로 불렸다. 신흥공업국은 이런 구도를 깨뜨렸고, 제조업이 더욱 다양해지며 미래 발전에 상당한 의미를 가지게 되었다.

신흥공업국의 급속한 산업성장은 이들 국가의 사회·경제·정치·환경에 상당한 결과를 불러왔다. 신흥공업국의 등장에는 많은 공통적 특징이 있지만, 이들 국가는 브라질과 중국처럼 성장 그리고 성장에 따른 결과에 대한 각각의 상황 설명이 있다.

사례 연구
브라질

북동부 지역의 빈곤

브라질의 기본 통계

총인구	1억 9370만 명
1인당 국민총소득	$8,070
유아 사망률	1,000명 출산당 17명
기대수명	73세
성인 문자해득률	90%

지역 불균등과 개발

브라질은 지난 10년간 급속한 경제성장과 다수의 새천년개발목표를 달성하는 진전으로 세계적인 성공이야기 중 하나에 속한다. 브라질에서 가장 빈곤한 지역인 북동부는 남동 지역의 경제성장을 따를 수 없었다. 다음의 간략한 연구는 이 지역의 주요 특징을 살펴보고 빈곤수준을 낮추기 위한 노력의 일부를 소개하고 있다.

브라질의 북동부는 전체 국토의 18%를 차지하는 9개의 주로 이루어지며, 인구는 5300만 명이다. 북동부의 거대한 면적은 몇 안 되는 가족이 소유한 거대한 목장으로 분할되어 있다. 빈곤은 북동부에서 리우데자네이루와 상파울루 같은 남부 대도시로의 대규모 이주를 유발했다.

북동부의 기후는 다양하지만 일반적으로 브라질의 다른 지역보다 훨씬 건조하다. 평균적으로 매년 750mm 이하의 강수량을 보이고, 지역 내에서는 '카팅가(Caatinga)' 또는 가뭄 구역으로 알려져 있다. 가뭄은 정기적으로 종종 엘니뇨(태평양 해류에 의존하는 지역 기후변화)와 관련 있지만, 2010년 7월 오랫동안 내린 집중호우는 비참한 홍수 피해를 가져왔다.

이곳은 북아메리카와 남아메리카 중 가장 빈곤한 지역의 하나이지만 최근 많은 진전이 있었다. 브라질의 1인당 국민총소득(GNI)은 2009년 8,070달러였지만 북동부는 훨씬 낮았다.

브라질 북동부 지역 빈곤의 이유

- 농촌지역의 격리와 불리한 환경이 압도적인 농촌인구의 빈곤을 만들었다.
- 브라질 남동부의 경제 중심으로부터 주변에 위치한 지역으로 투자를 유치하지 못했다.
- 농업에 과도하게 의존하는데, 세계시장에서 커피 가격이 폭락하며 더욱 악화되었다.
- 이 지역에는 가장 가난한 20%가 부의 2%만을 가지는 막대한 불평등이 존재한다.

빈곤의 영향

- 50%의 인구가 하루 2달러 미만으로 살고 있다.
- 일반적으로 25%의 높은 문맹률을 보이는데, 일부 지역은 50%에 달하기도 한다.
- 젊은 층의 상당수가 최근 몇십 년간 이 지역에서 이주함으로써 빈곤을 더욱 악화시켰다.
- 이 지역 사망의 약 20%는 좋지 않은 수질과 관련이 있다.

브라질은 건강 관리와 소득수준의 향상을 통해 국가 전체의 유아 사망률이 1990년 1,000명당 46명에서 2008년 18명으로 감소하는 상당한 진전이 있었다. 그러나 이 비율은 북동부 지역에서는 소득 빈곤과 빈약한 건강 관리, 특히 병원 이용의 복합적 원인으로 훨씬 높다.

2010년까지 브라질 대통령이었던 룰라 다 시우바(L. I. Lula da Silva)는 북동부에서 태어났는데, 이 지역은 지난 10년간 정부의 지원과 내부 투자를 받았다. 다음의 내용은 이 지역 빈곤의 영향을 경감시키기 위해 실행된 하향식 정부의 활동과 상향식 지역 활동의 일부 결과를 보여 준다.

해법

정부 교부금

정부가 가족교부금을 도입해, 가족들은 한 달에 36달러를 받게 되었다.

가족교부금을 받기 위해서는 자녀가 교육과 더불어 수차례의 예방접종을 받은 것을 부모가 증명해야 한다. 따라서 이 계획은 유아 사망률과 문맹률을 낮추기 위한 목적으로 시행되었다.

옥스팜 100만 물탱크 프로젝트

지역 비정부기구(NGO)와 함께 옥스팜은 브라질 북동부에 100만 개의 물탱크 설치를 지원했다.

- 옥스팜은 물탱크를 어떻게 설치하는지 사람들을 훈련시켰다.
- 각 물탱크는 일 년간 한 가정에 충분한 물을 공급하는 15,000*l*의 물을 담을 수 있다.
- 물탱크에는 수인성 질병의 위험을 감소시키는

자드송 멘지스 코스타(Jadson Mendes Costa, 18세)는 노예와 다름없는 농장의 노동환경으로부터 해방되었다.

필터가 설치되어 있다.

- 물은 관개를 위해 사용할 수 있고, 많은 가정이 처음으로 녹색 채소를 재배할 수 있게 되어 음식물을 상당히 개선할 수 있었다.
- 옥스팜은 또한 가정에 종자를 제공했고 커피, 채소 등 새로운 작물을 재배하는 훈련을 시켜 도움을 주었다.

커피생산자연합

피아타 커피생산자연합(ASCAMP)은 1990년대 초에 만들어져 지역 농부들에 의해 운영되고 있다. 1997년 피아타는 많은 농부들이 가공하지 않은 커피를 너무 낮은 가격에 판매하고 있어 세계은행으로부터 지원을 받아 소규모 커피공장을 건설했다. 이 지역의 유일한 커피 가공공장은 100km 떨어져 있고 가격이 매우 비쌌다.

- 생산자 집단이 커피를 판매함으로써 더 나은 가격을 받을 수 있다. 또한 도구와 지식은 공유되었다.
- 새로운 공장은 다른 공장의 가격에 비해 1/3만 받았다.
- 1997년 이후 이 지역의 커피 생산은 엄청나게 증가했으며, 3,000개의 일자리가 생겨났다.
- 커피 가공에서 생겨나는 찌꺼기는 유기질 비료로 농부들이 사용했다.

소브라지뉴호(Sobradinho) 댐

소브라지뉴호 댐은 수력발전댐으로 바이아(Bahia)주의 상프란시스쿠강에 건설되었다. 1982년에 완성된 이 댐은 1,050MW의 전기를 생산한다.

- 이 댐으로 만들어진 호수는 길이 320km로, 세계의 인공호수 중 열두 번째로 크다.
- 댐 건설로 약 5만 명이 강제로 이주해야 했으며, 대다수는 최소한의 보상만을 받고 많은 사람들이 보상을 받지 못했다.
- 이 댐은 건조지역에 작물을 위한 관개를 허용해 이 지역의 식량 생산과 농업 일자리를 증가시켰다. 그러나 대규모 토지 소유주가 이 댐 건설의 대다수 혜택을 누렸다.
- 소규모 토지 소유자는 저수지의 물을 토지로 끌어들이는 데 필요한 펌프를 구비할 돈이 없어 물을 사용할 수 없었다.
- 이 댐은 이 지역 수력발전의 60%를 생산하여, 이 지역의 산업화를 가능하게 했다.
- 이 댐은 혜택을 '낙수효과 방식'으로 빈곤층에게 주는 하향식 해법의 좋은 사례이다.

사례 연구
중국

급속한 산업 성장

특별경제구역(SEZ)
1. 푸둥 구역, 상하이
2. 샤먼, 푸젠 성
3. 산터우, 광둥 성
4. 선전, 광둥 성
5. 주하이, 광둥 성
6. 하이난 성

중국은 1949년 마오쩌둥(毛澤東)의 인민해방군이 본토로부터 국민당원들을 대만(당시 포모사)으로 밀어낸 후부터 공산당이 지배했다. 이후 30년간 중국은 엄청나게 엄격한 정치적·사회적 통제 아래 있었다. 수백만 명이 처형되었고, 중국 사회는 특히 마오쩌둥의 뜻을 받든 대약진운동(1958~1961)과 문화대혁명(1966~1976) 기간 동안 살벌한 격변과 침체를 겪었다. 이 기간 동안 주요 산업은 모든 농업토지와 더불어 정부 소유가 되었다.

마오쩌둥 사망 이후 개혁이 도입되었고, 수십 년간 정부가 모든 생산시설을 통제한 이후 1978년 중국 정부는 경제개혁의 주요 프로그램을 시작했다. 개혁의 첫 단계에 초점을 맞춘 것은 다음과 같다.

- 농업토지의 '탈집단화'로 토지는 가구별 민간 경작지로 분할되었다. 개별 농부는 토지를 사용할 수 있으나 소유권은 없었다. 이는 농업생산성과 농촌 소득을 높였다.
- 해외투자에 국가를 개방
- 민간기업 활동에 허가 부여

1980년대 후반, 개혁 과정의 두 번째 단계는 정부 소유 산업을 민영화하고 하청을 주는 형태로 바꾸는 일이었다. 비록 정부가 은행과 에너지 공급 같은 일부 중요 부문은 통제를 유지했지만, 다른 정부의 자산은 민간 투자자에게 매각했다. 동시에 가격 통제와 보호무역주의 정책은 국가가 자유시장 경제로 바뀌며 폐지되었다.

다른 중요한 변화는 해외직접투자를 유인하고 2001년 세계무역기구(WTO)에 가입하기 위해 해안지역에 특별경제구역(Special Economic Zones, SEZ)을 설정하는 것이었다.

특별경제구역은 특히 세금 및 관세 감면과 더불어 중국의 급속한 성장에 중요한 요소가 되었다.

정부정책은 해외투자와 새로운 기술을 받아들일

청두(成都)의 건설현장에서 한 노동자가 광고판 앞에서 휴식을 취하고 있다.

목적으로 해안지역을 선호했다. 노동비용은 중국 전역에 걸쳐 상대적으로 낮지만 해안지역 노동자들은 교육과 기술 수준이 높았다. 노동조합이 없는 것도 내부로 투자를 유인하는 데 유리한 요소였다.

중국 국제무역의 90%가 해안 항구를 통과하기 때문에 제조업 시설을 항구에 입지시키는 것은 필수적이다.

1978년부터 2010년 사이 중국 경제는 연 9.5%로 상승해, 세계에서 가장 빠른 경제성장을 보였다. 2009년 미국 다음으로 세계에서 가장 거대한 경제가 되었고, 민간 부문 성장은 국내총생산의 70% 이상을 차지했다. 이제 중국에는 1000만 개 이상의 소규모 기업이 있다. 1979년 1차 생산품과 가공품이 중국 수출의 75%를 차지했는데, 2009년에는 95%가 제조업 제품이었다.

정부는 이러한 급속한 산업화 과정에 에너지 생산, 철강과 제철 산업, 교통 기반시설에 엄청난 투자를 하며 지원을 했다. 이러한 개혁 단계에 일부 산업은 보조를 받았지만 이들 대다수는 세계무역기구에 가입하면서 회수되었으며, 중국은 수출지향 성장 전략을 시작했다. 정부는 중국 상품의 수출을 지원하기 위해 인위적으로 통화(人民幣) 가치를 낮게 유지했다. 이 정책은 세계무역에서 불공정한 우위를 주고 금융시장에서 문제를 일으킬 수 있기 때문에 다른 국가들, 특히 미국의 비난을 받았다. 이는 앞으로 몇 년간 무역 협상에서 매우 중요한 주제가 될 것이다.

1980년대와 1990년대 수출은 값싼 장난감, 직물 그리고 다른 상품에 의존했지만, 지난 10년간 중국은 고부가가치의 복잡한 정보와 통신기술의 생산으로 변모했다. 중국의 7억 명 이상이 이동전화를 소유하고 있으며, 자동차 생산자에게는 세계에서 가장 큰 시장으로 2009년 1300만 대의 승용차와 화물차가 팔렸다.

중국은 아직 사회주의 국가인데, 자유시장의 특징을 포함한 전략으로 이와 같이 급속한 성장을 해야 하는 것이 낯설어 보인다. 그러나 정부가 제공한 안정은 중국이 필요로 하는 해외투자를 유입하는 데 중요한 요인이 되었다.

증거

아이폰은 미국과 유럽 등지에서 판매되지만, 중국에서 조립된다. 세계 정보통신기술(IT) 상품 생산의 중심지로 중국의 환경은 그 대가를 치른다. 인쇄회로기판(PCB)과 배터리 생산은 특히 중금속 오염을 일으키고 심각한 결과를 불러온다.

「가디언」, 2010년 6월

증거

중국 당국은 10년 내 최초의 인구총조사를 실시하려고 한다. 600만 명 이상의 노동자들이 세계에서 가장 인구가 많은 국가의 엄청난 작업을 위해 고용되었다. 당국은 일부 추정에 따르면 2억 명 이상일 것이라는 이주노동자의 수를 인구총조사에서 확인할 수 있기를 기대한다.

BBC 뉴스, 2010년 11월

중국의 이러한 변화가 사회와 환경에 미치는 영향은 엄청나다. 약 5억 명의 중국인들이 지난 30년간의 산업성장으로 만들어진 부가적인 풍요로 빈곤에서 벗어났다. 수백만 명의 임금이 상승했고 생활수준은 높아졌다. 동시에 모든 사람들이 사회기반시설의 향상과 다양한 소비재의 증가로부터 혜택을 받았다.

그러나 성장은 환경에 매우 부정적인 영향을 미쳤다. 중국은 세계에서 가장 거대한 재생에너지 생산자이자 가장 많은 이산화탄소와 기타 온실가스를 방출하는 국가이다. 제조업은 물, 토지, 공기 오염을 유발했고, 공장에서의 환경 통제는 적절히 이루어지지 않았다.

그 결과 중국 도시의 2/3는 적당히 또는 심각하게 오염되었고, 세계에서 가장 오염된 도시 상위 10곳 중 7곳은 중국에 위치하고 있다. 오염에 의해 악화되는 호흡기와 심장 질환은 중국인 사망의 주된 원인이다. 더욱이 중국의 도시지역 물의 90%는 매우 심각하게 오염되었고, 3억 명이 오염된 물을 마시고 있다. 이러한 상황은 중국 정부가 오염사고에 대해 기업이 위반한 세부 기록을 유지해 제조업자들이 부품 공급업체를 선별하도록 함으로써 제조업자들에게 더 많은 책임을 물을 필요성을 인식하게 됨에 따라 개선될 수 있다.

성장의 가장 큰 사회적 영향은 분명 수백만 명의 사람들이 산업도시로 이주한 것이다. 농업 생산은 증가했지만 그 증가는 기계와 현대적 농업기술을 사용하며 얻어진 것이고, 농업임금은 이주 노동자들이 도시에서 벌 수 있는 임금보다 훨씬 낮게 떨어졌다. 이러한 이주는 지구상에서 가장 거대한 이주로서, 농촌지역에는 인구구조를 왜곡시키고 도시지역에는 인구증가율을 지속 불가능하게 하는 결과를 가져온다.

이러한 중국의 거대한 내부 인구이동으로 생겨난 문제에 대해 그 세부적 논의는 제11장에서 다루어진다.

사례 연구
인도

케랄라의 모두를 위한 교육: 성장을 위한 전략?

인도의 기본 통계

총인구	11억 9800만 명
1인당 국민총소득	$1,170
유아 사망률	1,000명 출산당 50명
기대수명	64세
성인 문자해득률	63%
초등학교 등록/출석	83%

국가 내 지역 불균등을 극복하는 것은 선진국 또는 개발도상국의 문제이다. 거대 국가 내 일부 지역은 다른 지역과는 완전히 다른 자신들의 개발을 통해 독특한 특징을 발전시킨다. 인도는 세계에서 일곱 번째로 면적이 넓고, 인구규모(12억)로는 두 번째로 큰 국가이다. 28개 주와 7개 연방직할령(union territory)으로 이루어져 있으며, 세계에서 가장 급격한 성장을 하는 나라 중 하나로 정부의 당면한 가장 큰 문제는 사회경제적 발전, 빈곤, 그리고 사회기반시설의 이용 가능성이 지역별로 큰 차이가 난다는 점이다.

불평등 발전의 양상은 복잡하다. 마하라슈트라(Maharashtra)와 같은 일부 주는 연평균 9%의 매우 높은 성장률을 보였지만, 마디아프라데시(Madhya Pradesh) 같은 다른 주는 성장률이 연평균 4%로 훨씬 낮았다. 비하르(Bihar)와 같은 농촌지역은 매우 높은 빈곤율을 보이지만, 농촌 펀자브(Punjab) 지역은 빈곤율이 가장 낮다.

인도는 지역 불평등을 줄이고 세금 감면과 저렴한 토지를 공급해 산업발전을 권장하기 위한 5개년 계획을 시행했지만, 산업은 아직도 도시지역과 항구도시에 집중하려는 성향을 보인다. 경제협력개발기구(OECD)가 발행한 「2007년 인도의 경제조사」는 인도의 주들이 경제성장률을 향상시키는 것은 시장지향 개혁과 개발을 위한 표준적인 신자유주의 처방인 경제 자유화에 달려 있다고 제안했다. 반면, 한 주는 완전히 다른 경로를 택하며 대다수 주에 비해 가장 높은 수준의 발전을 이룩했는데, 이는 비서구 기반의 발전모델 지지자들에게 유명한 이슈가 되었다. 케랄라의 높은 발전수준은 부의 증대보다 사회적 평등을 강조하며 성취되었다.

케랄라는 인도 남부 끝자락에 위치한 인구 3200만 명의 작은 주로, 인도 영토의 1%에 불과하다. 인도는

증거

케랄라의 증거는, 문자해득력이 있는 남자는 문자해득력이 있는 자식을 가지지만, 문자해득력이 있는 여자는 문자해득력이 있는 가족을 가진다……. 여성의 문자해득력과 교육은 아동 생존, 대중 건강과 위생의 중대한 결정적 용인이다.

인도정부홈페이지(www.India.gov.in)

고성장 개발도상국이지만 1인당 소득은 아직 매우 낮아, 세계은행에 따르면 1인당 국민총소득이 213개국 중 161위이다.

30년 전만 해도 케랄라는 인도에서 가장 빈곤한 주였지만, 상황은 바뀌었다. 케랄라의 평균 부의 수준은 최근 급격히 높아져, 2009년 22개 주 중에서 6위를 차지했다. 세계적인 차원에서 보면 아직 소득은 매우 낮지만 케랄라는 인도 평균(64세)보다 매우 높은 기대수명(75세), 유아 사망률에서도 인도 평균(1,000명 출산당 52명 사망)보다 훨씬 낮은 수준(1,000명 출산당 14명 사망)이다. 인구는 힌두교도 60%, 이슬람교도 20%, 기독교도 20%로 다양한데, 이는 인도 다른 지역의 경우 사회적 불안 요인이지만 다문화주의, 양성 평등, 카스트 지위에 대한 더 자유로운 해석은 케랄라 문화에 배태되어 있다.

만일 케랄라가 주가 아니라 국가였다면, 인간개발지수(HDI) 순위는 175개국 중 인도의 국가 순위인 134위보다 높은 75위일 것이다. 경제적 빈곤에 비해 사회적 지표의 강점은 세계발전 문제에 관심이 있는 사람들에게 필수적인 사례 연구로 다루도록 했다.

케랄라 교육제도의 성취는 이것이 어떻게 가능했는지를 이해하는 핵심으로 인식되었다. 케랄라의 성인 문자해득률 91%는 인도 나머지 지역의 65%보다 훨씬 높고 미국에 근접한다. 인도의 국가문자해득률 사업은 1991년 케랄라주를 100% 문자해득률 지역으로 선포했다. 어떻게 이런 인상적인 교육성취가 가능했을까?

해답의 첫 부분은 역사적인 것이다. 케랄라의 문화 리터러시(Cultural literacy) 뿌리는 적어도 19세기 대영제국 초기 힌두교 통치자에게서 찾을 수 있다. 트리반드룸(Trivandrum)의 여왕은 1817년 "주정부는 계몽을 확대하는 데 뒤처지는 사람이 없도록 하기 위

특집

인도 남부 농촌의 케랄라주에 있는 자나란지니(Janaranjini) 유치원 아이들은 모래에 성을 만들지 않는다. 대신 아이들은 얇은 모래층 앞에 책상다리를 하고 앉아 읽기와 수학의 기초를 배운다.

세 살 된 마다브(Madhav)는 케랄라 언어인 모국어 말라얄람(Malayalam) 문자를 왼손 집게손가락으로 모래를 향해 던지고, 네 살 된 반 친구인 니수 사지(Neethu Saji)는 아라비아 숫자를 선생님이 부르는 것보다 더 빠르게 쓰고 있다.

이곳 유치원을 운영하며 이 지역에서는 칼라리(Kalari)라고 불리는 공공도서관에서 자원봉사를 하는 레빈드란(Revindran)은 "나 또한 이렇게 배웠다. 나의 아버지도 이렇게 배웠다."라고 말한다. 그는 "이것이 고대 (학교의) 모델"이라고 설명한다.

케랄라의 교육은 많은 나라들이 배우고 싶은 성공이야기이다.

「크리스천 사이언스 모니터(Christian Science Monitor)」, 2005년 5월

해 모든 교육비용을 지불한다."라는 왕령을 선포했다. 뒤를 이은 왕은 일반인들을 위한 학교를 지었고, 초등교육을 장려했으며, 기독교 선교사들은 가난하고 압박받는 사람들을 위한 학교를 건설하는 데 도움을 주었다.

20세기 초에 이 지역 사회개혁가들은 하층 계급과 여성을 위한 교육을 지속적으로 확대했다. 이러한 모든 것들이 진전에 도움이 되었고, 1961년이 되자 케랄라주는 인도의 다른 지역 문자해득력 28%보다 2배로 높은 55%에 다다랐다.

정치 또한 해답의 일부이다. 인도공산당(CPI)은 지난 50년간 케랄라주를 통치했다. 인도공산당은 1960년대와 1970년대에 대규모 사회개혁을 시도했는데, 그 첫 번째이자 가장 중요한 것은 토지개혁이었다. 토지개혁 입법은 민간소유권의 한계를 정하고 기존 토지 소유주로부터 토지를 받아 더욱 균등하게 배분했다. 오늘날 인도의 다른 지역에 비해 이 지역은 많은 사람들이 자신이 일하는 토지를 소유하고 있다. 중앙정부는 토지개혁을 10년간 금지했지만 1970년에 법이 통과되었고, 이는 케랄라 지역 주민들에게 교육의 중요성을 강화하는 중요한 요인이 되었다.

2009년 케랄라 연간 예산의 37%가 교육에 사용되고, 주정부는 12,271개의 학교를 지원했다. 모든 주거지 3km 내에는 초등학교가 있다. 교육 성공 스토리의 가장 인상적인 요소의 하나는 여성에게 균등한 기회를 제공한 것으로, 인도 전체 국민의 54%에 비해 이 지역은 여성이 88%의 문자해득률을 보이고, 고등교육에 남성보다 여성이 더 많다.

어떤 면에서 케랄라는 교육 성공의 희생자이기도 하다. 정부는 교육받은 사람들에게 충분한 일자리를 제공하지 못했고, 농촌 실업률은 높았다. 그 지역에는 산업이 적었는데, 주정부는 경제를 자유화시키기 위한 과정을 밟았으나 케랄라에는 소수의 주요 기업과 제조업체만이 입지하고 있다. 많은 케랄라 주민들에게 해답은 일자리를 찾아 이주를 하는 것이었다. 이들의 높은 교육수준으로 인해 건설, 정보통신기술, 서비스 산업 분야에서 일자리를 찾는 데 다른 노동자들보다 쉬웠다. 그 결과 다른 인도의 주, 미국, 특히

학생들이 케랄라주 코치(Kochi)에서 경삼륜차(autorickshaw)를 타고 집으로 가고 있다.

인도 케랄라의 여성 문자해득률, 1951~2001

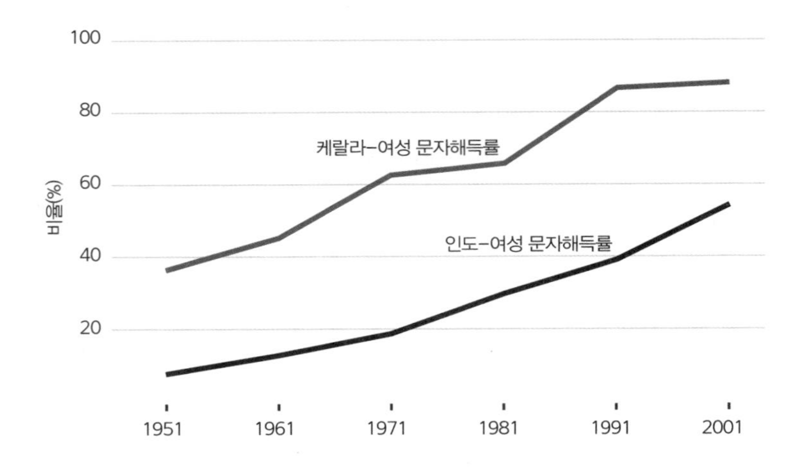

중동은 케랄라로부터 이주하는 많은 노동자의 목적지가 되었다. 중동에만 케랄라 출신 노동자들이 210만 명 정도 있는 것으로 추정되고, 이들의 송금은 케랄라주 경제에 매우 중요한 자리를 차지한다.

2008년 인도 비거주자들이 고향으로 320억 달러를 송금해, 인도를 이주자 송금의 주요 혜택을 본 나라로 만들었다. 고향으로 보낸 돈은 인도가 받은 연간 해외직접투자(2009년 366억 달러)보다 약간 적은 수준이었다. 케랄라는 특히 이러한 해외송금에 의존하는데, 그 액수는 주 연간소득의 20%를 차지하는 것으로 추정되었다. 2009년 공식적인 1인당 주내 순생산액은 1,168달러(인도 전체 평균 1,009달러)이지만, 송금 가치가 더해지면 1,436달러가 되어 인도의 주 가운데 가장 부유한 주가 된다.

상대적으로 낮은 소득에서 기대할 수 있는 교육과 보건 지표를 훨씬 상회하는 지역은 케랄라만이 아니다. 쿠바는 수년 동안 미국의 주도로 무역제재의 대상국이었지만, 많은 다른 '부유한' 국가들이 부러워하는 교육과 보건 서비스를 잘 제공해 오고 있다. 이러한 사례 연구는 국가 및 지역의 개발을 위해 어떠한 잠재적 경로가 있는지에 대해 열린 사고를 유지할 필요가 있음을 강조하고, 개발 과정을 통해 우리가 진정으로 얻으려는 것이 무엇인지에 대해 비판적으로 의문을 제기하도록 한다.

증거

"모든 가정이 토지를 가지고 있으면 그 크기가 작더라도 이들은 소속감을 가진다. 그러면 이들은 미래를 계획할 수 있고, 자식들의 교육은 이러한 계획의 일부가 된다."

라빈드란(P. K. Ravindran)

세계화

핵심내용

세계화는 발전에 긍정적인 영향을 끼치는가?

- 세계화는 경제적·정치적·문화적 측면을 포함하는 복합적인 과정이다. 사실상 세계의 거의 모든 국가에서 세계화의 영향을 받고 있음을 나타내는 증거들이 나타난다.
- 초국적기업(Transnational Corporation, TNCs)은 세계화의 진행 과정에서 주된 역할을 한다. 따라서 세계경제에서 이들이 맡은 역할에 대해 면밀히 조사해 볼 필요가 있다.
- 단일 국가 정부가 자체적으로 해결하기 힘든 문제에 직면하는 경우가 점차 늘고 있어 범세계적인 의사결정이 요구되는데, 기후변화와 테러와의 전쟁이 그 대표적인 예이다.
- 문화적 세계화는 단순히 해외여행의 증가나 세계주의적 생활방식의 확산을 통해서만이 아닌, 점점 더 진보하고 있는 정보와 통신 체계에 의해서도 발생하고 있다.
- 무역과 재정 부문의 세계화에 주된 역할을 하는 다수의 핵심기구들이 있다. 이 중에서도 세계은행, 국제통화기금, 세계무역기구가 가장 주요한 기구로 꼽힌다.

1. 세계화 과정

세계화는 현대에 이르러서야 새롭게 도입된 용어로, 너무 일상적으로 사용되어 이 용어가 기술하는 복잡한 과정에 대해서는 거의 고려되지 않는다. 세상이 점차 세계화되고 있다는 것은 가장 단순한 정의이다. 세계화의 과정을 연구하는 많은 학자들 또한 이러한 단순한 정의에서 시작하여 부가적인 의미를 추가하려 한다. 이러한 정의 중에는 무역과 상업에 초점을 맞추는 것이 대다수이다. 보편적으로 사용되는 포괄적 의미의 정의는 가이 브레인반트(Guy Brainbant)가 제시했는데, "세계화는 단순히 무역시장의 개방, 의사소통 수단의 발전, 금융시장의 국제화, 다국적기업의 중요성 증가, 인구의 이주 및 사람·상품·자본·데이터·아이디어의 이동성 증가뿐만 아니라 감염, 질병, 환경오염까지를 포함한다."

세계화는 이로 인해 발생한 몇 가지 결과들을 나열해 보면 인식하기 쉽다. 주로 국제무역과 투자를 통해 서로 다른 국적의 개인, 기업, 국가들 간의 상호작용이나 통합이 빈번히 발생하고 있으며, 정보통신기술에 의해 훨씬 더 용이해진 것이 그 예이다. 이처럼 세계화의 과정은 환경, 문화, 정치체제, 경제개발 및 세계 모든 사회의 삶의 질에 영향을 끼치고 있다.

2. 자유시장 자본주의의 등장

세계화의 일부 특징은 매우 긴 역사를 갖지만, 최근의 과정은 자유시장 자본주의를 거의 모든 국가에 확산시키는 과정과 관련되어 있다. 오늘날 우리가 이해하는 세계화는 1989~1991년 소비에트연방의 붕괴와 더불어 냉전의 종결을 그 시작으로 인식한다.

'세계화는 세계무역의 개시뿐만 아니라 … 감염, 질병, 환경오염도 포함한다.'

가이 브레인반트

소비에트 형태의 통제 구속으로부터의 해방은 많은 국가들로 하여금 시장지향의 경제체제를 채택하고 무역장벽의 축소를 위한 협상을 하도록 했다. 세계무역기구(WTO)와 같은 국제단체들은 이러한 협상에 적극적이었고 상품, 서비스, 투자의 무역을 늘릴 협상이 이루어졌다. 대기업들은 외국에 공장을 건설하고 해외 파트너와 생산 및 판매 협정을 체결하며 세계적인 영향력을 점점 더 키웠다. 세계화 과정에서 가장 중요한 변화의 요인은 이들 거대 초국적기업(TNCs)의 성장이었다. 이들은 대다수가 지구 북부국가에 기반한 기업들로 같은 상품을 만들거나 지역 시장을 겨냥해 일부 변형된 상품을 여러 국가에서 생산하여 전 세계를 대상으로 판매한다.

3. 세계화와 사회변동

기업들이 판매하는 상품만큼이나, 이들이 전파하는 기업의 운영 및 생산 방식 역시 해당 국가에서 중대한 사회적 변화를 야기할 수 있기 때문에 매우 중요하다. 조지 리처(George Ritzer)는 1990년에 발간한 『맥도널드 사회(The McDonaldization of Society)』에서 이러한 과정을 일명 '맥도널드화(McDonaldization)'라고 불렀다. 세계화에서 초국적기업이 맡은 역할의 중요성이란 두말할 필요가 없다. 전 세계에 걸쳐 자본주의가 확대됨에 따라 과거에는 정부 관리의 경제방식을 채택했던 국가들조차 국가적 경제수준 성장이라는 목표를 달성하기 위해 초국적기업의 유입을 허용하고 있다. 중국이 이 같은 경제기조 변화의 유형에 가장 부합하는 사례이다. 이 외에 남부 저개발국들도 해외직접투자를 유도하기 위해 초국적기업 운영에 방해가 되는 장애들을 제거하고자 애쓰고 있다.

경제에 대한 정부 개입의 감소와 그 밖에 많은 서비스 분야에서 발생한 지속적인 민영화는 지금까지 세계화의 확산을 뒷받침해 온 신자유주의의 핵심논리이다. 신자유주의 논리에 따르면, 국가 정부가 세계시장에 효율적으로 참여하고자 한다면 시장에 과도하게 개입하는 일이 없어야만 한다. 1970년대에는 대부분의 개발도상국들이 정부 주도의 '경제개발 5개년계획'을 통해 개발을 진행했으나, 당시에 보여 준 정부의 지시와 개입 정도는 당연히 많은 자유시장주의 세계화론자들의 빈축을 샀다. 심지어 중앙정부 주도의 통제경제를 실시하던 중국조차 자유기업체제의 힘 앞에 문이 열렸다.

정부 지출을 줄이라는 압박에 세계의 모든 개발도상국들이 기초서비스의 공급조차 민영화할 것을 강요받고 있다. 이는 경제적 건전성을 확보하기 위한 신자

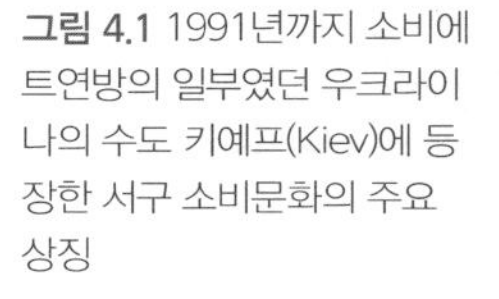
그림 4.1 1991년까지 소비에트연방의 일부였던 우크라이나의 수도 키예프(Kiev)에 등장한 서구 소비문화의 주요 상징

유주의식 처방인데, 일반적으로 재정적 어려움에 처한 개발도상국이 국제통화기금(IMF)으로부터 돈을 빌릴 때 함께 요구받는 조건이다. 이 처방에 따라 집행되는 사회적·경제적 '치료제'는 구조조정프로그램(Structural Adjustment Programmes, SAPs)이라는 형태로 나타나지만, 특히 빈곤층에 불균형한 영향을 끼치고 있어 많은 국제개발 분야 종사자들 사이에서 악명이 높다. 그 대표적인 예로, 1980년대에 유니세프(UNICEF)는 구조조정에 대한 반발로 일명 '인간의 모습을 한 조정(adjustment with a human face)'이라 불리는 캠페인을 사명감을 갖고 전개한 바 있다.

세계은행과 IMF가 기존 방식과 일부 유사한 경제적 처방인 「빈곤감소전략보고서(Poverty Reduction Strategy Papers, PRSP)」를 구조조정의 대체 전략으로 제시하면서 이전보다 훨씬 심각한 악명을 떨치고 있다. 1996년에 있었던 탄자니아 수도공급의 강제적인 민영화는 IMF와 세계은행이 강요한 전략에 따라 개발도상

특집

다르에스살람 수도공급의 민영화

대부분의 개발도상국 도시에서 나오는 이야기 중 물에 돈을 가장 많이 쓰는 계층은 가난한 사람들이라는 말이 있는데, 이들은 길가에서 물을 팔러 돌아다니는 행상인들에게 전적으로 의지해야만 이 중요한 상품을 얻을 수 있기 때문이다. 하지만 다르에스살람(Dar es Salaam)에서는 단지 가난한 사람만 그런 것이 아니다. 수십 년 동안 방치되고 투자 부족으로 일관되었던 도시의 수도공급 시설을 통해서는 이 도시 인구 350만 명 중 고작 10만 명 이하에게만 수도공급이 가능하다.

수도공급 체계의 민영화는 특히 사하라사막 이남 아프리카 지역을 포함한 모든 개발도상국에서 항상 논란거리가 되어 왔다. 이익을 극대화하고자 하는 외국 기업과 원칙상으로는 지불능력이 없는 국민의 수자원 접근성을 개선시키려는 정부 간에 상충하는 동기로 인해 아직까지는 가치 있는 성공을 일궈 냈다는 소식이 들리지 않는다.

여전히 세계은행과 IMF는 지금까지 시행해 온 방법이 다르에스살람과 수도공사인 다와사(Dawasa)에 가장 적합한 해결책이었다는 점에 한 치의 의심도 갖지 않는다. 이들은 탄자니아에 막대한 부채 완화를 조건으로 다와사의 자산을 민영화하게 만들었다. 하지만 구매자가 나타나지 않자, 세계은행은 자산이 판매되길 원하는 요구를 철회했다. 그럼에도 오직 민간기업이 수자원 체계를 운영하기로 결정했을 경우에만 1억 4350만 달러에 이르는 대출상품을 도시 수도 기반시설 개선을 위해 제공할 것임을 분명히 했다.

2003년 8월 1일은 바로 시티워터(City water)사가 다르에스살람의 수도공급을 떠맡은 날이었으며, 이는 곧 돈이 줄줄 새어 나가기 시작한 날이었다. 계약에서 합의했던 세입징수 목표를 달성하는 것이 불가능했을 뿐만 아니라, 소득을 창출할 수 있는지의 여부가 가장 중요했던 시티워터사가 심지어 공정을 유지하는 데 드는 비용보다도 적은 돈을 버는 상황이 진행되었다. 이와 동시에 다르에스살람 주민들은 그들의 수도세가 오르는 것을 지켜봐야만 했다.

「가디언」, 2007년 8월 16일

국이 실행한 대표적인 정책이다.

결국 2005년 탄자니아는 새로운 도시 수도공급 체계가 기존 계약에서 명시한 의무공급량을 충족하는 데 실패하자, 영국의 바이워터(Biwater)사의 완전소유 자회사인 시티워터사와의 계약을 파기했다. 계약은 다시 영국 정부와 세계은행으로 회부되었다. 바이워터사는 국제재판소에 탄자니아 정부를 상대로 손해배상을 제기했지만, 시티워터사가 운영권을 인수한 2003년 이후로 상하수도 체계가 오히려 악화되었다는 사실이 패널들에게 밝혀져 이 주장은 기각되었다. 반대로 국제재판소는 바이워터사가 손해배상과 수수료 명목으로 수도 다르에스살람에 위치한 국영 수도회사 다와사에 800만 달러를 지급할 것을 명령했다.

4. 세계화에 대한 상반된 견해

사실 모두가 세계화라는 개념이 현대에 들어 새로이 등장한 현상으로 여기는 것은 아니며, 특히 회의론자들은 세계화가 결코 역사적으로 전례 없는 현상이 아니라고 주장한다. 이들은, 세계무역의 흐름에 관한 통계자료를 살펴보면 19세기가 시작된 이후 투자와 노동 방식에서 아주 유사한 패턴의 반복을 확인할 수 있다고 주장한다. 이 의견에 따르면, 세계화라는 '미신'은 단순히 지난 200년이 넘는 기간 동안 지속되어 온 국가 경제 간의 통합과정의 연장선일 뿐이다. 회의론자들은 여전히 대부분의 자본과 기업의 이익이 세계무역을 통해서 발생하고 있으며, 해외직접투자 역시 대부분이 북아메리카, 유럽, 동아시아에만 국한되어 있다고 지적한다. 회의론자들은 신자유주의가 세계질서 유지에 핵심적 역할을 계속해 온 정부의 권력을 과소평가하고 있다고 생각한다. 따라서 이들은 여전히 국가가 경제활동 규제라는 중추적인 역할을 하고 있다는 입장에서 국제화된 세계의 개념으로 논하기를 선호한다.

세계개발운동: '물의 민영화는 전 세계 빈곤층에 처참한 정책이라는 것을 보여주는 분명한 증거가 있지만, 세계은행은 탄자니아가 절박하게 갈망하던 부채 탕감을 수락하는 대신 물의 민영화를 시행해야 한다고 강요하고 있다.'

이와 달리 변형론자들은 세계화의 과정에 관해 좀 더 장기적인 관점을 갖고 있다. 변형론자에게 세계화란 좋고 나쁨을 평가할 수 없는 개념이며, 마찬가지로 지속될 수도 혹은 점차 사라질 수도 있는 현상이다. 이 관점에 따르면 세계화로 인해 국가나 기업 간에 영향을 주고받는 방식이 변화하고 있으며, 국가의 전통적인 법제 권력이 점차 힘을 잃어 가고 있을 뿐이다. 그렇다고 해서 이들이 국가가 앞으로 점차 사라진다고 예측한다거나 더 강해질 필요가 있다고 주장하는 것은 아니며, 단지 세계화를 상이한 경제 혹은 정치 운동 사이에 상호작용을 지속시키는 현재에도 진행 중인 일련의 과정으로 바라본다. 변형론자 콜린 헤이(Colin Hay)는 이러한 세계화를 '역경향(countertendency)이 있는 곳을 향하는 경향성'이라고 정의했다.

5. 지구적 과정과 지구적 결과

지난 30여 년간에 이룩한 제품 생산과 무역 부문의 비약적인 성장으로 인해 이와 관련된 세계 모든 활동의 결과물들 역시 극대화되었다. 여기에는 채취로부터 생산, 유통으로의 이동에 이르는 모든 활동이 포함된다. 그 결과 세계화가 미치는 환경적·사회적 영향 역시 각 국가의 경계 넘어서까지 확장되고 있다. 철 생산을 위해 더러운 석탄(dirty coal)을 이용하는 유럽이나 중국은 단순히 해당 생산국만이 아닌 전 세계 모든 국가의 산성비와 기후변화에 잠재적 원인을 제공하고 있다. 이제 이러한 대기 '공공재의 오염' 문제는 국제 협력과 합의가 필요한 국제사회의 쟁점이 되어 버렸다. 또한 통신수단의 변화에 따라 정보와 자금이 세계 어느 곳이든 신속히 이동됨으로써 테러리스트의 활동 역시 세계화되어 이 테러에 대한 대응도 세계적이어야만 한다. 하지만 불행히도 이러한 거대한 규모의 위험에 맞서 시도한 국제협력이 항상 성공적이었던 것만은 아니었다. 그 대표적인 사례로 2008년 도하에서의 세계무역기구(WTO) 회담이나, 2009년 코펜하겐에서의 기후변화에 관한 회담이 그러했다.

국제 화폐시장은 세계화 과정을 이끄는 핵심이라 할 수 있다. 통신기술이 향상됨에 따라 자본의 흐름이 갈수록 자유로워지고 있고, 그 결과 세계 금융시장이 더욱더 밀접하게 통합되고 있다. 시장을 운영하는 은행가와 증권 중개인들은 삽시간에 전 세계 막대한 양의 자본을 움직일 수 있는 초국적기업의 일원이다. 국제결제은행의 추산에 따르면, 국제 외환시장의 일평균 매출액은 무려 3조 9800억 달러에 이른다. 지구의 어느 한편에서 발생한 경제 상황이 순식간에 다른 어던가의 세계시장에 영향을 끼치는 것이 가능해졌다. 현재 금융시장은 시장을 통제하는 데 반드시 필요한 규제기관보다 훨씬 더 빠른 속도로 성장하고 있는데, 2007~2008년에 미국에서 시작된 '신용경색(credit crunch)'으로 인한 피해가 순식간에 전 세계로 퍼져 나간 사례가 이에 대한 명백한 증거이다. 이 문제의 원인 중 하나로 지목된 것은 '파생상품'이라 불리는 복잡한 형태의 금융 패키지인데, 이를 이용해 환수 불가능한 담보대출 같은 '독성' 채무들을 숨기려 한 것이 문제가 되었다. 이 사태는 곧 전 세계에 걸친 거래망을 통해 퍼져 나가 눈 깜짝할 사이에 심각해졌다. 이 문제로 인해 국제 금융체계가 일순간 붕괴 직전까지 몰렸고, 이때의 위기가 만든 피해는 아직까지도 세계 곳곳에 잠재되어 있다.

6. 세계화의 사회적·환경적 영향

세계화로 인해 막대한 수준의 경제적 변화가 발생한 것은 분명한 사실이지만, 이 세계화의 사회적·환경적 영향 역시 말 그대로 강력함 그 자체였다. 세계화의 긍정적 성과물을 옹호하는 사람들은 지난 30년 전보다 독재정권의 수가 감소하고 민주정부가 늘어났다고 주장한다. 이들은 그 원인이 자유민주주의 정치체제를 조장하는 자본주의의 확산에 있다고 밝힌다. 물론 아직 중국과 베트남 같은 권위주의적 일당독재 국가가 여기서 강조하는 이른바 만연하는 자본주의에 의해 위협에 처했다는 증거는 없다. 해외 원조와 투자를 할 때, 대상국가 내부의 정치 상태를 고려하여 결정하는 것은 사실이다. 이로 인해 민주정부가 장려되고 있으며, 비록 아직까지는 상당수 국가에서 민주정치가 제대로 정착도 안정도 되지 않은 상태이긴 하지만, 선거는 결과의 적법성과 과정의 공정성을 보증할 수 있도록 다른 국가에서 파견된 감시인단의 감독하에 이루어지는 경우가 점차 증가하고 있다.

세계화가 미친 다른 정치적 영향은, 단일 민족국가보다 더 효과적으로 국제문제에 대처할 수 있도록 초국적 기구를 개발할 필요성이 있다는 사실이 인식되었다는 점이다. 유럽연합(EU)이 그 대표적인 사례이다. 유럽연합은 단순히 무역권의 통합만이 아닌, 국제사회에서 회원국들의 정치적 영향력을 향상시키기 위해 단행된 시도였다. 이러한 시도는 분명 기후변화, 국제하천, 대기오염, 어장의 황폐

그림 4.2 2008~2009년의 서구 금융위기 동안 은행가에 대한 대중적 감정을 나타내는 케이트 찰스워스(Kate Charlesworth)의 풍자화

화, 외래유입종의 확산, 테러의 위협, 국제 마약 밀매와 같은 초국가적 상황에 대처하기에도 매우 합당한 대응이라고 본다.

많은 기업들이 생산단가를 낮추기 위해 환경규제가 적은 개발도상국에 공장을 지으려 하기 때문에, 세계화에 따른 자유무역이 환경오염을 증가시킨다고 볼 수 있다. 개발도상국에서의 산업활동으로 인해 발생한 피해의 사례는 셀 수 없을 정도이며, 이 중 나이저(Niger) 삼각주에서의 석유 생산과 인도에서의 화학물질 생산으로 인한 피해는 익히 알려진 일이다. 제품 생산에 환경 관련 제재를 가하는 행위는 생산단가의 상승을 일으켜 잠재적으로 생산자의 경쟁능력에도 영향을 끼친다. 따라서 일부 사람들은 개발도상국에 가해지는 환경 제재가 잠재적인 투자자들을 단념시키고, 결과적으로 국민의 삶의 질 향상을 방해할 수 있어 옳지 못하다고 주장하기도 한다.

7. 서구적 가치의 확산

일반적으로 세계화는 전 세계에 걸친 정보·통신 체계라는 막강한 힘을 통해 문화적 측면에서도 매우 중대한 영향을 끼치고 있다. 디지털 시대가 얼마나 많은 인구에 영향을 주고 있는지 수치화하는 것은 분명 힘든 일이라 하더라도, 전 세계의 문화와 생활에 영향을 끼치는 세계화가 지닌 중요성이나 막강한 힘은 아무도 부정할 수 없다. 세계화의 사회적 영향력을 보여 주는 단적인 사례로 일명 '미국화(Americanization)'라 불리는 소비문화는 맥도널드와 코카콜라 같은 패스트푸드 업체의 유행, 미국 방송국과 영화사에서 만들어 내는 유명 매체들의 지배력, 서양 음악산업이 세계 젊은이들에게 미치는 막강한 영향력 등을 들 수 있다.

여행경비 하락과 여가시간의 증가라는 두 가지 요소로 인해 많은 사람들이 여행에 관심을 갖게 됨으로써 야기된 해외여행 산업의 급격한 성장 또한 서구적 가치관이 전통사회로 침투하는 데 한몫을 했다. 이와 관련하여 서구문화의 영향력이 오히려 해당 사회에는 부정적 영향을 끼친다는 주장이 일부 사람들에 의해 제기되고 있다. 바로 주요 종교의 성장 과정과 영어가 세계 공용어로 성장한 과정이 이를 단순하게 요약해 보여 준다. 이 글을 읽는 당신도 세계화가 다양한 측면에서 사회와 문화에 영향을 끼치고 있다는 증거를 쉽게 찾을 수 있을 것이다. 이러한 증거들이 나타내는 긍정적 혹은 부정적 요소들을 면밀히 살펴보면 세계화 과정이 지닌 가치 전반에 대한 스스로만의 관점을 확립하는 데 도움이 될 것이다.

8. 초국적 기구

초국적 기구들은 세계화와 국제개발 간의 연계방식을 설정하는 데 강력한 영향력을 가진다. 이들 중 세계은행(WB), 국제통화기금(IMF), 세계무역기구(WTO)가 가장 중요한 초국적 기구로 꼽힌다. 이 기구들은 1944년 미국 뉴햄프셔에서 개최된 국제연합통화금융회의(United Nations Monetary and Financial Conference)에서 성립되었는데, 오늘날에는 브레턴우즈 회의(Bretton Woods Conference)라는 명칭으로 더 잘 알려져 있다. 이 회의에서 제2차 세계대전 당시 연합국에 속해 있던 국가들은 국제부흥개발은행(IBRD), 관세무역일반협정(GATT)과 국제통화기금(IMF)의 성립에 합의했다. 당시 이 기구들이 맡은 역할은 전후 국제 통화와 금융 체계를 관리하는 것이었다.

9. 세계은행

국제부흥개발은행(IBRD)은 이제 세계은행(World Bank)이라는 기구에 속한 일부가 되었다. 세계은행은 애초에 유럽의 재건을 지원하기 위해 설립되었으나, 오늘날에는 세계적인 빈곤문제를 감소시키는 데 주된 역할을 맡고 있다. 세계은행에는 184개의 가맹국이 속해 있으며, 약 240억 달러의 연간 예산을 운용한다(2009년 기준). 세계은행은 다양한 영역의 활동에 관여하며, 그 범위는 주요 건설 사업부터 경제성장을 진작시킬 수 있다는 판단에 따라 정책개발에까지 이른다. 또한 극히 가난한 국가를 대상으로 허가하지만, 가맹국에 특혜금리로 대출을 제공하기도 한다.

원칙적으로 세계은행은 국제연합(UN)의 산하기관이지만 자체적인 지배구조를 갖고 있다. 이들은 주로 가맹국의 기부금, 세계 금융시장에 채권 발행, 자체 자산을 통한 소득의 3가지 출처를 통해 운영자금을 확보한다. 가맹국은 모두 세계은행의 지주이지만, 그렇다고 해서 모두가 동일한 투표권을 갖는 것은 아니다. 가맹국의 투표수는 은행에 기여한 비율에 따라 각 국가에 차등 배분된다. 미국이 전체 투표수의 16.4%, 일본 7.9%, 독일 4.5%, 프랑스 4.3%, 영국이 4.3%의 권리를 행사하고 있다. 세계은행의 헌장을 바꾸기 위해서는 85%의 찬성이 필요하므로, 미국은 세계은행의 모든 변화에 대한 거부권을 가지고 있는 셈이다. 게다가 세계은행 총재 역시 미국 대통령이 지명하고, 상위 기여 국가들의 영향하에 있는 운영위원회에 의해 선출되고 있다.

현재 세계은행의 모든 활동은 개발도상국에 초점을 맞추고 있다. 예를 들면 2003년부터 2009년 사이에 20억 달러의 보조금, 대출금, 융자금이 후천면역결핍증후군(HIV/AIDS)과 싸우기 위해 지원되었으며, 이 중 3억 달러가량은 나이저(Niger)에 제공되었다. 하지만 세계은행의 보조금과 대출금은 언제나 조건부로 제공되고 있어, 이에 반대하는 사람들은 일부 국가의 개발에는 오히려 해로울 수 있는 자유시장 경제조치를 일방적으로 옹호하는 행위라고 비난한다. 특히 이 '충격요법'은 경제적으로 취약하고 경쟁력이 약한 국가들의 정부 지출 감소를 부추기고 있다. 이 밖에도 세계은행은 공기업의 민영화와 같은 논란이 많은 프로젝트와도 밀접하게 연관되어 있다.

이러한 서구 지배적 통치구조하에 이루어지는 세계은행의 활동이 서부 국가와 기업들만의 이익을 추구하고, 남부 저개발국 현지의 요구를 충분히 이해하지 못하며, 때때로 국가의 빈곤이 마치 그들이 자초한 여건에 의한 것처럼 보이도록 포장하려는 지능적인 논거에 기반하고 있다고 일부 개발도상국 주민들이 주장하는 것은 결코 무리가 아니다. 또한 추가적으로 세계은행이 지지하는 사업들이 재생가능에너지 개발보다는 대규모 댐 건설이나 화석연료의 수출 장려를 주로 포함하고 있어, 이들이 미칠 환경적 악영향에 대한 비판도 일고 있다.

이에 반해 세계은행의 지지자들은 지난 10년간 세계은행이 개발철학과 정책 집행에서 상당한 수준의 변화를 이룩했으며, 지금은 이전보다 개발도상국의 요구에 훨씬 호응하면서 유연하게 대처하는 집단이 되었다고 주장한다.

10. 국제통화기금

세계은행 가맹국은 의무적으로 국제통화기금(IMF)에 가입해야 한다. IMF는 세계은행과 유사한 지배구조를 보유하지만, 그 역할은 단순히 투자를 증진하고 세계무역과 경제성장을 촉진하는 것만이 아닌, 국제 외국환거래에 체계적인 메커니즘을 개발하고 제공하는 기능도 수행한다. 제2차 세계대전이 끝나고 이 기구가 설립될 당시의 설립목표는 1920년대와 1930년대에 있었던 세계 금융위기의 재발을 방지하기 위해서였다. 이 목적 달성의 방편으로, 경제위기에 처한 가맹국은 경제회복을 지원하기 위해 조성된 기금을 이용할 수 있다. 2009년 그리스는 이와 같이 마련된 합의를 이용하여 자국 경제의 붕괴 위험에 대처하려 한 바 있다.

하지만 IMF 역시 세계은행과 거의 유사한 유형의 비판을 받고 있다. 자금은 조건에 부합하는 경우에만 차관을 받을 수 있는데, 대개 민영화와 정부 지출의 감소와 같은 천편일률(one-size-fits-all)적인 처방이 이루어진다. 세계은행과의 차이점이라면 IMF가 세계은행보다 대중적 이미지를 훨씬 덜 신경 쓰며, 개발에 주목적을 둔 세계은행과 달리 스스로를 순수 금융기관으로 여긴다는 정도이다. 이러한 차이점이 IMF의 정책 방향성 변화에서 장애물이 되고 있으며, 때때로 '자유시장 근본주의'라고 비판받는 원인이 되고 있다.

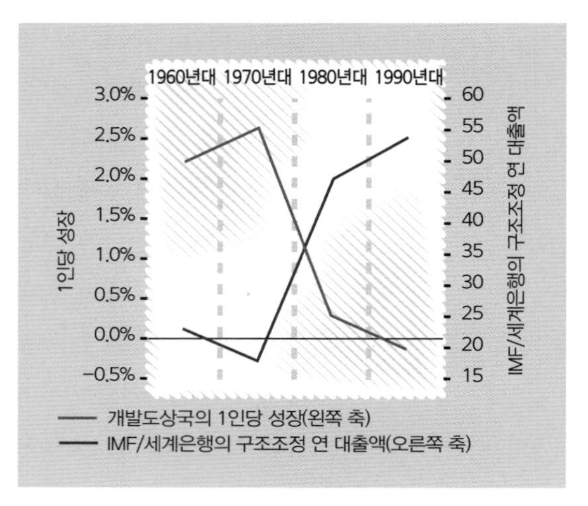

그림 4.3 구조조정 대출이 늘며 개발도상국의 성장이 덜어졌다.

하지만 사람들이 IMF에 대해 어떤 태도를 보이든, IMF와 세계은행이 국제 펀드에 가장 많은 자금을 대는 공공기관이며, 국제개발이라는 개념에서 가장 핵심적 역할을 하고 있다는 점은 부인할 수 없는 사실이다.

증거

IMF: 막강하거나 어리석거나

지난 25년이 넘는 기간 동안 세계정부와 가장 유사한 역할을 해 온 집단은, 설령 미국이 이 역할을 하려는 의도가 있었을지는 몰라도, 결코 미국은 아니었다. 그렇다고 해서 유엔이 그런 것도 아니다. 이들은 1945년의 국제정세에 따라 설립된 구조로 인해 21세기에 들어 삐끗하는 모습을 보이고 있어, 현재는 스스로를 증명하고자 여전히 안달하는 중이다.

세계정부 역할을 해 온 기관은 다소 비밀스러운 비선출기관으로, 현재 근본주의자들에 의해 탈취당했기 때문에 세계 거의 모든 국가의 경제 및 사회 정책을 근본적으로 고쳐 쓸 기회를 얻었다.

그럴 리가 없을 것 같은가? 물론 삼류 공상 과학소설이나 허무맹랑한 음모론 따위로 들릴 수도 있다. 실제로도 그렇다면 얼마나 좋을까.

미국 자본과 미국 정부 그리고 이 두 가지가 세계에 미치는 영향력에 기반을 둔 IMF가 바로 그 기관이며, 이들이 이 힘을 잘못 사용하여 만들어 내고 있는 끔찍한 기록들은 분명 우리 세대의 가장 큰 스캔들 중 하나로 남을 것이다.

브라질 대통령 룰라(Lula, 재임 2003~2010)와 다른 제3세계의 정상들이 IMF의 권고에 따라 그들의 원칙들을 수용해야만 했던 일이, 단순히 괜한 여력을 낭비한 일은 아니지 않은가? 채무에 허덕이는 국가들에게 공정한 국제 전문가 집단의 인도에 따라 정도(　　)로 돌아갈 수 있도록 한 일이 아니었는가?

정확히 이것이 IMF가 원하는 사람들의 인식이며, 이런 취지에서 아직까지는 아주 성공적으로 서부 국가와 미디어들을 설득해 온 것 같다. 하지만 실제 모습은 충격적일 정도로 이와 다르다. IMF는 근본주의자들에 의해

서울의 한 사무직 노동자가 1997년 한국의 경제위기에 대한 IMF 개입에 반대하고 있다.

정복당한 지 오래이며, 이들은 알카에다(Al-Qaeda) 단원이나 미국 바이블벨트(Bible Belt) 교단의 전도사처럼 매우 극단적이고 편협한 사상의 소유자들이다.
IMF의 근본주의는 아무런 규제가 없는 자유시장이야말로 모든 경제문제의 해결책이라고 믿는 사상에 대한 열렬한 집착에 기반을 두고 있다. 이들에게 성서의 계명만큼이나 소중한 것은 18세기 경제학자 애덤 스미스(Adam Smith)의 사상으로, 이윤 추구의 동기가 경제적 효율성을 향해 이끄는 '보이지 않는 손'의 역할을 한다고 생각한다. 하지만 우리가 자유시장을 가장 이상적인 모델이라 여기기로 했을지라도, 훨씬 더 최근의 경제 이론들이 도출해 낸 교훈에 따르면 그러한 완벽한 시장이란 존재하지 않으며, IMF의 손아귀에 있지만 경제적 위기에 봉착한 제3세계 국가들이 가장 완벽치 못한 상황이다.
이러한 강박관념에 사로잡힌 IMF라는 기관의 일면을, 노벨상 수상자이자 전 세계은행 핵심 경제학자였던 조지프 스티글리츠(Joseph Stiglitz)만큼 잘 그려 낸 인물은 없다. 스티글리츠는 다음과 같이 기록했다. "IMF는 시장근본주의를 신봉하는 기관인 듯 하지만, 실은 이들이 결코 받아들이지 못하는 시장실패라는 내적 모순 때문에 아직까지 존재하는 것이다. 지적으로 일관성 없는 기관인 IMF는 언제나 '우리는 시장을 믿는다.'라고 외치지만, 도대체 이들이 하는 일이란 것이 무엇인가? 줄곧 환율시장에나 간섭하고, 서양 채권자들을 구제하는 일이다."
스티글리츠는 IMF가 서양 금융계의 이해관계에 따라 일하고 있다는 그의 믿음을 분명히 밝히며, 이는 국제기관으로서 매우 심각한 폐단이고, 제정신이 박힌 세상이라면 공개조사를 시행해야 하는 일이라고 밝혔다.

크리스 브레이저(Chris Brazier), 「뉴인터내셔널리스트(New Internationalist)」, 2004년 5월

11. 세계무역기구

세계무역기구(WTO)는 세계 각국에 관세, 세금 및 각종 무역장벽 철폐를 주장하며 자유무역의 촉진을 유도하는 국제기구이다. 결과적으로 WTO는 세계화가 진행되는 과정에서 정확한 실체가 드러났다. 이 기구의 역할은 무역에 대한 논쟁을 종식시키고, 비록 성공하지는 못했더라도 2008년 도하(Doha) 회담과 같은 무역협상을 지속적으로 구성하는 것이다. WTO는 무역분쟁에서 궁극적인 의사결정권을 지니며, 규정을 어긴 국가를 대상으로 무역제재를 부과함으로써 기구의 결정을 강요할 수 있는 강력한 권력을 가졌다.

WTO는 1995년 관세무역일반협정(GATT)을 대체하며 설립되었다. 당시 153개국이 이 기구에 가입했다. 중국의 가입은 2001년 말에 이르러 성사되었고, 2010년 10월에 시도했던 러시아의 가입은 미국의 거부권 행사로 저지당해 2011년 12월에 가입했다. WTO의 지지자들은 세계무역 증가를 위해 힘써 온 이들의 노력에 의해 전 세계의 생활수준이 향상되었다고 주장한다.

하지만 WTO를 비판하는 사람들은 주권을 행사하는 국가를 대상으로 마치 그들이 자유무역 규칙을 위반하고 있는 듯 선포하여 강제적으로 주권국의 법과 규정을 바꾸고 있어, 과도하게 강력한 권력을 갖고 있다는 주장을 제기한다. 비판론자들은 WTO가 부유국이 부유국을 위해 운영하는 '사교클럽'이라 비판하며, 빈곤국의 문제나 자유무역에 의해 발생하는 노동권, 아동노동, 환경, 건강과 같은 사회적 영향을 충분히 고려하지 못하고 있다고 주장한다.

12. 세계화 사례 연구

다음에 제시된 사례 연구들은 세계화의 영향 중 일부를 조명한다. 첫 번째 사례는 나이지리아의 석유산업에 대한 해외직접투자를 연구했으며, 두 번째 사례는 초국적기업이 식품 공급망을 지배함으로써 점차 권력과 영향력을 키우는 과정을 보여 준다. 세 번째 사례는 우간다의 세계화의 영향을 다양한 측면으로 검토해 본다.

석유의 지배

나이지리아의 기본 통계

총인구	1억 5470만 명
1인당 국민총소득	$1,140
유아 사망률	1,000명 출산당 86명
5세 미만 아동의 체중미달 비율	29%
정수된 물을 이용 못하는 인구 비율	42%
인간개발지수	0.423(169개국 중 142위)

1970년대에 발생한 석유 붐이 나이지리아의 개발에 중대한 영향을 끼친 것은 어쩔 수 없는 일이었다. 석유는 360억 배럴이 매장되어 있으며, 천연가스는 무려 약 2.8조m^3를 넘는 것으로 추산되었다. 나이지리아는 석유수출국기구(OPEC)의 가맹국이며, 2010년에는 매일 약 160만 배럴의 원유를 생산했다(미국 국무부 조사).

1970년대 이래로 나이지리아의 석유 의존 정도는 처참한 수준에 이르고 있다. 2009년의 석유 및 가스 수출은 전체 수출소득의 90%이자 전체 연방정부 세입의 80%를 차지했다. 석유산업에 대한 집중은 전통 농업의 급속한 쇠퇴와 제조업 발달의 실패를 야기하고 있다. 이와 관련하여 도시로의 대규모 이주가 줄을 잇고 있으며, 특히 농촌지역을 중심으로 빈곤수준이 상승하고 있다. 하지만 석유 소득에도 불구하고 기초적인 사회기반시설과 공공서비스는 몰락해 버렸고, 2002년 나이지리아의 1인당 소득은 1970년의 1/4 수준까지 떨어졌다.

석유매장량을 증가시키기 위해서는 나이지리아 정도의 국가로서는 접근할 수 없을 정도로 고가의 기술과 전문가들이 필요하다. 이 때문에 세계의 주요 석유기업들이 나이지리아에 매장된 모든 석유의 개발과 매우 밀접히 관련되어 있다. 석유가격이 연일 고가를 유지할 당시에도 돈 버는 일이 식은 죽 먹기 같아 보였으나, 그 이면에는 수많은 문제들이 존재했다. 대부분의 석유 개발과 채굴이 나이저 삼각주(Niger Delta)에 집중되는데, 석유산업이 유발한 문제들이 기자, 환경단체, 지역 사회운동가들에 의해 속속 보고되고 있다. 석유 유출, 기업의 형편없는 지역공동체와의 유대관계, 석유시설에서의 사보타주, 그리고 석유기업에서 근무하는 노동자 개인의 안전문제 등으로 인해 심각한 환경적 피해를 입히며, 결과적으로 이 모든 문제들이 해외투자의 정도에 부정적인 영향을 끼치고 있다.

석유를 통한 고소득은 나이지리아 화폐(나이라 naira)의 만성적인 환율 과대평가를 초래했고, 수입

증거

나이저 삼각주에 석유가 넘친다

우리는 카사바 플랜테이션 농장을 가로지르는 긴 시간의 하이킹 끝에 나이지리아의 마을 오투에그웨(Otuegwe) 근처 석유가 넘치는 지역 끄트머리에 다다랐다. 눈앞에는 늪지가 펼쳐져 있었다. 우리는 따뜻한 열대수역을 헤치며 나아가다 마침내 카메라와 노트북을 머리에 이고 수영을 하기 시작했다. 눈에 보이지 않을 정도로 먼 곳에서부터 석유냄새가 풍겨 와, 마치 차고 바로 앞마당에서 나는 악취나 썩은 야채냄새가 대기에 두텁게 쌓여 있는 듯했다.

더 멀리 나아갈수록 더욱 매스꺼운 악취가 우리를 반겼다. 우리는 곧 세계 최고의 품질이라는 나이지리아의 경질 원유를 수영장인 듯 헤엄쳐 나갔다. 나이저 삼각주를 열십자로 가로지르는 수백 개의 40년 묵은 파이프라인 중 하나가 부식되어 수개월째 석유를 내뿜고 있었다.

숲과 농지들은 석유의 유분에 의한 윤기로 덮여 있었다. 식수용 우물은 오염되고 사람들은 괴로움에 휩싸였다. 석유가 얼마나 유출되었는지 아는 사람은 아무도 없었다. 오투에그웨의 촌장이자 우리의 가이드인 프로미즈 씨는 이렇게 말했다. "우리는 그물도 집도 통발도 다 잃었어요. 이곳은 우리가 낚시도 하고 농사도 짓던 곳이에요. 우리는 우리의 숲을 잃었어요. 유출이 시작된 후 며칠 안에 알렸지만, 그들은 6개월이라는 기간 동안 아무런 조치도 취하지 않았습니다."

여기까지가 불과 몇 년 전 나이저 삼각주의 상황이며, 나이지리아 학계, 작가, 환경기관에 따르면 석유회사는 아무런 처벌도 받지 않고 무모하게 석유 유출로 이 지역의 상당 부분에 심각한 피해를 입히는 행위를 해 왔다. 사실 나이저 삼각주에 위치한 항구, 파이프, 펌프장, 석유 시추 플랫폼 등의 연계망에서 매년 유출되는 기름의 양은 멕시코만에서 지금까지 유출된 석유의 양보다 더 많다. 멕시코만의 경우 지난 2010년 비피(BP)사의 석유 시추 시설인 딥워터허라이즌(Deepwater Horizon)의 폭발로 인해 생긴 틈 사이로 흘러넘친 기름이 생태계에 엄청난 재앙을 입힌 것으로 잘 알려져 있지만 말이다.

존 비달(John Vidal), 『옵서버(The Observer)』, 2010년 5월 30일

소비재의 가격을 하락시켰다. 여기에 보증할 수 있는 전력량과 다른 산업에서의 생산요소가 부족한 현실이 보태어져, 제조능력과 국제경쟁력이 약화되고 있다. 또한 석유와 천연가스에서 얻은 국가소득의 분배가 만성적으로 불균형한 상태이다. 정부 부내에 속한 일부 사람들은 매우 부유한 삶을 영위하지만, 이러한 부는 인구 대다수에게는 전해지지 못하는 실정이다. 부정부패는 고질적이며, 나이지리아와의 모든 무역에서 발생하는 행정적 어려움은 이 나라에 투자하려는 기업들에 주어지는 또 하나의 골칫거리이다.

이러한 천연자원의 개발에서 나타나는 부정적인 영향들은 다른 많은 국가들에서도 찾아볼 수 있으며, 흔히 이러한 상태를 '자원의 저주'나 '네덜란드병'이라고 칭하곤 한다. 전형적인 사례에서 화폐절상을 이끄는 국가를 향한 자본의 흐름이 발견되는데, 이는 결국 해당 국가의 다른 수출 부분의 비용을 상승시킨다. 그 결과는 석유와 천연가스의 수출에 비해 경쟁력이 떨어진 제조업 분야에서 발생하는 탈산업현상으로 나타난다.

주요 초국적 석유기업들은 일관성 있는 정부정책

이 부재한 상황에서 자신들이 개발한 지역개발 프로그램을 실행하고 있다. 나이저 삼각주 개발위원회(NDDC)가 그 대표적인 사례인데, 경제적·사회적 지역개발을 촉진하기 위해 설립되었지만, 실제로는 비효율적이고 불투명한 기관이라고 널리 여겨진다.

물론 사업적으로나 도덕적으로 좋은 사례도 다수 존재하며, 셸(Shell)사와 같은 기업들은 나이저 삼각주 지역의 빈곤 완화를 위해 공헌하고 있다. 하지만 현실적으로 보았을 때 빈곤 완화는 국가의 계획과 관리, 투명한 환경정책 수립과 감독이 함께할 때만이 이루어질 수 있는 일이다. 이를 떠나서 초국적기업들은 '청정' 기술(clean technology)의 도입이나 보다 더 사회적으로 책임을 가진 기업정책의 수립을 통해 지역에 공헌할 수 있을 것이다.

나이저 삼각주의 키그바라데어(Kigbara-Dere)에 있는 불타는 석유웅덩이 옆에서 놀고 있는 어린이

몬산토 기업의 힘과 영향

몬산토는 미국 미주리주 크리브코어(Creve Co-eur) 지역에 위치한 초국적 농업생명공학 회사이다. 과거에는 화학산업 회사였지만, 1990년대에 들어서면서 농약과 생명공학 부문으로 분화되었다. 오늘날에는 유전자변형 종자 공급에 선구자 역할을 하고 있으며, '라운드업(Roundup)'이라는 상표로 글리포세이트(Glyphosate) 제초제 생산에서 세계 선두 기업에 자리했다. 몬산토 역시 다른 대기업들과 마찬가지로 복잡한 사업구조를 이루고 있다. 회사가 제공하는 프로필에 따르면, 연 매출이 20억 2400만 달러(2008)에 이르며 미국 내에 21,000명을 고용하고 있다. 하지만 이 기업의 실재는 이 수치가 주는 느낌보다 더 거대하다. 몬산토는 라이선스 계약에 관심을 키워 전 세계의 다른 많은 종자 공급자나 연구기관과 계약을 해 왔으며, 세계 농업과 식품 공급 분야에서 막강한 권력을 행사하고 있다. 현재 전 세계의 유전자변형 종자 기술의 90%는 몬산토에서 공급하는 상황이다.

농작물의 유전자변형은 몬산토 자체에서 생산하는 제초제에 대한 저항력을 갖게 하여, 잡초 제거 시 살포된 농약을 견디게 하는 것이 목적이었다. 대표적으로 몬산토 소유 회사인 아그라세투스(Agracetus)는 '라운드업레디(Roundup Ready)'라는 상표의 콩 종자 상품을 시장에 공급한다. 이뿐만 아니라 라운드업레디의 농작물에는 옥수수와 목화 제품도 포함되며, 몬산토는 밀과 쌀을 포함한 더 다양한 종자를 공급하려 하고 있다.

하지만 몬산토는 자사 상품에 대한 지나치게 공격적인 판매전략과 회사의 행보에 반대하는 사람들에 대한 적극적인 소송 과정으로 국제적인 논란을 불러일으켰다. 그 결과 몬산토는 반세계화운동과 환경운동가들의 주된 표적물이 되고 말았다. 이 일이 왜 그렇게 논란거리가 되었는지 이유를 찾는 것은 그리 어려운 일이 아니다. 다음에 제시된 글은 몬산토가 캐나다의 소농과 대치하게 된 사례를 자세히 다룬다.

퍼시 슈메이저(Percy Schmeiser)와 몬산토의 갈등은 한 편의 영화를 통해 세상에 알려졌고, 슈메이저는 법정으로 돌아가 몬산토의 유전자변형 작물이 그의 땅을 오염시켰다며 소송을 걸었다. 몬산토의 다른 행동들 또한 광범위한 우려를 야기하고 있다. 특정 물품에 대한 특허를 취득하는 행위를 통해 기업에게 상품 판매와 신상품 개발의 독점적인 권한이 주어진다. 사람들은 일반적으로 특허권을 기업에 의해 개발된 상품이라고 연결 짓곤 하는데, 이와 달리 몬산토를 비롯한 다른 생명공학 기업들의 특허는 자연적으로 발생하는 식물이나 유전자이다. 이 경우 특허는 특정 기업에게 일시적인 독점권을 쥐여주고 농부들이 종자를 저장하는 것을 금지시킨다. 결국 농부들은 매년 기업으로부터 새로운 종자를 사야만 하거나, 그들이 저장해 놓은 특허 받은 종자를 사용할 수 있는 라이선스를 구입해야만 한다. 몬산토는 선진국과 개발도상국의 종자시장에 대한 강력한 수준의 통제력을 지니고 있는데, 이는 결국 종자의 가격을 인상시키고, 농부의 종자 선택권을 감소시킨다. 그린피스(Greenpeace)와 다른 환경단체들은 종자에 대한 특허권이 문화의 획일화를 조장하고 신종자 개발을 방해한다는 이유로 특허권의 중지를 요구하고 있다. 이들은 이와 같은 상황이 계속될 경우 몬산토와 같은 기업들이 전 세계의 식품 공급망을 지배하게 될 것이라고 경고한다.

초국적기업들이 영향을 끼친 사례는 너무도 쉽게 찾을 수 있으며, 몬산토의 경우는 단지 하나의 사례에 불과하다. 국제사회 모두의 이익에 긍정적 영향을 끼친다는 확신이 들도록 초국적기업의 영향력을 통제하는 일은 훨씬 어렵다. 초국적기업은 세계화의 진행 과정에서 연료와 같으며, 따라서 정부는 이들의 활동에 간섭하는 것을 꺼려한다. 기업들의 영향력이 국제사회의 이익을 증진시킬 수 있으나, 궁극적으로 보았을 때 이들의 최우선 목적은 이윤 추구라는 점을 인식하는 것이 더 현명한 선택일 것이다.

퍼시 슈마이저의 투쟁을 다루는 '데이비드 대 몬산토'라는 제목의 필름을 광고하는 독일 포스터

증거

당신이 농부라고 생각해 보라! 물론 쉽지 않은 일이며 해 볼 사람도 거의 없겠지만, 그래도 한번 해 보자! 우리 자신을 캐나다 대초원에서 계절별로 농사를 짓는 농부로 그려 보자. 당신은 그 농장에서 50년 정도를 농사지었고, 당신 옆에는 아내가 함께하고 있을 것이다. 당신 삶에 여러 우여곡절이 있었을 것이며, 주변 농장의 계속된 기계화가 무거운 압박으로 작용했을 테지만, 그럼에도 불구하고 여전히 그 자리를 지키고 있다. 그러던 어느 날 당신은 커다란 종자를 하나 발견하게 되고, 이 때문에 화학회사가 당신에게 소송을 제기해 온다. 그 이유란 것이 그 회사가 당신의 농장에서 자기 회사의 유전자조작 식물을 발견했기 때문이란다. 우선 첫 번째로, 당신은 어째서 이 기업의 대표단이 아무런 사전 지식도 허가도 없이 냄새를 맡고 당신의 농장 주변으로 찾아왔는지 의문을 품을 것이다. 두 번째로, 당신이 고소당한 원인인 종자를 결단코 사 본 적도 없었기에 당황할 것이다. 사실 당신은 의도적으로 그런 종자들을 사용하길 피해 왔을 것이며, 스스로 종자들을 저장하고, 아주 오랜 기간 내려온 자연적인 식물육종의 과정을 통해 개선된 품종을 개발하며 힘든 경쟁 속에서 살아남아 왔을 테니까. 게다가 유전자변형 종자들이 당신이 가꾸어 놓은 자연 작물들을 파괴하고 있음에도 불구하고, 당신은 법정이 오직 '저작권 소유자'의 권리를 지켜 주는 데에만 열중하고 있음을 알아차릴 것이다. 씨앗이 이웃한 농장이나 지나가는 트럭에서 바람을 타고 날아왔을 수도 있다고 상기시켜 봐야 소용없는 일이다. 그 씨앗이 어떻게 당신의 농장에 들어갔는지, 당신 농장에 유전자변형 작물이 있다는 사실을 인지했는지 아닌지 따위는 전혀 중요치 않다는 것을 곧 깨닫게 될 것이다. 그저 당신 농장에서 자라났으니 당신은 값을 지불해야만 한다.

'슈마이저 씨(농부)가 그 사실을 인지하고 있는지 아닌지는 전혀 중요하지 않다.' –로서 휴스(Roger Hughes), 몬산토 변호인.

셀시아스 홈페이지(celsias.com)

사례 연구
우간다

빈곤 감소와 세계화의 영향

우간다의 기본 통계

총인구	3270만 명
1인당 국민총소득	$460
40세까지 생존 확률	31.4%
성인 문자해득률	75%
유아 사망률	1,000명 출산당 79명
5세 미만 아동의 체중미달 비율	20%
정수된 물을 이용 못하는 인구 비율	33%
인간개발지수	0.514(182개국 중 157위)

우간다의 농촌 빈곤

우간다는 인구 3200만 명 정도의 가난한 나라이다. 이 중 31%는 국가 빈곤선 이하의 삶을 살고 있다(2007). 우간다 인구의 대다수(85%)는 농촌지역에서 거주하고 1000만 명이 빈곤에 처해 있다. 우간다에서 가장 가난한 지역은 북부와 북동부인데, 지난 20년간 민간 폭력사태가 발생해 수많은 생명이 목숨을 잃었다. 1999년에 우간다의 국내 실향민 인구는 622,000명 정도로 추산되었다. 이 분쟁은 우간다 정부에 대항한 반군세력인 '신의 저항군(Lord's Resistance Army, LRA)'에 의해 발생했는데, 20년이 넘는 기간 동안 이 지역 인구에 참혹한 결과를 초래했다.

최근 들어 우간다 북부지역의 안보 상황은 개선되고 있지만, 인구의 불안정성은 빈곤 퇴치를 위한 어떠한 시도에서도 여전히 중요한 요소이다. 정부 통치의 개선은 북부지역의 갈등에 대한 성공적인 해결책을 제시한 영향이 크다. 비록 아직 완전히 해결되었다고 할 수는 없지만 현재 훨씬 잠잠해진 상태이며, 저항군도 콩고민주공화국의 동부지역으로 이동했다.

농촌지역에는 빈곤한 정도를 심화시키는 다양한 측면의 요인들이 존재한다. 인구의 대부분이 자급적인 소규모 자작농으로, 도로와 교통수단이 부족하여 생산물을 시장까지 운송하지도 못한다. 기후는 매우 불규칙적이고 극도로 변화무쌍한 강우와 토양 비옥도로 인해 농사짓는 데 큰 어려움이 따른다. 게다가 생산량을 늘리거나, 해충이나 질병으로 인한 생산 감소를 해결하기 위해 주변의 조언이나 기술을 얻을 수 있는 기회도 없었다. 식량부족이야 아주 일반적인 문제이다.

건강과 사회문제도 다른 요인 중 하나이다. 인구는 매년 3.2%씩 증가하고 있어 20년마다 두 배가 되지만, AIDS는 수많은 젊은이들의 목숨을 앗아 가 약 100만 명의 아이들이 부모 없이 살고 있는 것으로 추정된다. 특히 농촌지역 여성의 삶은 건강관리 및 사회복지 서비스의 부족으로 어려움이 많다. 또한 형제 간의 토지상속은 토지 파편화와 소유권이 불안정해지고 있다.

빈곤퇴치활동계획

우간다는 자국 스스로 빈곤 감소 전략을 계획한 개발도상국 중 첫 번째 나라로 1997년에 '빈곤퇴치활동계획(PEAP)'을 수립했다. 빈곤 감소 전략의 수립은 악성채무빈국(Heavily Indebted Poor Country, HIPC)인 우간다가 1998년에 부채 감면을 받는 데 한몫을 했다.

빈곤퇴치활동계획은 5개의 핵심기조로 구성된다.

1. 경제 관리체계의 개선–경제 관리, 세금정책, 무역정책을 포함
2. 민간 투자사업의 지원을 통한 산업의 생산, 경쟁력, 이익의 향상
3. 안전수준의 향상, 갈등의 해결 및 재해 관리
4. 민주주의, 인권, 정치 거버넌스, 정의, 법과 질서에 초점을 둔 굿 거버넌스(good governance)
5. 교육, 기술개발, 건강, 물과 위생에 초점을 둔 인간개발

경제성장과 고용증대가 빈곤 퇴치의 필수조건으로 여겨지며, 성장은 농업의 현대화가 이끈다. 이 활동계획에서는 경제성장을 위해 민간 부문의 확장이 필수요건임을 분명히 했다. 여기에서도 역시 IMF가 선호하는 방식인 수입 시에 관세보호의 철폐, 생산품의 수출 장려를 위한 조치와 같은 경제적 개방의 필요성을 명시했다.

빈곤을 직접적으로 다루기 위해 빈곤활동기금을 설립하여, 보편적 초등교육의 이행, 1차 진료의 확대, 농업 개선 프로그램, 그리고 이와 다른 빈곤 완화와 직접적으로 관련된 프로젝트 실행에 필요한 자금을 분배하고자 했다. 인권위원회가 우간다 정부와 협력하여 활동하고 있고, 공적 자금의 올바른 운용을 확립하기 위해 윤리–통합부(Ministry of Ethics and Integrity)를 설치했다. 또한 가난한 사람의 권리를 강화하고, 특히 도로교통과 같은 사회기반시설을 개선하기 위해 필요한 토지법을 도입했는데 이는 점차 널리 알려지고 있다. 유엔과 다른 국제기구 역시 우간다가 이루어 가는 과정을 인정하고 있으며, 빈곤 감소 전략이 이 진행 과정에서 가장 핵심적인 역할을 하고 있다고 여긴다.

우간다에서의 세계화의 영향: 선택된 사례

우간다가 자국의 빈곤 감소를 위한 조치를 실행하려던 당시에도 국제 변동이라는 강력한 힘에 지속적으로 영향을 받아 왔다. 다음에 제시된 3가지의 사례를 잠깐 들여다보면, 세계화가 어떻게 우간다 전 국민들의 일상에 중대한 영향을 끼치고 있는지 확인할 수 있을 것이다.

우간다의 호수에서 낚시하기

빅토리아호는 총 68,800km^{2}의 면적을 덮고 있으며, 탄자니아(49%), 우간다(45%), 케냐(6%)가 소유권을 나눠 갖는다. 이 호수는 세계에서 가장 큰 내륙어장으로, 2006년 당시에는 우간다 전체 국내총생산의 12% 이상을 담당했다. 우간다에는 20곳 이상의 수산물 가공공장이 있는데, 이곳에서 매년 3만 톤 이상의 어류를 해외로 수출한다. 이는 매년 1억 5000만 달러 이상의 시장가치에 해당한다. 어류 수출이 전체 수출소득에서 차지하는 비중은 커피나 목화와 같은 상품작물의 비중을 추월한 상태이다. 동아프리카 지역 3000만 명 이상의 인구가 어업에 의존하여 생계를 유지하고 있으며, 이 지역 수백만의 소비자들에게 가치 있는 식량자원을 공급하고 있다.

어류는 호수 주변에 사는 사람들에게 언제나 중요

한 식량이었다. 1950년대에 영국 식민지 관리자들에 의해 나일퍼치(Nile Perch: 중앙아프리카 북부 담수산(産)의 8kg에 이르는 대형 식용어) 종이 이 호수에 도입되었으며, 이후 매우 중요한 수출품이자 식량원이 되었다. 하지만 불행히도 나일퍼치는 포식 어류로, 기존에 호수에서 서식하던 토착종을 멸종위기에 이르도록 감소시켜 호수의 생태계에 심각한 영향을 미쳤다. 현재 호수 내 어족자원의 양은 남획, 후릿그물 같은 뒤떨어진 도구로 인한 번식지 파괴, 소규모 불법거래, 치어 낚시에 의해 급격하게 감소하는 추세이다. 이미 수산물 가공공장의 일부는 더 이상 처리할 어류가 없어 문을 닫은 상태이다. 가공 과정 없이 불법적으로 거래되는 어류 중 일부, 특히 나일퍼치와 틸라피아(Tilapia) 종은 최종적으로 유럽 시장까지 도달한다. 우간다 호수에서의 남획은 결국 선진국으로부터의 어류 수요 증가에서 기인한 결과로, 이제 세계 식품산업의 일부가 된 것이다.

탄자니아는 외국 어선이 자국 수역에서 조업하는 것을 금지함으로써 어업을 보호하려 하고 있으며, 우간다 역시 케냐 어업선박이 우간다 수역에서 조업하는 것을 방지하기 위해 경비선을 활용하고 있다. 연구조사에 따르면, 우간다의 총 어획량은 지속가능한 목표 수준에서 27% 정도를 초과하여 연간 9만 톤 이상인 것으로 추산된다. 이용 가능한 어족자원 양이 감소하면 지역의 가격이 상승할 것이며, 수백만 명의 생계를 위협할 것이다. 지속가능한 조업방식을 받아들이는 것이 장기적인 관점에서 유일한 해결책이다. 이러한 조업방식은 다음과 같다.

- 연승어업(longline fishing): 자망어업(gill net fishery)보다 지속성이 큰 대안
- 나일퍼치 재고에 맞도록 수산물 가공공장의 수 감축
- 자국과 지역 시장에 공급할 수 있는 다른 어종을 키우는 양식업에 투자

중고 의류

주기적으로 의류를 기부하거나, 선진국의 다른 기구들이 직접 개발도상국 시장까지 진출하는 경우가 점차 늘고 있다. 그런데 왜 이런 악의 없는 기부활동들이 전통 산업과 문화에 영향을 끼친다는 비판적인 논쟁이 일고 있는 것일까?

서양으로부터 유입되는 중고 의류의 범람은 아프리카의 직물 생산을 뒷받침하고 있다. 우간다 정부는 이러한 상황이 자국 산업에 미치는 영향을 감소시키기 위해 중고 의류 수입에 세금을 부과하고 있으나, 이에 무역업자들은 수입세금이 없는 콩고와 같은 이웃 국가로부터 의류를 얻어 오기 시작했다. 이 상황은 현지인만이 아닌 기부자들 사이에서도 논쟁을 일

특집

주민등록 인구의 막대한 증가를 야기한, 한 가정당 4명씩 무상 초등교육의 도입은 우간다 인간개발의 성과를 완전히 바꾸어 놓았다. 초등교육은 빈곤퇴치활동계획(PEAP)의 핵심요소이다. 이제 양적으로 이만한 성장을 했으니, 질적인 측면을 살펴야 한다.

건강관리는 새롭게 제정된 '건강전략계획'에 맞게 조정되고 있는 중이다. 이 계획의 핵심은 최소한의 보건 서비스 제공에 있다. 보건 서비스 제공은 마을보건위원회를 통한 보수 및 훈련의 개선, 기반시설의 개선, 소비자에 대한 책임감의 개선 등을 포함한 다양한 절차적 방법을 통해 향상되고 있다.

우간다 PEAP, 2004

특집

우간다의 제조업자들은 정부가 일반적으로 미붐바(mivumba)라고 알려진 중고 의류 수입에 제재를 가해 주기를 바란다. 이들은 수입의류의 대다수가 아프리카로 오기 전 미국이나 유럽의 주요 자선단체에 기부된 중고 의류로, 이 지역 섬유산업의 성장을 방해하고 있다고 주장한다. 직물개발청(Textile Development Agency)의 협력관인 조이스 르와카시시(Joyce Rwakasisi)는 미붐바가 시장의 85%를 차지하게 되면 섬유산업이 발전하는 것은 불가능하다고 말했다. 하지만 우간다 국립표준국(Uganda National Bureau of Standard)은 건강상의 이유로 잠옷, 스타킹, 브래지어와 속옷의 수입을 금지했지만, 여전히 다른 종류의 중고 의류 수입에 대해서는 계속 허용하고 있다.

우간다는 직물 부문에 50만 명을 고용하고 연간 수출을 통해 1억 달러를 벌어들이지만, 수입품으로 인해 휘청거리고 있다.

이는 우간다만의 일이 아니다. 국제직물의류가죽노동조합의 사무총장인 닐 키어니(Neil Kearney)는, 짐바브웨에서는 2만 개 정도의 직물 및 의류 관련 직업이 서양에서 들어온 중고 의류의 직접 혹은 간접적 영향으로 사라졌다고 지적했다. 남아프리카공화국에서는 2만 명, 세네갈에서는 7,000명의 사람들이 일자리를 잃었고, 케냐, 모잠비크, 탄자니아, 토고, 코트디부아르, 가나에도 큰 피해를 입혔다. "사실 아프리카가 수입업자들의 관심 밖으로 벗어나 본 적이 거의 없다. 일부에서는 중고 의류에 특화된 유럽 자선단체가 직접 상품을 거래·수출·유통하기도 한다."라고 키어니는 말했다.

하지만 이 문제의 해결책으로 미붐바 수입 금지를 모두가 지지하지는 않는다. 국회의원 제이컵 울라냐(Jacob Oulanyah)는 "정부가 중고 의류 수입을 금지하기 위해서는, 아직은 없는 대치할 만한 치밀한 정책을 수립해야 할 것"이라고 말한다.

"서구의 자선은 아프리카 섬유산업을 훼손시킨다." 2004년 「뉴인터내셔널리스트」지의 사진과 신문기사 제목. 말리 중부 밤바라(Bambara)의 이 여성은 마을 장인이 만든 면직물을 옮기고 있다.

「뉴인터내셔널리스트」, 2004년 11월

으키는 까다로운 문제이다.

휴대전화

불과 15년 전까지만 하더라도 휴대전화의 크기는 무려 벽돌만 했으며 산업화된 국가에 사는 소수의 사람들만의 전유물이었다. 오늘날의 휴대전화 산업은 1994년 이래로 100억 개 정도의 휴대전화가 생산되었고, 2010년에는 50억 개의 휴대전화가 전 세계 네트워크에 연결되어 있을 정도로 확장되었다. 근래 들어 휴대전화 이용에서 가장 큰 증가세를 보인 곳은 인도를 비롯한 아시아 국가들이지만, 이 휴대전화 기술로 인해 우간다를 비롯한 다른 아프리카 국가의 주민들에게도 삶의 변화가 나타났다. 대부분의 사하라 사막 이남 아프리카 국가들에, 특히 농촌지역에 일반 전화 회선을 설치하는 비용을 부담하기는 불가능하다 여겨질 정도로 비쌌지만, 무선기술을 통해 아프리

휴대전화가 우간다의 마을까지 닿았다

적도에서 그리 멀지 않은 곳, 주도로로부터 붉은 빛깔의 비포장 간선도로가 시작된다.
길은 바닐라 줄기를 걸친 커피나무 덤불과 바나나, 얌, 카사바 군락을 따라 뻗어 나간다.
자급적 농부에 의해 운영되는 이곳은 동아프리카 우간다의 중심부에 위치한 소규모 농장, 샴바스(shambas)이다. 이곳에서는 많은 사람들이 빈곤선 이하의 삶을 살고 있으며, 물론 전기 공급도 없다.
콘코마(Kkonkoma)라 불리는 마을의 한 작은 집 지붕 위에는 안테나가 하나 있다. 이 안테나는 휴대전화용인데 마을전화 서비스의 형태로 24세의 사업가 조지프 세상가(Joseph Ssensanga)와 그의 가족이 운영하고 있다.
그의 이웃들은 굳이 흙길을 걸어 5km가량 떨어진 가장 가까운 공중전화까지 갈 것 없이, 세상가의 집 근처에서 전화를 할 수 있게 되었다.

상자 속 비즈니스(Business in a box)

이 사업은 생선을 팔며 가족 뒷바라지를 하던 세상가의 어머니 나카칸드 테오피스타(Nakakande Teopista)가 휴대전화 사업을 시작하려는 사람을 대상으로 소액대출 이용이 가능함에 관해 배우면서 시작되었다.
이것이 바로 상자 속 비즈니스를 가능케 만든 마을전화사업(Village Phone) 모델이다. 이 대출이 있었기 때문에 신진사업가들이 휴대전화, 충전을 위한 자동차 배터리, 25km 떨어진 곳에 위치한 기지국의 신호를 잡는 부스터 안테나 등을 구입할 수 있었다. 소프트웨어와 함께 송수화기를 대여하여 모든 통화에서 사용 요금을 산출하고 있다. 일명 소액금융기관이라 불리는 대출 제공자들은 장거리 이동이 불가능한 사람들에 한해 장비 주문과 운송까지 제공한다.

학비 부담

테오피스타 씨는 통화 판매로 돈을 벌어 4개월 만에 빌린 대출금을 겨우 갚을 수 있었다. 그 후 그녀는 새로운 투자를 시작했다.
테오피스타의 가족은 이제 6개 마을에서 사업을 시행하고 있는데, 전화 기술자를 고용하고, 심지어는 송수화기 이용자들에게 전화 충전서비스까지 제공한다.
현재 세상가 씨는 전화 기술자들을 관리하는 일을 하고 있으며, 그 역시 마을을 돌며 이웃사람들에게 전화 서비스를 제공하고 있다.
세상가에 따르면, 그의 가족이 벌어들이는 소득의 형태 역시 점차적으로 변화했다고 한다.
"우리는 원래 농사일을 했는데 계절이 큰 문제였어요. 채소를 키웠지만 종종 피해도 입고 전부 잃기도 했지요."
당시의 힘든 시련과 달리, 이제 그의 가족은 유상교육인 우간다의 중등학교까지도 다닐 수 있는 여력이 생겼으며, 심지어 근처 중소 도시에 문구점을 개업하기까지 했다.

방글라데시에서 시작되다

마을전화사업 모델은 그라민은행(Grameen Bank)이 방글라데시에서 새로이 개척한 방법이다. 소규모의 대출 제공은 농촌지역 여성들 또한 빈곤에서 벗어날 수 있게 하였다. 현재 방글라데시에는 전국에 걸쳐 295,000명의 마을전화 기술자들이 활동하고 있다.

BBC 뉴스, 2007

특집

"제 염소가 아파요. 목이 부었어요. 아무것도 먹지 못해요."라고 우간다 어느 오지 마을의 노부인이 말했다. 그녀는 휴대전화를 들고 지나가는 남자를 향해 말하고 있었다.
"제가 도울 수 있는 게 있나 볼까요?" 라반 루타구미르와(Laban Rutagumirwa)가 대답했다.
그는 '염소가 부었어요'라고 적은 문자 메시지를 보냈다. 이 메시지는 그라민재단(Grameen Foundation)과 빌-멀린다 게이츠 재단(Bill and Melinda Gates Foundation)이 설립한 농업정보 서비스센터로 전송되었다. 잠시 후 0.5kg의 암염을 1ℓ의 물에 섞어 염소에게 먹이라는 설명의 답장이 도착했다. 2주 후, 루타구미르와가 다시 마을을 지나가고 있을 때 갑자기 그 노부인이 나타났다. 그녀는 행복한 얼굴로 염소가 완쾌했다는 사실을 전했다.

올아프리카 홈페이지(http://allAfrica.com), 2010년 11월

카 국가들도 이제 새로운 무대로 진입할 수 있게 되었다. 심지어 자급적 농업공동체에 속한 주민일지라도 전화통화가 가능하게 만들었다.

또한 휴대전화를 통해 우간다 농부들이 굳이 시장을 찾아가지 않더라도 작물을 팔고 받을 수 있는 가격에 관한 정보를 볼 수 있고, 작물 재배나 가축 양육에 관한 조언도 구할 수 있다.

세계화의 영향을 보여 주는 증거들은 어쩔 수 없이 선택적으로 다루어졌고, 사례 연구 역시 아프리카의 어느 한 작은 국가에 끼친 영향을 다루는 제한된 시야만을 제공할 수 있었다. 누군가가 세계화로 이익을 얻는다면 또 다른 누군가는 손해를 입는다. 경제적으로는 이익을 얻지만, 사회적·환경적 비용이 발생한다는 것은 너무 단순한 설명임이 분명하다. 사실과 크게 다르지 않을지도 모르는 일이지만.

인구 5

핵심내용

인구 성장은 발전에 어떠한 영향을 끼치는가?

- 인구와 발전의 관계는 복잡하기 때문에 이에 대한 설명도 여러 가지이다.
- 인구 성장은 기초서비스에 대한 수요를 증가시키며 식량 불안정의 원인이 되기도 한다.
- 인구 성장의 규모, 식량 공급, 환경 지속가능성의 관계는 매우 중요하지만, 이는 여러 논란의 여지가 있다.
- 국가의 인구구조는 발전수준에 따라 특징이 다르며, 인구구조의 차이에 따라 각 국가가 직면하는 어려움 또한 다르다.

2016년 현재 세계 인구는 75억 명에 육박하고 있다. 인구 성장과 발전의 관계는 많은 논쟁의 여지가 있다. 많은 사람들은 급속한 인구 성장률이 세계의 환경 지속가능성을 위협하는 가장 큰 요인이라고 생각한다. 그러나 어떤 사람들은 인구 증가가 경제성장에 긍정적인 영향을 끼친다는 점을 강조한다. 그림 5.1은 1750년부터 2050년까지의 세계 인구 성장 추세를 보여 준다.

1. 인구 성장의 특성

세계 인구의 급속한 성장은 인류 역사로 볼 때 상대적으로 최근에 일어났으며, 이는 종종 '인구 폭발'이라고 불린다. 인구 폭발은 높은 출생률과 직결되어 있지만, 실제로 급속한 인구 성장은 보다 복잡한 현상이다. 출생률과 사망률의 변동은 인구수준의 변화를 설명하는 데에 똑같이 중요한 변수이다. 미국의 인구통계학자 닉 에버스탯(Nick Eberstadt)에 따르면, 인구 폭발은 '인간이 토끼처럼 증식하기

그림 5.1 1750~2050년까지 세계 인구의 장기 성장
출처: 유엔 인구분과

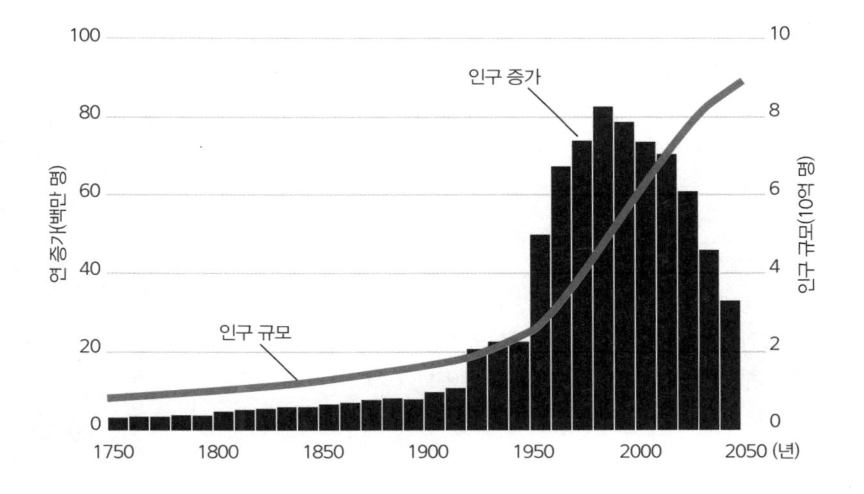

때문이 아니라 파리처럼 죽지 않기 때문에 빚어진' 현상이다. 어떻게 세계 인구가 70억에 도달하게 되었을까?

2. 인구변천모형

워런 톰프슨(Warren Thompson)은 미국의 인구통계학자로 1750년 이래로 산업화된 국가의 인구 변화에 대한 관찰을 토대로 인구변천모형을 제시했다. 톰프슨의 인구변천모형에 따르면 모든 국가의 인구 성장은 4단계를 차례로 거치게 된다. (톰프슨 이후의 수정된 인구변천모형은 5단계나 6단계를 제시하기도 했다.)

1단계: 전근대 시기

이 단계는 질병 예방에 대한 지식 부족이나 식량 부족 등 여러 가지 이유로 사망률이 높다. 페스트나 천연두와 같은 전염성 질병이 발생하거나, 깨끗한 식수가 부족하고 오물 처리가 원활하지 않을 때에 발생하는 콜레라 발병으로 인해 사망률이 더욱 높아지기도 한다. 유소년기에 살아남는 인구가 적으므로 출산을 억제할 필요가 없어서 출생률도 매우 높다.

특집

인구 70억의 세계: 하이라이트

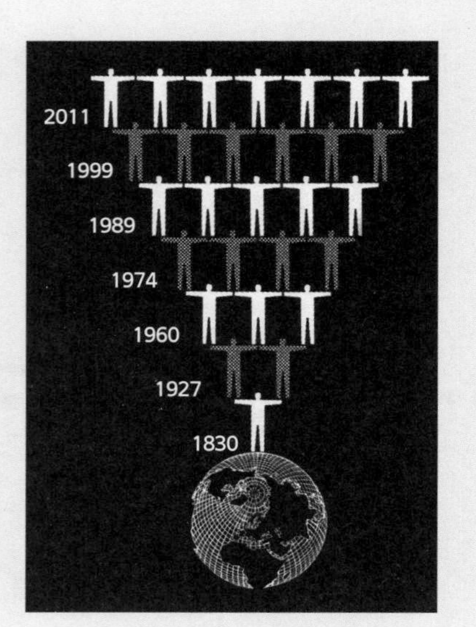

1. 세계 인구는 1999년 10월에 60억을 넘어섰고, 2011년 10월 31일에는 70억을 돌파했다.
2. 세계 인구는 2028년에 80억, 2050년에는 90억에 달할 것으로 추산된다. 그리고 2200년에는 100억을 상회하는 수준에서 안정화될 것으로 예측된다.
3. 세계 인구가 50억에서 60억으로 증가하는 데 12년이 걸렸는데, 60억에서 70억으로 증가하는 데에도 정확히 12년이 걸렸다.
4. 세계 인구가 10억에 도달한 것은 1804년이었고, 20억을 돌파한 것은 123년이 지난 후인 1927년이었다. 그리고 30억이 된 것은 33년이 지난 1960년, 40억이 된 것은 14년이 지난 1974년, 50억이 된 것은 13년이 지난 1987년, 그리고 60억이 된 것은 12년이 지난 1999년이었다.
5. 세계 인구 성장률이 가장 높았던 것은 1960년대 후반으로 2.04%였고, 2000년대에 들어선 이후 1.2%로 낮아졌다.
6. 세계 인구가 가장 많이 증가했던 것은 1980년대 후반으로 한 해에 약 8600만 명이 늘어났다. 현재에는 한 해에 약 7500만 명씩 늘어나고 있다.
7. 오늘날 매년 늘어나고 있는 인구 7500만 명 중 95%가 개발도상국에 살고 있다.
8. 오늘날 세계 인구의 80%가 개발도상국에 살고 있는데, 2000년만 하더라도 이 비율은 70%였다. 2050년에는 이 비율이 90%에 달할 것으로 추산된다.
9. 세계 인구는 늙어 가고 있다. 세계 인구의 중위연령은 1950년 23.5세였는데, 1999년에는 26.4세가 되었다. 2050년에는 중위연령이 37.8세가 될 것으로 예측된다. 현재 세계의 60세 이상 인구는 10명 중 1명이지만, 2050년에는 9명 중 2명이 될 것이다. 특히 선진국에서는 3명 중 1명이 60세 이상 인구가 될 것이다.
10. 현재 세계의 평균 기대수명은 65세인데, 이는 1950년보다 무려 20년이나 높아진 것이다. 2050년에는 기대수명이 76세를 돌파할 것으로 예측된다. 이러한 진전은 고무적인 일이지만, 많은 국가들에서는 AIDS로 인한 사망자가 크게 늘어났다.
11. 오늘날 개발도상국에 살고 있는 부부는 평균 3명의 자녀를 갖는다. 30년 전만 하더라도 이들의 평균 자녀수는 6명이었다. 현재 개발도상국 부부의 절반 이상이 피임법을 사용할 수 있다.
12. 세계 인구 중 거주국을 옮긴 인구는 1억 2500만 명에 달한다. 1965년만 하더라도 이주자는 7500만 명에 불과했다.
13. 세계의 도시화율은 계속 증가하고 있다. 2006년에 세계의 도시화율은 처음으로 50%를 넘어섰다.

유엔 인구분과

2단계: 산업화 초기

이 단계에서는 사망률이 감소하기 때문에 인구의 성장이 시작된다. 농업혁명의 결과 식량 공급이 원활해져 사망률이 감소한다. 또한 이는 위생관념이 발달함에 따라 식수 공급이 개선되고, 오물 처리가 보다 원활하게 이루어져 공중보건이 크게 개선되기 때문이기도 하다. 아울러 이 단계에서는 빈곤층의 비중이 감소하기 시작하고 여성 문자해득률이 개선된다.

사망률의 감소는 특히 유아 사망률의 감소에서 뚜렷하게 나타난다. 유소년층 인구의 생존율이 증가하는 까닭에 전체 인구가 젊어지게 된다.

3단계: 산업화 이후

출생률 감소가 시작되어 출생률과 사망률의 격차가 줄어들고, 결과적으로 인구 증가율이 낮아지게 된다. 출생률 감소에는 여러 가지 요인이 있다. 유소년층 인구의 사망률 감소로 부모는 자녀의 생존에 대한 확신이 훨씬 강해짐에 따라 대가족을 유지할 필요성이 줄어든다. 또한 도시화율의 증가로 아동 노동의 가치가 줄어드는 반면, 자녀를 양육하고 교육시키는 데 소요되는 비용이 증가한다. 이에 따라 자녀의 수는 점차 줄어든다. 빈곤층 인구의 지속적인 감소도 이와 마찬가지의 효과를 낳는다.

이 시기에는 여성의 문자해득률과 취업률이 높아지고 여성의 사회적 가치가 자녀 양육이라는 전통적 역할을 넘어선다는 점도 중요하다. 여성이 노동인구로 등장함에 따라 여성의 삶이 가족이라는 울타리를 넘어서게 되고, 여성이 가족계획

그림 5.2 인구변천모형

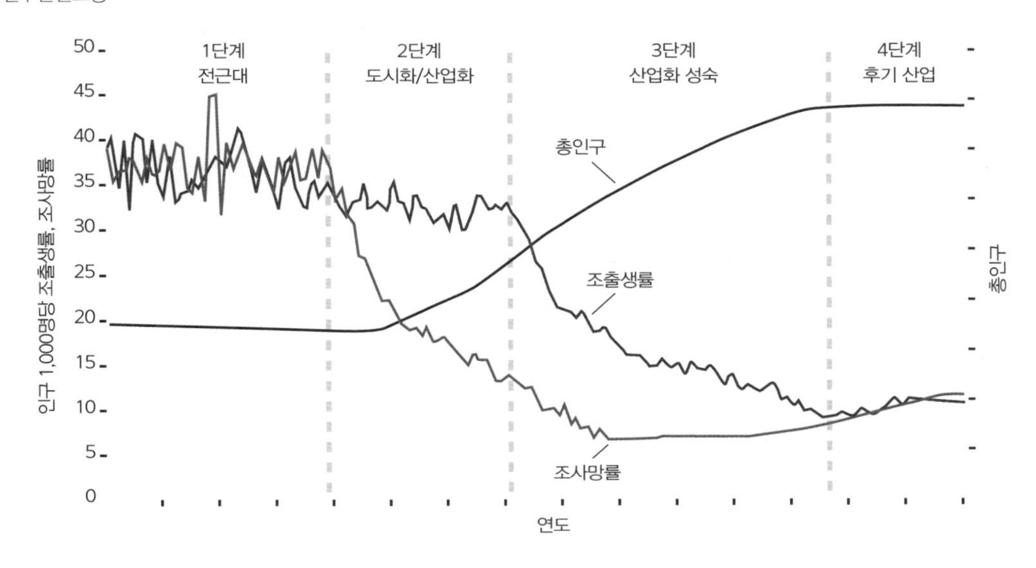

에 미치는 영향력 또한 훨씬 커진다. 20세기 후반에는 피임법의 개선으로 출산율이 감소하게 되었다. 그러나 이 단계에서는 가치관의 변화가 무엇보다도 가장 핵심적이다.

4단계: 산업화 후기 또는 안정기

출생률과 사망률 모두 낮은 수준에서 안정화되는 반면, 전체 인구 규모는 높은 수준에서 안정화된다. 이전에 비해 인구는 전체적으로 노령화되며, 일부 인구통계학자들은 사망률이 출생률보다 지속적으로 높은 수준을 유지하기 때문에 인구가 계속 감소하는 5단계를 추가하기도 한다. 또한 어떤 사람들은 인구 증가가 유지되면서 인간개발지수(HDI)가 0.95 이상인 국가들을 별도의 6단계로 구분하기도 한다.

인구변천모형은 인구수준을 예측하기 위한 모형이 아니므로 개별 국가에 대한 정확한 정보를 제공하지는 않는다. 앞서 말한 바와 같이 인구변천모형은 산업화 초기 국가들의 인구 변화 관찰에 기반을 둔 것이다. 중국이나 브라질과 같은 일부 국가는 2단계를 빠른 속도로 통과했지만, 일부 빈곤국가들은 오랫동안 2단계에서 정체되어 있다. 인구변천모형은 출생률 감소와 인구 성장에서 부의 수준이 중요

그림 5.3 부의 수준에 따른 출생률과 사망률, 인구의 자연증가율

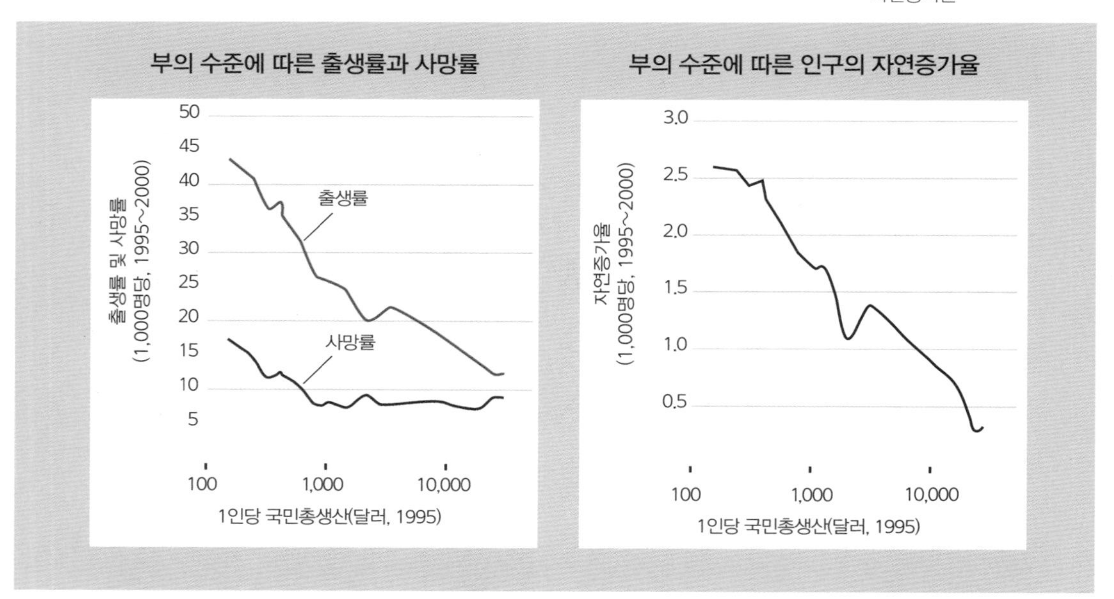

증거

왜 여성 권익이 중요한가?

인구 증가를 우려하는 사람들은 2050년에 세계 인구가 90억에 달할 것이라는 점을 강조한다. 그러나 오스트레일리아의 인구통계학자인 피터 맥도널드(Peter McDonald)는 향후 30년간 가족계획이 성공을 거두지 못한다면 2050년에는 무려 160억에 가까울 것이라고 경고한다.

예를 들어, 모로코의 경우 1970년대만 하더라도 단지 전체 여성의 5%만이 피임법을 사용할 수 있었지만, 현재 이 비율은 63%에 달한다. 여성들이 정규 교육을 받을 수 있었던 점도 또 다른 중요 요인이다. 취학 여성들이 증가함에 따라 출산 및 육아를 시작하는 연령이 크게 높아졌고, 이는 결과적으로 여성들이 낳는 자녀의 수를 감소시키는 결과를 가져왔다.

이는 닭이 먼저냐 달걀이 먼저냐의 문제이다. 교육은 출산율을 낮추고, 낮은 출산율은 더 많은 교육을 의미할 수 있다. 출생아 수가 적어짐에 따라 나타나는 이른바 '인구 배당(demographic dividend)'의 즉각적 효과는, 취학 아동수가 줄어듦에 따라 교육자원이 지나치게 분산되지 않아서 아동 1인당 교육비가 늘어난다는 혜택으로 나타난다. 물론 실제로는 교육비를 낭비하거나 잘못 사용할 수도 있다. 그러나 한국의 경우 인구 배당은 교육에 투자되었고, 결과적으로 한국은 지난 수십 년 동안 경제적·사회적으로 놀랄 만한 발전을 이룩하게 되었다.

의료수준과 출산율도 이와 똑같은 관계에 있다. 통계적으로 볼 때, 가족 규모가 작을수록 자녀의 생존율이 높다. 왜냐하면 가족의 물질적·정서적 자원이 자녀에게 더욱 집중될 수 있기 때문이다. 또한 자녀의 생존율이 보다 높을수록 부모는 많은 자녀를 가질 필요성을 적게 느낄 것이다. 이런 이유로 인해 빈곤이 극심한 국가의 여성들은 (특히 사하라사막 이남 아프리카의 경우) 가장 많은 자녀를 출산하지만 마찬가지로 가장 많은 자녀를 유아기 때 잃게 된다.

버네사 베어드(Vanessa Baird), 『뉴인터내셔널리스트』 429호, 2010년 1/2월

하다는 점을 강조한다.

3. 연령구조의 중요성

전체 인구 규모 자체는 인구가 해당 국가의 자원 분배에 어떠한 영향을 끼치는지를 파악하는 데 큰 도움이 되지 못한다. 이런 측면에서 인구의 연령구조는 매우 중요한 요인이며 국가별로 큰 편차를 보인다. 에티오피아나 인도네시아와 같은 개발도상국의 경우 전체 인구의 50% 이상이 15세 미만에 해당된다. 이러한 연령구조하에서는 국가 예산에서 교육 및 의료 서비스에 대한 수요가 매우 큰 비중을 차지한다. 그러나 영국과 같은 곳에서는 현재 60세 이상 인구가 16세 미만 인구보

다 더 많다. 인구의 노령화는 선진국에서 전형적으로 나타나는 현상으로서, 이는 출산율이 낮아지고 기대수명이 높아진 결과이다. 노령화는 몇 가지 어려움을 야기한다.

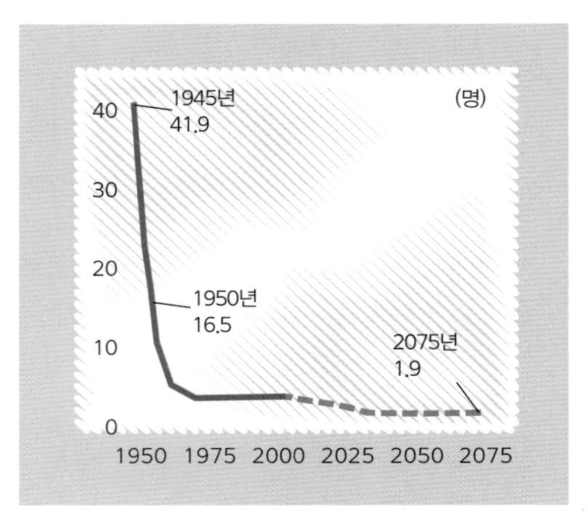

그림 5.4 한 명의 사회보장 혜택을 위해 필요한 노동자 수

- 복지국가에서는 연금에 대한 수요 증가로 국가 예산 부담이 커진다. 유럽연합(EU) 회원국은 노년층의 연금을 위해 평균 자국 국내총생산의 12%를 지출하는데, 이를 위한 예산은 경제활동인구의 세금 및 기타 소득으로 충당된다.
- 가족의 응집력이 점차 약화됨에 따라 노년층을 돌보는 책임이 점차 국가로 귀속된다. 여기에는 큰 비용이 든다. 많은 국가들의 경우 노년층을 위한 의료비를 어떻게 부담할 것인지가 큰 정치적 이슈가 되고 있다. 노년층은 자손에게 상속해 줄 재산이나 주택을 처분한 돈으로 자신의 의료비를 부담해야 하는가? 왜 국가는 (심지어 일반 납세자들보다 더 많은 재산을 갖고 있기도 한) 노년층을 돌보기 위해 지출을 해야 하는가? 이런 이슈는 앞으로도 수년간 계속해서 논의될 화두이다.
- 노년층은 전체 유권자 가운데 상당히 높은 비중을 차지하고 있기 때문에, 정

그림 5.5 연령구조 그래프(인구 피라미드)의 사례

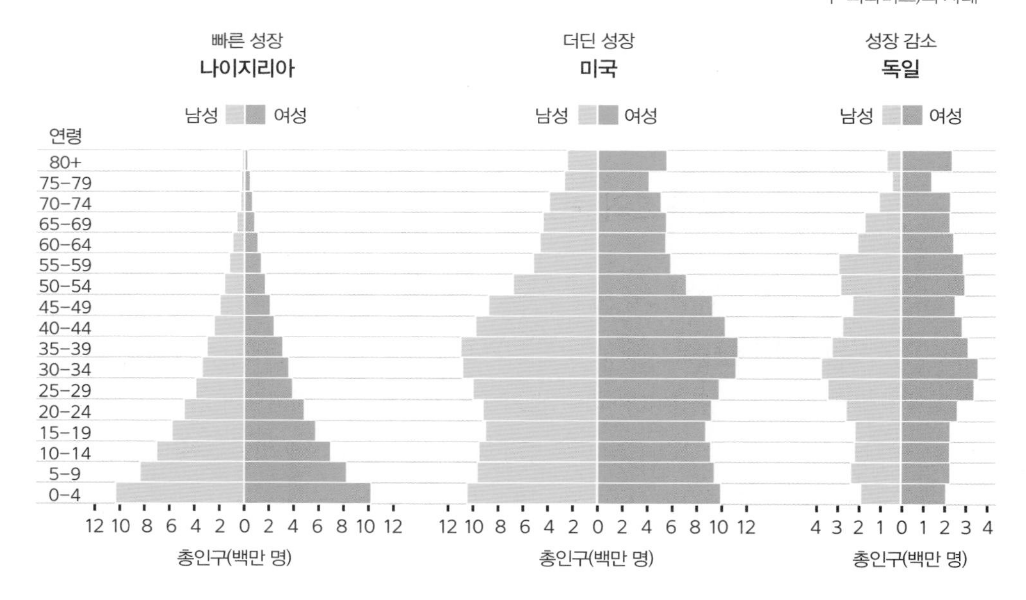

그림 5.6 부르키나파소의 농촌에서 임산부 진료를 받기 위해 대기하고 있는 여성

치인들은 자원을 어떻게 분배할지에 대한 의사결정에서 이들의 요구를 고려할 수밖에 없다. 노년층의 요구는 특히 거부하기 어렵다. 왜냐하면 이들은 노인이라는 점에서 이익이 일치하기에 (가령 연금액, 의료비, 요양비, 대중교통 보조금 등에서) 응집력이 높은 강력한 집단이기 때문이다. 노년층처럼 뚜렷하고 응집력이 높은 정치적 영향력을 발휘하는 유권자 집단은 없다.

인구의 연령구조는 개발과 연관되어 있다. 왜냐하면 개발에 있어 각각의 연령 집단이 지니는 특성이 다르기 때문이다. 오늘날 세계 인구는 가임연령층에 도달하거나 속해 있는 인구가 높은 비중을 차지하고 있다. 이는 여성 1인당 출산율이 조만간 대체 출산율인 2.1명에 도달한다고 할지라도, 세계 인구는 여전히 향후 50년 동안 지속적으로 증가할 것임을 의미한다. 나이지리아의 경우 전체 인구의

44%가량이 15세 미만이며, 여성 1인당 출산율은 5.8명에 달한다. 향후 출산율이 지속적으로 감소한다고 할지라도 나이지리아 전체 인구는 현재 1억 3000만 명에서 2050년에는 3억 명으로 증가할 것으로 예측된다. 지금껏 이러한 통계는 인구 성장 및 지구의 자원 분배와 관련된 여러 논쟁을 불러일으켰다.

개발 분야에서 인구 논쟁의 핵심은 두 가지 관점을 양축으로 하여 전개되어 왔다. 한쪽에서는 지구의 한정된 자원이 계속해서 증가하는 인구를 따라잡지 못하게 될 것이라고 주장했는데, 이는 맬서스적 관점이라 불린다. 그러나 다른 한편에서는 지구의 자원이 보다 효율적으로 이용되고 공평하게 분배된다면, 지구는 지금보다 훨씬 많은 인구를 부양할 수 있다고 주장했다.

4. 맬서스적 관점

토머스 맬서스(Thomas Malthus)는 18세기 말 인구와 식량 공급에 관한 짧은 논문을 출간했는데, 이는 인구 성장의 영향에 대한 견해를 잘 요약하고 있다. 맬서스에 따르면, 인구 성장은 기하급수적으로(가령, 1, 2, 4, 8, 16, …와 같이) 증가하

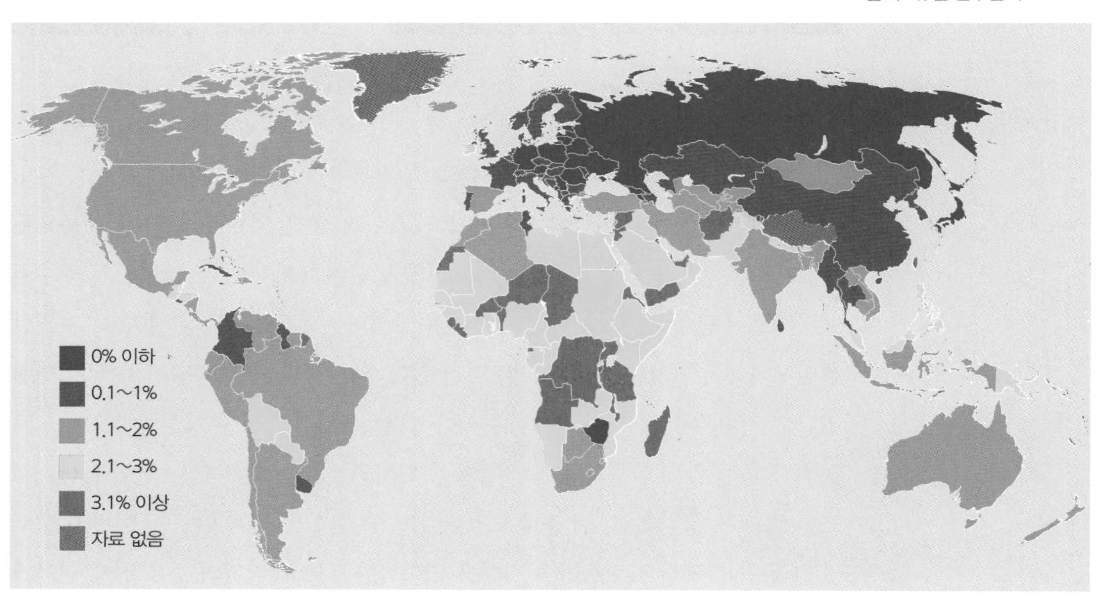

그림 5.7 2000~2009년까지의 국가별 연평균 인구 성장률
출처: 유엔 인구분과

는 반면 식량 공급은 단지 산술적으로만(가령, 1, 2, 3, 4, 5, …와 같이) 증가한다. 맬서스는 결과적으로 인구가 식량 공급을 쉽게 앞지르게 되므로 오직 큰 재난만이(가령 기근, 질병, 전쟁 등) 이러한 불균형을 해소할 수 있다고 보았다. 그는 [18세기 영국의 구빈법(Poor Law)과 같이] 빈곤층 구제를 위한 사회보장제도를 만드는 데에 반대했다. 왜냐하면 이러한 제도가 사회적 유용성이 거의 없는 사람들의(곧 빈곤층의) 기대수명만 연장시킴으로써 결과적으로 이들의 인구를 배가시키게 될 것이라고 보았기 때문이다. 대신 맬서스는 인구 성장을 통제하는 데 필요한 억제력이 중산층에 있다고 보았다.

엄격한 맬서스주의자들은 오늘날 빈곤의 원인은 세계에 너무 많은 사람들이 살고 있기 때문이라고 생각하며, 현재의 식량 부족 현상도 이러한 맥락에서 이해한다. 맬서스적 관점이 지닌 명백한 문제점은, 그동안 인구가 가파르게 증가해 왔음에도 불구하고 맬서스가 예견한 바와 같이 인구 증가가 식량 공급을 앞지르지는 못했다는 사실에 있다. 이는 19세기부터 20세기에 이르는 동안 식량 생산의 비약적인 증가를 가져온 농업혁명의 결과이다. 또한 이는 교통 및 통신의 발달로 인해 자국 내에서 식량을 공급받지 못하는 사람들이 외국으로부터 식량을 보다 원활하게 공급받게 되었기 때문이기도 하다.

한편, 기존의 맬서스적 관점을 일부 수정하여 제시하는 이들을 신맬서스주의자라고 부른다. 이들은 과거에 비해 훨씬 비대해진 인구를 부양하기 위해 막대한 산업 및 농업 활동이 요구되는데, 이는 지속가능한 것이 아니기 때문에 결국 환경 재앙에 직면할 것이라고 경고한다. 이러한 환경 재앙은 기후변화, 삼림 파괴, 사막화 등 다양한 현상으로 나타난다. 신맬서스주의자들에 따르면, 단기적으로 볼 때 지구는 보다 많은 인구를 부양할 수는 있지만 이는 궁극적으로 지구의 한정된 자원 기반을 고갈시킨다. 맬서스는 인구와 식량 공급의 관계에 초점을 두고 빈곤층을 비난했지만, 이제는 선진국에 거주하는 부유한 소비자들이 비난의 대상이 되었다. 오늘날 세계에서 가장 부유한 20% 인구가 전체 지구 자원의 80%를 소비하고 있다.

하지만 신맬서스주의자들은 빈곤국가에서의 급속한 인구 성장은 경기 침체와 통제 불능의 도시화, 환경 파괴를 야기할 것이라고 주장하기도 한다. 신맬서스주의자들은 인구 억제가 개발도상국에 대한 원조 프로그램의 핵심목표가 되어야 한

맬서스적 질문

이번 주에 정부의 수석 과학자문위원인 존 베딩턴(John Beddington)은 인구 성장과 개발로 인해 2030년에 식량, 물, 에너지가 위험수준으로 고갈되는 이른바 '퍼펙트스톰(Perfect Storm)'에 직면할 것이라고 경고했다. 다음 주에는 적정인구협의회(Optimum Population Trust)가 왕립통계학회(Royal Statistical Society)에서 컨퍼런스를 개최할 예정인데, 이 협의회는 지구의 적정 인구는 50억이고 영국은 1800만 명 이상을 수용할 수 없다는 주장을 담고 있다.

그러나 이런 수치는 도움이 되지 못한다. 그들의 설명은 규범적 역사를 상정한 전혀 다른 지구를 그려 내고 있기 때문이다. 토머스 맬서스는 인구 성장이 식량 공급을 앞지를 것이라고 경고했지만, 식량 생산은 인구 성장을 감당하며 지속적으로 증가해 왔다. 이 덕분에 지금의 우리가 존재할 수 있는 것이며, 일부 사람들이 심지어 비만 상태에 처해 있는 이유이기도 하다.

한편, 맬서스적 질문은 지구의 인구 부양력을 설명함에 있어 인간의 창의력을 강조하는 낙관론을 일으키기도 했다. 가령 1986년에 레스터 서로(Lester C. Thurow)는 "만약 세계의 인구가 스위스인들의 생산성을 갖고 있다면, 중국인들의 소비 습관을 갖고 있다면, 스웨덴인들의 평등주의적 본능을 갖고 있다면, 일본인들의 사회적 질서를 갖고 있다면, 아마도 지구는 현재보다 훨씬 많은 인구를 누구도 굶주리게 하지 않고 부양할 수 있을 것이다."라고 말한 바 있다.

그러나 인구는 지속적으로 증가하고 있다. 1시간당 9,000명씩, 1년에 8000만 명씩 말이다. 그리고 이러한 증가율이 지속된다면 지구 인구가 현재의 2배가 되는 데에는 50년이 채 걸리지 않는다. 식량 생산이 가능한 토지는 점차 줄어들고 있다. 바람과 비로 인해 비옥한 토양이 유실되고 있다. 물 공급의 불안정성도 더욱 커지고 있다. 어획량도 이미 감소하기 시작했다. 설상가상으로 인구는 동물 및 식물 종의 생존을 위협하고 있다. 인간은 토양으로부터 직접 채취한 것뿐만 아니라 재배한 것에도 의존하고 있는데, 이러한 농산물은 생태적으로 복잡한 유기체적 네트워크를 통해 생산된다. 최대한 보수적으로 추정한다고 해도 현재 생물 종은 화석 기록에 나타난 과거의 속도에 비해 100~1,000배 빠른 속도로 사멸해 가는 중이다.

맬서스의 주장은 찰스 다윈의 진화론에 영감을 주었던 것으로 알려져 있다. 그의 주장은 자연세계에서는 유효하다. 사바나에서 열대우림과 툰드라에 이르기까지, 좋은 환경 아래에서는 동물의 개체수가 폭발적으로 증가하는 반면 먹이가 부족할 때에는 급속하게 줄어든다. 이런 점에서 과연 호모사피엔스는 예외일 것인가? 어쩌면 그럴지도 모른다. 인간은 상대방의 필요를 인식할 수 있으므로 서로 협력하는 것이 가능하다. 물론 인간이 반드시 협동을 선택하지는 않는다는 증거도 수없이 많다. 적정인구협의회는 이에 대한 답을 갖고 있지는 않다. 그러나 이 질문이 문자 그대로 치명적일 만큼 중요하다는 점은 명백하다.

「가디언」, 2009년 3월 21일

다고 생각한다. 미국의 언론인 로버트 캐플런(Robert D. Kaplan)은 이런 사상을 가진 사람 중 한 명이다. 그는 인구 성장과 그에 따른 주요한 문제는 빈곤국가들을 극도로 불안정한 상태로 만듦으로써 종국에는 선진국까지도 위협할 것이라고 주장한다. 어떤 사람들은 이를 '새로운 야만(New Barbarism)'이라고도 요약한다. 실패국가이자 테러리스트의 본거지가 되어 버린 소말리아는 아마 이러한 사례로 가장 많이 인용되는 국가일 것이다.

그림 5.8 이란의 테헤란에서 최초로 콘돔 가게를 연 업주가 상품을 들어 보이고 있다.

5. 발전에 대한 긍정적 요인으로서의 인구 성장

덴마크의 유명한 여성 경제학자인 에스터 보저럽(Ester Boserup)은 인구 성장이 오히려 긍정적인 영향을 일으킨다고 주장한 학자 중 한 명이다. 보저럽의 이론에 따르면, 인구밀도의 증가는 토지의 집약적 이용을 야기함으로써 농업 혁신을 유발하는 경우가 많다. 곧 비료의 사용, 토지 개간, 관개, 제초 등이 농업에서 중요한 작업이 되어 가며, 여기에는 농부의 긴 시간과 노력의 투입이 동반된다. 보저럽은 이를 농업의 집약화 과정이라고 설명했다. 이러한 관점은 맬서스적 관점과 정반대로, 인구 성장이 자원의 한계에 직면하면 인간은 타고난 창의성을 통해 문제를 해결해 나간다고 본다. 20세기 후반의 녹색혁명(Green Revolution)은 아마도 이에 해당하는 전형적인 사례일 것이다. 많은 사람들이 보저럽의 풍요로운 관점을 받아들였지만, 어떤 사람들은 환경 악화가 뚜렷해지는 현실을 고려할 때 그녀의 관점이 지나치게 낙관적이라고 비판했다. 보저럽은 페미니스트였는데, 1980년대에 그녀의 연구와 사상은 발전에 있어 여성의 역할이 중요하다는 점이 널리 인식되는 데 큰 영향을 주었다.

맬서스와 보저럽의 지지자들은 급속한 인구 성장이 불가피하다는 점은 공통적

증거

사람이 너무 많다고?

오늘날 68억의 인구가 이 지구를 점유하고 있다. 10년 전에는 59억이었다. 2050년에는 90억대 초반이 될 것으로 예상된다.

'인구과잉'에 관한 논의는 오랫동안 있어 왔다. 1798년 당시 세계 인구는 9억 7800만 명에 불과했지만, 수학자였던 토머스 맬서스는 인구가 식량 생산 능력을 앞지르는 재앙이 목전에 닥쳐 왔다고 경고했다.

한편, 인구 성장의 속도가 주된 관심사가 되기도 한다. 특히 인종, 사회계급, 종교, 정치적 신념 등이 다른 인구가 얼마나 빠른 속도로 증가하는가는 지배적 인구집단의 안전을 위협하는 잠재적 요인으로 여겨지는 경우가 많다.

이를 집약적으로 보여 주는 한 사례로, 최근 뉴질랜드 왕거누이(Wanganui) 지구 시장인 마이클 로스(Michael Laws)는 자녀 학대나 살인 등의 문제를 해결하기 위해서는 '섬뜩한 하류층'이 자녀를 낳지 않을 때 보상금을 지급해야 한다고 주장했다. 그는 "만약 우리가 어떤 사람들에게 1만 달러를 주면서 '자발적으로 불임시술을 하라'고 한다면, 아마 전체 사회는 지금보다 더 나아질 것이다."라고 일간지 『도미니언포스트(Dominion Post)』에 기고했다.

오늘날 인구에 대한 대부분의 우려는 그렇게 공격적으로 나타나지는 않는다. 많은 사람들이 우려하는 이슈는 주로 환경에 관한 것이다. 그 논리는 단순하다. 사람들이 많을수록 온실가스 배출이 늘어나므로 환경 파괴는 더욱 심해질 것이라는 논리이다. 탄소 배출을 줄이려는 모든 시도들은 인구 성장 앞에서 무기력하게 부정되고 만다.

최근 『파이낸셜타임스(Financial Times)』는 인구에 관한 국제적 논의가 필요하다고 역설했다. 이 신문의 주요 사설은 "세계 인구 성장이 탄소 배출 감축의 달성을 점점 더 어렵게 만들고 있다."라고 지적한 후, 논란의 여지가 많은 런던정치경제대학(LSE)의 한 연구결과를 인용하면서 가족계획에 소요되는 비용은 "탄소 배출량을 줄이는 데 드는 비용보다 5배나 더 효과적이다."라고 인용했다.

나아가 영국의 적정인구협의회는 지속가능성을 달성하려면 세계 인구를 17억으로 줄이는 것을 목표로 삼아야 한다고 주장한다. 이상의 주장들은 과연 얼마나 타당한가? 과연 인구는 자유주의자들이 건드릴 수 없는 거대한 터부(taboo)인가?

1970년대 이후 출산율은 상당히 감소하고 있다. 이는 모로코와 같은 국가만이 아니라 세계 도처에서 일어나고 있다. 결과적으로 오늘날 세계의 평균 출산율은 여성 1인당 2.5명 수준이 되었다. 76개국에서는 출산율이 대체 출산율인 2.1명을 밑돌고 있다. 이는 현재의 인구 규모가 그 자체를 재생산할 수 없는 수준에 있음을 의미한다. 이런 현상은 유럽에서 가장 뚜렷하게 나타나지만, 아프리카를 포함해서 세계의 다른 대륙에서도 발견할 수 있다.

개발도상국의 경우 1950년과 2000년을 비교할 때 여성 1인의 평균 출산율은 6명에서 3명으로 절반 이상 감소했다. 그러나 사하라사막 이남 아프리카에서는 여전히 여성들이 평균 5명 이상의 자녀를 출산하고 있다.

세계에서 인구가 가장 많은 두 국가인 인도와 중국은 세계 인구에 큰 영향을 미친다. 현재 인도의 출산율은

2.7명으로 1997년의 3.5명에 비해 많이 줄어들었고, 2027년에는 대체 출산율 수준으로 더욱 낮아질 것으로 예상된다. 중국의 출산율은 1970년에 5~6명에 달했지만 오늘날 1.5명 수준으로 급감한 상태를 유지하고 있다. 중국의 전문가들은 "여러 증거를 고려할 때 중국이 1자녀 정책을 폐기한다고 해서 다시 인구가 통제 불능한 수준으로 증가할 것으로는 보이지 않는다."라고 말한다. 이들에 따르면, 중국은 "출산율이 일단 매우 낮은 수준으로 감소한 후에는 이를 다시 높이는 것이 얼마나 어려운 일인지를 운 좋게도 한국이나 일본 등 이웃국가의 경험으로부터 배웠다." 그 결과 중국의 인구는 2023년에 이르면 감소하기 시작할 것으로 예상된다. 유엔에 따르면, 2000~2005년 동안 인구가 감소한 국가는 벌써 21개국에 달했다.

버네사 베어드(Vanessa Baird), 『뉴인터내셔널리스트』 429호, 2010년 1/2월

으로 받아들인다. 그러나 이러한 기본적 전제는 최근에 크게 흔들리고 있다. 왜냐하면 이들이 예상하는 것처럼 세계 인구가 빠른 속도로 증가하지 않고 있기 때문이다. 통계학자들은 미래에 세계 인구가 반드시 크게 늘어나지는 않을 것이라는 가능성을 제기하고 있다.

세계 인구의 증가는 우리가 생각하는 것처럼 빠르게 일어날까?

유엔 통계에 따르면 모든 국가에서 가족 규모가 줄어들고 있다. 인구 규모는 크지만 출산율이 대체 출산율에 미달하는 국가로는 중국, 브라질, 베트남, 이란, 태국, 한국 등이 포함된다. 세계 인구는 2050년까지 계속 성장할 것으로 예상되지만, 그 이후부터는 출산율 감소의 효과로 인해 증가세가 둔화될 것이다.

또한 종교, 이주, 여성 고용, 피임, 경제성장은 모두 인구 성장에 영향을 미치는 요인들이다. 이러한 요인이 인구 성장에 미치는 영향은 매우 복잡하므로 인구 예측은 정확하지 않다. 따라서 인구 성장은 언제나 논란의 여지가 있다.

6. 인구 성장이 식량 공급과 환경 지속가능성에 미치는 영향

궁극적으로 세계 인구 성장에 대한 주장은 식량 공급과 환경 지속가능성에 관한 문제로 귀결될 수밖에 없다. 여러 분야에서 수많은 저명 학자들이 이 문제에 매달려 왔다. 다음의 상자글은 몇 가지 핵심 설명과 이론을 소개한 것이다.

유엔의 식량농업기구(Food and Agriculture Organization, FAO)는 미래의 식

인구 증가가 환경에 미치는 영향에 관한 여러 설명

IPAT

IPAT는 1970년대에 미국의 경제학자와 환경주의자들 간의 토론에서 기원을 두고 있으며, 이 명칭은 방정식 I=P×A×T의 약자이다. I는 인간이 환경에 끼치는 영향(Impact), P는 인구(Population), A는 인구의 풍요(Affluence), T는 인구가 해당 시점에 이용할 수 있는 기술수준(level of Technology)을 가리킨다. 이 방정식은 인구와 풍요의 증가로 인해 인간이 환경에 끼치는 영향이 증가하지만 기술의 향상으로(가령 제조공정에서 폐기물량의 발생을 줄임으로써) 영향이 줄어들 수도 있음을 함의한다.

POET

POET는 인구(Population), 조직(Organization), 환경(Environment), 기술(Technology)의 약자로, 1960년대에 오티스 더들리 덩컨(Otis Dudley Duncan)이 개발한 사회변화모델이다. IPAT와 비슷하게, 이 모델은 인간이 환경에 미치는 영향이 인구수준과 가용한 기술 간의 상호작용의 산물이라고 이해한다. 하지만 이 모델은 사회의 조직구조를 좀 더 강조하는데, 여기에는 정부의 형태, 기업조직, 문화와 전통의 영향 등이 포함된다.

로마클럽(Club of Rome)

로마클럽은 세계적 싱크탱크(thinktank) 중 하나로 스위스에 본부를 두고 있으며, 1972년에 발간된 영향력 있는 보고서인 『성장의 한계(The Limits to Growth)』로 유명하다. 이 그룹은 다양한 국제정치 현안을 다루는데, 이 보고서는 세계의 인구 증가가 화석연료와 같은 유한한 자원에 끼치는 영향으로 인해 세계의 지속적인 경제성장이 불가능하다는 주장을 담고 있다. 로마클럽은 이 보고서를 발간한 후에 보다 덜 비관적인 관점을 취하여 환경적·경제적 재앙에 대처할 수 있는 인류의 능력을 보다 희망적으로 보고하고 있다.

량 공급을 대체로 낙관적으로 보고 있다. FAO는 농업기술의 향상으로 인해 식량 생산이 계속 (특히 개발도상국에서) 증가할 것으로 예상한다. 그러나 일부에서는 식량 증산 능력을 비관적으로 보면서, 농업의 지속적인 집약화가 환경에 미치는 영향을 심히 우려하고 있다.

일각에서는 정작 문제는 인구수가 아니라 우리가 식량을 생산하는 방식이라고 주장한다. 이런 관점에 따르면, 특히 기업의 식량 생산은 환경을 심각하게 파괴하므로 지속가능성이 없고 소농을 시장에서 내몰고 있다.

신문과 텔레비전은 인구 성장이 발전에 미치는 영향을 거의 매일 보도하고 있는데, 그 내용이 상충되는 경우가 많다. 인구 성장이 세계의 발전에 중요한 현안이라는 점에는 틀림없다.

인구와 자원

케냐의 기본 통계

총인구	3980만 명
인구 성장률	2.9%
출산율	여성 1인당 4.9명
연간 출생아 수	150만 명
1인당 국민총소득	$770
기대수명	55세
유아 사망률	1,000명 출산당 55명
성인 문자해득률	87%

케냐의 인구는 아래 도표에서 볼 수 있는 바와 같이 지난 50년 동안 빠른 속도로 증가해 왔으며, 2050년에는 8500만 명에 달할 것으로 예측되고 있다.

케냐는 맬서스적 관점에 어느 정도로 부합할까?

케냐의 사례는 맬서스의 이론과 그가 예상했던 긍정적·부정적 측면을 평가하기에 적합하다. 다음 도표는 인구의 기하급수적 증가가 식량 생산의 산술적 증가를 앞지른다는 맬서스적 모델을 보여 준다. 1961년부터 2006년 사이에 식량 생산이 300%나 증가했지만 1인당 식량 생산량은 오히려 줄어들었다. 더군다나 상당한 규모의 농산물 수출과 여러 차례의 가뭄

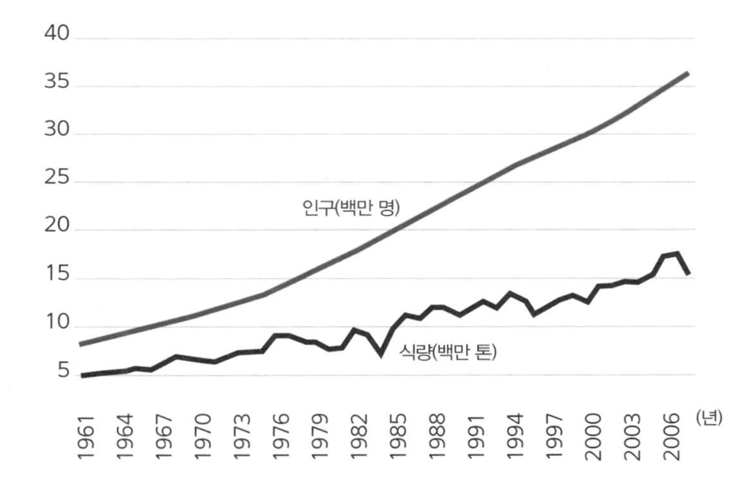

케냐의 인구 성장과 식량 생산, 1961~2006
출처: 유엔 FAO(Food and Agriculture Organization Database) 통계
* 식량에는 곡물, 육류, 과일, 유제품은 포함되지만 커피, 차, 담배는 제외되었음

케냐의 1인당 식량, 1961~2006
출처: 유엔 FAO 통계

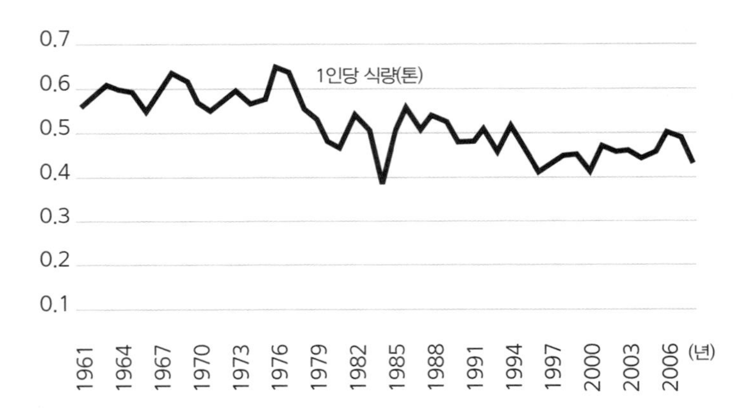

으로 인해 식량 불안정은 더욱 악화되고 있다.

부정적 측면

1) 기아

2009년 9월 케냐는 지난 3년 동안의 연속적 가뭄으로 1000만 명의 인구가 피해를 입자 마침내 비상사태를 선포했다. 유엔의 세계식량계획(World Food Programme)에 의하면, 케냐의 식량 가격은 80% 급등했다. 국제구호단체인 세이브더칠드런(Save the Children)은 케냐 북동부 일대의 아동 3명 중 1명이 영양실조 상태라고 보고했다. 국제구호단체와 세계 각국 정부가 약 600만 명에 달하는 주민들을 지원하지 않았더라면, 케냐는 국가 전역에 만연한 기근으로부터 벗어나지 못했을 것이다.

2) 갈등

식량 가격의 상승과 더불어 토지를 둘러싼 갈등도 심해지고 있다. 케냐 북부의 엘곤산(Mount Elgon) 지역에서는, 이른바 사바오트토지수호대(Sabaot Land Defence Force, SLDF)라 불리는 무장단체가 출현했다. SLDF는 사바오트계 민족으로 구성되어 있는데, 이들은 정부의 '체비예크 1차 및 2차 정착계획'이 토지를 강제 수용하고자 했고, 현재는 '체비예크 3차 정착계획'을 통해 자신들을 축출하고자 하므로 토지를 지키기 위해 무장할 수밖에 없었다고 주장했다. 체비예크 정착계획은 원래 토지가 없는 사람들을 재정착시키기 위한 것이었지만, 이를 추진하는 과정에서 부패와 독단적인 토지 횡령이 난무해 큰 문제가 되었다. 이 계획은 결과적으로 사바오트, 이테소(Iteso), 부쿠수(Bukusu) 주민들 간의 민족 갈등을 격화시켰다.

국제인권단체인 휴먼라이츠워치(Human Rights Watch, HRW)의 보고에 따르면, SLDF는 600명을 학살하고 수천 건에 달하는 강간과 신체 절단 등의 폭력적 공격을 자행했다. 인권 유린은 케냐 군부의 개입에서도 나타나는데, 2008년 케냐 군부의 이른바 '구출작전(Operation Save Lives)'은 수십 명의 사망과 수천 명의 불법 구금으로 이어져 광범위하게 나타났다.

3) 질병

세계보건기구(WHO)의 추정에 따르면, 케냐 전체 사망자의 70%는 전염성 질병에 따른 것이었다. 예를 들면 다음과 같다.

- 케냐 인구의 6.3%가 인간면역결핍바이러스(HIV) 감염자이며(이는 10%로 정점에 달했던 1990년과 비교하면 줄어든 수치임), AIDS로 인한 사망자는 연간 130,000명에 달한다.
- WHO에 따르면 2008년에 3,091건의 콜레라가 발생했다. 대부분은 비위생적인 식수(현재 케냐 인구의 57%만이 깨끗한 식수를 마실 수 있음)와 열악한 위생환경으로 인해 발생한 것이었다(현재 케냐 인구의 42%만이 하수도 시설을 갖추고 있음).
- 2006년 말라리아로 인한 사망자는 4만 명에 달하며, 대부분은 5세 미만의 아동들이다. 그러나 최근 몇 년간 말라리아 감염자 수는 900만 명에서 840,000명으로 급감했는데, 이는 정부 당국과 국제단체의 프로젝트가 성공을 거둔 데 힘입은 바가 크다.
- 케냐 전역에 만연한 이러한 질병으로 인해 1990년에 60세이던 기대수명이 2008년 54세로 크게 낮아졌다.

4) 피임 및 가족계획

피임과 가족계획이 케냐 전역으로 점차 확대되고 있다. 이는 HIV의 위험성에 대한 교육 덕분일 뿐만 아니라, 최근 중산층이 늘어나고 문화가 변화했기 때문이기도 하다. 유엔인구기금(United Nations Populatioin Fund)에 따르면 약 32%의 케냐 여성들이 현대적 피임법을 사용하고 있으며, 그 결과 1963년에 여성 1인당 9명에 달하던 출산율이 2008년 4.8명으로 줄어들었다. 이로 인해 앞으로 케냐의 인구 성장률은 보다 낮아지게 될 것이다.

케냐는 보저럽의 관점에 어느 정도로 부합할까?

지난 50년 동안 식량 생산은 엄청나게 증가했다. 이는 새로운 농지개발 덕분이기도 하지만, 농업기술의 혁신이 큰 영향을 끼쳤기 때문이다. 예를 들어, 나이로비 동남쪽의 마차코스(Machakos) 지역에 대한 1937년의 묘사는 다음과 같았다. "이곳은 토지의 대부분이 아무런 관리도 없이 그대로 방치되어 형편없다. 적절한 토지 이용이 한 군데도 없어 황폐한 곳이 되었고, 결과적으로 주민들은 절대적 빈곤과 절망의 상태에서 떠돌고 있다. 이들의 토지는 바위와 암석, 모래로 가득한 채 말라 타들어 가고 있다." 이는 1937년 케냐의 영국 식민국 토양보전 고위관리였던 콜린 마허(Colin Maher)의 표현이다.

그러나 이러한 열악한 상황에도 불구하고 1930년 이후 케냐의 식량 생산은 1,000% 증가했다. 케냐는 지난 세기 동안 인구가 무려 600% 증가했으므로 식량 생산이 인구 성장을 크게 앞지른 셈이다. 이 '마차코스의 기적'은 농업에 대한 정부의 규제 완화로 시작되었고, 보다 최근 들어 지역주민 단체와 여러 NGO의 지원으로 더욱 발전하게 되었다. 마차코스의 기적으로 인한 변화는 다음과 같다.

- 토양 유실을 막고 농업용수 보존에 유리한 계단식 농경지를 조성했으며, 성공적인 경작을 할 수 있는 토지를 더 많이 개간했다.
- 토양 유실을 막고, 토양 수분을 유지하며, 땔감 공급을 위해 조림사업을 실시했다. 상품작물로 과실수를 심기도 했다.
- 토양 내 질소 유지를 위해 콩을 함께 재배하는 혼합농법을 도입하는 등 농경기법에 변화가 나타났다. 이는 값비싼 화학비료를 대체하는 효과도 거두었다.
- 퇴비를 만들어 사용함으로써 화학비료에 대한 의존도를 줄이고 농업생산성을 높일 수 있었다.
- 댐 건설이나 배수로 관리 등 다양한 담수보존 방법을 도입함으로써 가뭄에 따른 피해를 줄일 수

있게 했다.

이 과정에서 총 76가지의 신기술이 도입되었다. 35가지의 신품종이 도입되었고, 경작과 토양 비옥도 유지에 필요한 11가지의 기법이 도입되었다. 이 중 많은 신기술이 아캄바(Akamba) 주민공동체에서 창안된 것들이다.

결론

케냐는 복잡하고 다양한 나라로 각 지역의 특성도 각양각색이고, 여러 민족집단이 공존하고 있으며, 기후대도 다르고, 세계화 및 발전의 수준도 상이하다. 따라서 어떤 단일한 모델을 통해 케냐의 현실을 설명하는 것은 불가능하다. 그러나 케냐는 1인당 식량 공급량이 줄어들고 있는 상태이며, 이는 상품작물의 수출 및 토지 소유권을 둘러싼 민족분쟁으로 더욱 악화되고 있다. 토지 황폐화와 기후변화의 영향과 관련된 우려가 점차 커지고 있는 가운데, 케냐는 머지않은 장래에 자국의 인구 부양력의 한계에 직면할지도 모른다. 하지만 여전히 희망은 있다. 마차코스의 기적은 식량 생산의 비약적 증가가 가능함을 보여 주었고, HIV와 말라리아 예방운동이 결실을 맺은 것 또한 고무적이다. 이런 사례와 같이 모든 공동체가 힘을 합쳐 새로운 기술과 아이디어를 도입한다면, 인구 증가의 결과는 맬서스가 예견한 것처럼 반드시 비참한 파국으로 치닫지는 않을 것이다.

산아 조절: 나이로비에서 가장 큰 마리스톱스가족계획진료소(Marie Stopes family planning clinic)에 있는 여성들

원조와 부채 감면

핵심내용

원조와 부채 감면의 차이는 무엇인가?

- 원조는 자선기관과 비정부기구(NGO)의 자원 원조와 국가 차원의 공적개발원조(ODA)의 두 가지 주요 형태로 구분된다.
- 원조 프로젝트는 다양한 형태와 규모로 이루어진다. 규모 면에서 지역 또는 국가일 수 있고, 하향식 또는 상향식 관리로 특징지을 수 있다.
- 바워(Bauer), 색스(Sachs), 이스털리(Easterly) 그리고 에스코바르(Escobar)의 주장을 포함한 다양한 의견이 있다.
- 개발도상국은 원조를 받을 때보다 선진국의 정부와 은행에 자국의 부채를 갚는 데 더 많은 돈을 지불한다.
- 일부 개발도상국은 악성채무빈국(HIPC) 계획의 일부로 부채 감면을 받았다.

1. 원조는 무엇인가?

원조의 본질과 가치에 대한 논쟁은 대다수의 사람들이 상상하는 것보다 훨씬 다양하다. 개발연구의 다른 측면처럼 관점의 철학적·실천적 차이는 여러 집단에 의해 표출되었지만, 이들을 언급하기 전에 몇 가지 분명히 해야 할 기본적인 요점이 있다.

원조는 개발도상국에 주어지는 재정·기술·경제·군사적 지원으로, 보편적으로 자금은 낮은 이율로 개발도상국으로 흘러 들어간다. 원조의 출처는 옥스팜(Oxfam), 세이브더칠드런(Save the Children), 케어(CARE)와 같은 국제비정부기구(INGOs) 등을 포함한다. 이들이 제공하는 원조는 위기 때의 긴급원조 형태에서 지역개발 프로젝트 지원에 이르는 다양한 방식으로 전달된다.

원조는 공적개발원조(ODA)로도 이루어진다. 간단히 말해, 이는 정부가 다른

증거

부유한 국가들은 투표권이 평등하고 공여국에 자금이 적게 되돌아가는 유엔과 같은 곳보다 자신들의 원조금이 어디로 가는가에 영향을 미칠 수 있는 세계은행과 아시아개발은행(ADB)과 같은 다자간개발은행에 더 많은 원조를 주려는 성향이 있다. 예를 들어 2006~2007년 사이 오스트레일리아는 유엔 기구에 6060만 달러를 주었지만, 세계은행과 아시아개발은행에 2억 320만 달러를 기부했다.

원조감시(AID/WATCH)

국가에 발전을 촉진하고 이행할 수 있도록 주는 공적 또는 다른 형태의 재정적 지원이다. ODA의 재원은 직접적으로 대상 국가에(양자 원조), 또는 유엔이나 세계은행과 같은 다른 기관에(다자간 원조) 준다.

이용 가능한 재원은 전적으로 개별 국가들이 ODA에 지원하는 액수에 의해 결정된다. 1980년대에 유엔은 경제협력개발기구(OECD) 국가들에 국민총생산의 0.7%를 ODA로 지출할 것을 목표로 설정했다. 그러나 이 목표는 오직 5개국, 즉 덴마크, 노르웨이, 스웨덴, 룩셈부르크, 네덜란드만이 충족시켰다.

2. 원조는 어떻게 주어지는가?

원조는 무상교부 또는 시장보다 낮은 이자율로 다시 갚아야 하는 대출로 이루어진다. 대안으로 원조는 부채 탕감을 포함할 수도 있다. 일부 개발도상국의 부채 수준은 수년 동안 유지할 수가 없어 많은 경우 이전 세대가 빌린 부채액이 새로운 원조 또는 대출을 넘는 경우도 있다. 부채문제는 이 장의 후반부에서 다시 다룰 것이다.

원조를 더욱 효과적으로 하기 위한 시도로, 지원금은 점차 일반재정지원(General Budget Support, GBS)으로 알려진 핵심재정지원 형태 또는 부문접근(Sector-Wide Approach, SWAP)으로 알려진 농업 또는 보건과 같은 특정 부문에 지원하는 형태로 주어진다. 2004년 지구 원조재정 790억 달러 중 오직 20억 달러만이 일반재정지원 형태였지만, 그 비중은 최근 급격히 증가했다. 일반재정지원 또는 부문접근 재정지원은 수원국 정부가 교사나 보건 인력의 임금과 같은 경

	옥스팜	IMF
시작	1943년	1945년
이유	나치 지배하의 그리스 기근에 대응	세계 금융시장의 재정 안정성 확보
누가 설정	영국 옥스퍼드의 학자와 종교단체	제2차 세계대전 후 4연합국: 프랑스, 러시아, 영국, 미국
목표	옥스팜 강령은 5가지 핵심권리를 강조 • 생명과 안전에 대한 권리 • 지속가능한 생계의 권리 • 기본적인 사회 서비스를 받을 권리 • 말할 권리 • 형평의 권리 이들은 역량, 포괄, 신뢰의 3가지 핵심가치에 기초	IMF는 '세계 금전적 협력, 안전한 재정적 안정을 도모하고, 국제무역을 촉진하며, 고용과 지속가능한 경제성장을 촉진하고, 세계의 빈곤을 감소'시키는 목표를 추구
재원 조달	기부를 통해-기부의 88%가 프로젝트를 지원하는 데 사용	회원조직으로부터의 지불 부담금, 부담금은 국가의 국내총생산에 비례
누가 통제	옥스팜은 등록된 자선기관으로 이사회의 감독을 받음. 최근 인도를 포함한 다양한 국가의 옥스팜 지부 간의 협력을 지원하고 국제적 영향력을 늘리기 위한 구조조정을 하고 있음	회원국이 통제하는데, 투표수는 국가별로 내는 연회비의 액수에 비례함. 미국이 통제와 효력 있는 거부권을 가짐. IMF는 보통 유럽연합(EU)이 임명하는 신자유주의 철학을 가진 경제학자들에 의해 운영
철학	권리에 기반을 둔 접근과 상향식 개발의 신념에 기초	전통적으로 신자유주의 철학에 기초. 이는 작은 정부, 자유무역, 가능한 한 민간기업에 의한 서비스 제공. 불가피하게 개발에 대해 하향식 접근
정당화	위급상황 시 사람들의 기본적 수요를 제공하는 인도주의적 기구로 설립되었으나, 장기적인 인간개발의 관심으로 확대. 일부 정부의 지원을 받지만 주로 자신들의 지원이 빈곤을 해결하는 데 사용되기를 기대하는 개인 기부자로부터 재원 조달	정부에 의해 금융위기를 방지하기 위해 설립. 대다수 주요 지위는 신자유주의 신념을 가진 경제학자에게 주어짐. 재원은 미국이나 영국과 같은 대다수 부유한, 그리고 유사한 신자유주의 경제원칙을 지키는 국가가 제공

표 6.1 두 원조 제공자의 비교: 비정부기구(옥스팜)와 국제통화기금(IMF)

상 지출에 사용할 수 있게 하는 반면, 장기적인 가치가 없는 반짝 사업에는 지출이 되지 않게 한다. 앞으로는 더 많은 원조 프로그램이 일반재정지원 형태로 이루어질 것이지만, 이 방식이 성공적이기 위해서는 공여국부터 장기적인 책임감이 있어야 할 것이다.

3. 구속성 원조

일부 원조 패키지는 '구속성(tied)' 원조로, 이들은 조건부이고 수원국이 특정의 조건, 예를 들어 공여국으로부터 특정 상품을 구매하거나 원조자금으로 도로나

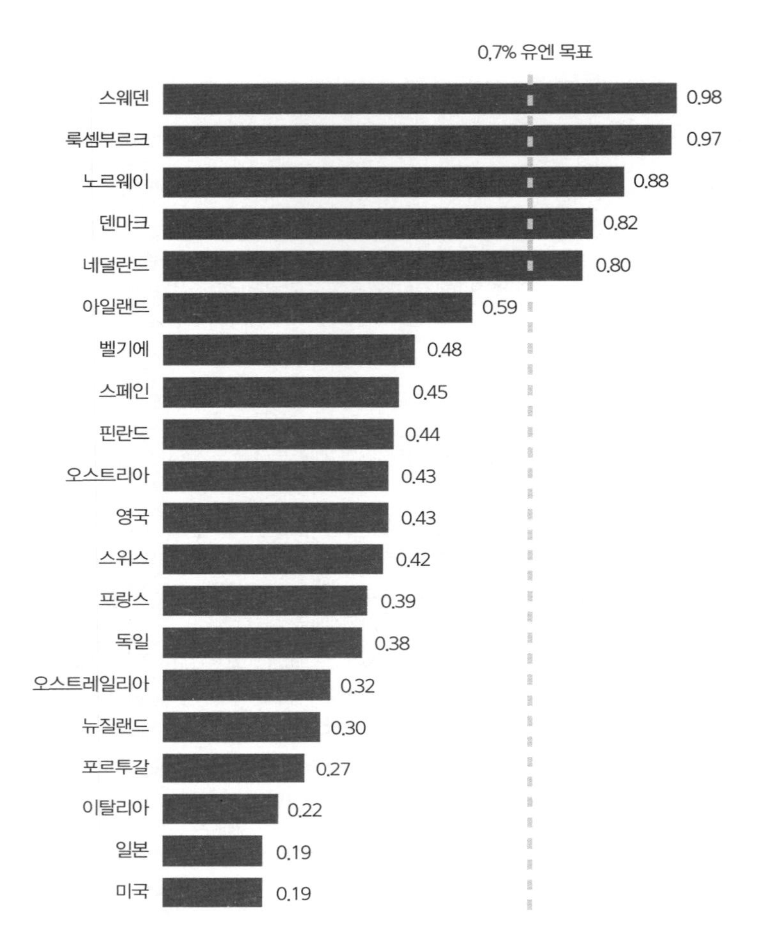

그림 6.1 공적개발원조의 국민총소득(GNI) 비율, 2008
출처: OECD
* 오직 5개국만이 유엔 목표인 0.7%를 성취

댐을 건설해야 하는 등을 지킬 경우에만 주어지기 때문이다. 건설 프로젝트는 종종 공여국 계약자의 참여를 요구한다. 다른 경우로는 수원국이 선거를 하지 않거나 경제 구조조정을 하지 못하는 경우에 자금은 보류된다. 이러한 방식으로 공여국들은 수원국에 자신들의 정치적 정책을 강요하고자 한다.

긴급 식량 원조는 생명을 구할 수 있고, 절박하게 필요한 경우가 있다. 그러나 대다수의 식량 원조는 세계식량계획(World Food Programme, WFP)을 통해 전달되고, NGO는 공여국에서 재원을 확보한다. 이것이 구속성 원조의 형태이다. 원조조직은 국내 지역이나 인근 국가에서 식량을 구입하기 위해 현금 지원을 원하는데, 이는 더 적절하고 값싼 식량을 구입할 수 있을 뿐 아니라 지역 시장에 피해를 최소화할 것이다. 미국이 기부한 식량 원조의 90% 이상은 자국 농부와 식량

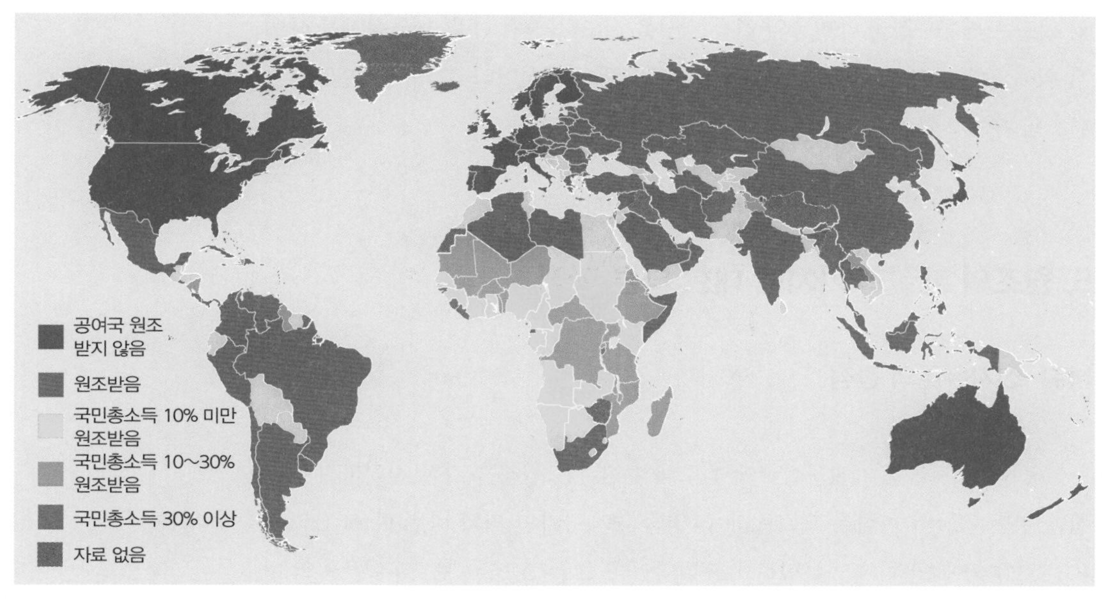

그림 6.2 수원국 국민총소득의 비율로 본 원조, 2008
출처: OECD

가공업자를 지원하기 위한 구속성 원조이다.

4. 원조의 가치는 무엇인가?

원조의 가치와 이를 개발도상국에서 사용하는 것에 대한 주장들은 다양하다. 미국은 상대적으로 국민총소득 중 낮은 비율만 원조를 하지만, 세계에서 가장 큰 경제규모를 가져 주요 원조 공여국이다. 그러나 외국에 준 대다수의 원조는 미국 자국의 정치적·전략적 이해 또는 수출을 늘리기 위한 것이다. 예를 들어 2008년 미국의 원조를 가장 많이 받은 나라는 이스라엘과 이집트로 미국 원조의 25%를 차지하며, 많은 다른 수원국도 '테러와의 전쟁' 또는 '마약과의 전쟁'을 위해 지정학적 동맹국에게 주어졌다. 많은 공여국이 자국이 선호하는 경제정책 개혁을 조건으로 내걸어 원조의 가치를 훼손한다. 이러한 '조건부'는 종종 빈곤국들의 빈곤 감소에 미친 영향이 논란이 되고 있는, 예를 들면 민영화와 경제 자유화 같은 신조와 이념에 기초한 정책 실행을 강제한다.

물론 모든 원조 프로그램이 이러한 특징을 가진 것은 아니다. 많은 나라와 기관의 원조는 개발도상국 극빈층의 건강 개선을 시도하거나, 식량 공급 문제를 줄이기 위해 농업을 더욱 생산적으로 하는 프로그램이 핵심이다. 그러나 개발도상국 원조의 가치가 치열한 논쟁의 대상인 것은 사실이다.

5. 원조의 본질과 가치에 대한 다른 관점

바워-신자유주의 관점

신자유주의자들은 개발도상국에 원조해야 한다는 원칙을 가장 지지하지 않는 집단이며, 이들의 관점은 오스트리아-영국 경제학자인 피터 바워(Peter Bauer, 1915~2002)에 의해 가장 분명하게 표현되었다. 그는, 원조는 보호무역주의의 형태로 국가의 기업가적 정신을 파괴하고 개발 과정을 늦출 것이라는 관점을 제기한다. 해외원조가 없었다면 '제3세계'라는 개념도 없었을 것으로, 원조 프로그램은 경제를 정치화하고 자금을 잠재적으로 이익을 볼 수 있는 기업 대신 정부의 손으로 지원했다. 그 결과 이익집단이 보다 생산적인 활동에 종사하기보다는 원조 자금을 통제하기 위해 경쟁했다. 그는 자신의 관점을, 원조는 '(세금을 통해) 부유

그림 6.3 가뭄 피해를 본 니제르에 2010년 전해진 원조 식량자루를 배달하기 위해 기다리는 짐꾼들

그림 6.4 말라위 은산제(Nsanje) 구역에 자원 원조로 재정 지원을 받은 학교의 사회교육 수업

한 국가의 가난한 사람들로부터 빈곤국의 부유한 사람들에게 자금을 이전하는 훌륭한 방법'이 되었다고 요약했다.

신자유주의자로서 바워는 종속이론가들이 말하는 식민기간을 파괴적인 사건으로 보지 않는다. 그는 선진국들이 식민 과거에 대한 죄책감의 결과로 잘못된 원조 프로젝트에 투자하고 있다고 믿는다. 기존 식민지는 다른 개발도상국보다 실제로 더 잘하고 있는데, 이는 부유한 국가들이 무역과 기술 전수를 통해 이들에게 혜택을 주며 가까운 관계를 유지하고 있었기 때문에 이룬 결과라고 보았다. 그는 신흥공업국의 등장을 자신의 주장에 대한 증거로 제시했다. 바워에 관한 한 원조는 국가들을 외부의 도움에 의존하게 만들고, 개발도상국의 대다수 사람들에게 이익을 주지 않는 계기로 발전했다.

좌파의 비판-원조에 대한 신마르크스주의 관점

원조가 개발도상국의 이해에 피해를 줄 수 있다고 믿는 것은 정치적 우파만이 아니다. 원조에 대한 신마르크스주의의 해석은, 원조를 구속적이며, 종종 부유한 국가에 가난한 개발도상국에 대한 지속적인 권력을 주는 것으로 해석하는 데 초점을 맞춘다. 원조는 가장 필요로 하는 극빈층에게 가는 것이 아니라 항상 공여국의 전략적 이익을 위해 이용되기 때문에 제국주의의 한 형태로 본다. 원조는 종종 빈곤층의 이익과 반대되는 체제를 지원하는 국가에 주어진다고 이들은 주장한다. 이에 해당하는 사례로, 미국의 원조가 전략적으로 중요한 이스라엘과 이집트 같은 중동지역에 주어지는 것을 든다. 종속이론가들은 공적원조 프로그램을 부유한 국가들이 조건을 제시하는 신식민주의 관계의 연장이라고 본다.

폴만-원조에 대한 급진적 반대

원조에 대해 보다 급진적인 반대는 린다 폴만(Linda Polman)이 제기한다. 그녀는 인도주의적인 원조가 종종 부지불식간에 전쟁 도발의 도당을 지원하고, 이들이 일반적으로 포기할 기간보다 더 오랫동안 지속시키는 대규모 산업이 되었다고 주장한다. 르완다에서 투치족(Tutsi) 대량학살 시도에 참여한 후 1944년 도피한 후투족(Hutu) '살인자들'은 식량과 숙소를 제공받고, 학살에서 살아남은 투치족은 곤궁에 처해졌지만, 후투족은 국제원조 기관으로부터 지원을 받았다. 그녀는 "인도주의적 원조가 없었다면, 후투족의 전쟁은 거의 확실히 중단되었을 것이다."라고 주장한다.

이와 같은 방식으로, 폴만은 1984년 음악가와 예술가가 주도한 밴드원조(Band Aid)에 의해 선도된 대규모의 국제원조는 에티오피아의 오랜 내전에 사실상의 책임이 있다고 믿는다. 아프가니스탄에서의 현재 전쟁도 그녀의 관점에서는 같은 이유로 지속되고 있다.

원조 프로그램의 문제

개발의 수준을 향상시키는 데 원조를 옹호하는 사람들조차 원조는 공여국이나 수원국에 의해 항상 좋은 방법으로 사용된 것이 아니라는 점에 공감한다. 다음의 하나 또는 그 이상의 문제를 가진 원조 프로그램의 사례는 많다.

- 원조는 정부를 부패시키거나 비민주적으로 만든다.
- 원조는 군대 권력을 강화시키는 데 사용된다.
- 원조는 환경에 피해를 주는 프로젝트에 사용된다.
- 프로젝트 원조의 대다수 혜택은 지역적 지식이 전무한 외부로부터의 고임금 자문관에게 돌아간다.

원조 프로그램을 설계하고 관리하는 데 유대를 하는 것 또한 문제이다. 원조 프로젝트의 효과성을 평가하는 사람들의 정례적인 불만은 다른 기관들이 중복되고 비협조적으로 접근해 전반적인 효과가 감소한다는 것이다. 계획과 실행 단계에서 국가를 충분히 포함시키지 않는 것 또한 참여와 적극적인 시민권을 배양하는 노력에 장애가 될 수 있다.

1984년 에티오피아의 가뭄은 인기 록뮤직 가수 밥 겔도프(Bob Geldof)가 이끄는 대규모 세계 기금모금 캠페인의 대상이었는데, 전 세계적으로 방송된 최초의 콘서트였다. 이 콘서트는 1억 4400만 달러를 모금했고 전 세계에서 수백만 명이 참여한 대단한 성공으로 환영받았다. 지난 몇 년간 일부 사람들은 이 원조 노력의

특집

실패한 원조 프로젝트

세계은행의 민간 부문인 국제금융공사(International Finance Corporation, IFC)는 아프리카에서의 프로젝트 중 단지 반만이 성공했다고 인정했다. 주요 사례는 차드(Chad)에 금융 지원을 한 송유관이다.

프로젝트: 차드-카메룬에서 대서양으로의 송유관

공여자: 세계은행

비용: 42억 달러

어떻게 잘못되었나: 송유관은 2003년 완성되었을 때 아프리카에서의 가장 큰 개발 프로젝트였다. 이 프로젝트는 자금이 국제적 감독 아래 차드의 발전을 위해 쓴다는 조건으로 재정 지원을 받았다. 그러나 이드리스 데비(Idriss Deby) 대통령 정부는 2005년 원유 자금을 일반회계, 무기 구입에 사용할 것이며, 그렇지 않으면 원유회사를 쫓아내겠다고 선언했다. 원유 자금은 이후 일관되게 체제 유지와 부정선거에 사용되었다.

증거

밴드 원조(Band Aid) – 에티오피아 1984년: 이것이 정말 차이를 만들었나?

기근 구역에서 마이클 뷰크(Michael Buerk)의 최초 BBC 리포트는 "동틀 때 코렘(Korem) 외곽 평야에 찬 밤기운을 뚫고 나타나는 태양은 현재 20세기에 성경에 나오는 기근을 드러내 준다."라고 말하며 시작되었다. 새벽이었고 기근이 있다는 사실과는 별개로 뷰크가 말한 것은 모두 틀리다. 엄밀히 말해 뷰크가 호소하는 것처럼 메뚜기, 대홍수, 신의 등장과 같은 성경에 나올 법한 기근은 아니다. 이보다는 스탈린주의자인 멩기스투 하일레 마리암(Mangistu Haile Mariam)에 의해 아디스아바바(Addis Ababa)에서 실시된 주도면밀한 정책의 직접적인 결과로 사실상 불가피하게 만들어진 인간에 의한 기근이다. 즉, 이는 인류 역사상 다른 어느 때보다 인간에 의한 기근 전성기인 20세기에 가장 어울리는 기근이다.

피터 길(Peter Gill), 『기근과 외국인: 라이브에이드 이후의 에티오피아(Famine and Foreigners: Ethiopia since Live Aid)』

장기적인 영향에 대해 비판을 제기하고, 에티오피아에 실질적인 혜택이 없었다고 주장했다.

'대규모 원조는 예기치 않은 막대한 원유 수익과 마찬가지로 국가와 국민 간의 관계를 왜곡시킬 위험이 있다.'

거대한 규모의 원조는 예기치 않은 원유 수익과 같은 방식으로 국가와 국민 간의 관계를 왜곡시킬 위험이 있다. 원유 부국에서는 부가 몇 안 되는 사람들의 손에 집중되어 있기 때문에 시민권은 낮은 우선순위를 갖는다. 원조에 의존하는 정부는 자국의 국민보다 공여국의 이해와 기대에 더 반응하는 성향을 보일 수 있다. 한 연구는 아프리카의 높은 원조수준과 정부의 부패 간에 통계적으로 긴밀한 관계가 있음을 발견하고, 거액의 원조는 지지자들에 대한 지원과 많은 기타 혜택을 위한 예외적인 자원을 제공하기 때문에 정치지도자들은 이 상황을 바꿀 동기가 없다고 했다(Brautigam & Knack, 2004). 이 문제에서 벗어날 수 있는 한 가지 방법은 받은 원조에 대해 책임감을 지닌 원조 수원자를 보유하고 있는 국내의 기관에 재정 지원을 하는 것이다. IMF의 많은 인력을 포함한 경제학자들은 거대한 원조 유입은 인플레이션, 인위적으로 높고 피해를 주는 환율, 그리고 그 밖의 다른 효과로 경제적 경쟁력을 잠식해, 수원국에 경제적 문제를 유발한다고 경고한다.

6. 원조의 사례

원조를 지지하는 사람들조차 원조를 해야 하는 이유에 대해서는 매우 다양한 설명을 제시한다. 일부는 원조를 선진국 사람들이 세계적인 소득분배의 불균형을 재조정하려는 시도로서 그들의 관대한 몸짓으로 본다. 다른 사람들은 부유국들이 식민주의와 불평등한 무역조건으로 생겨난 문제를 최소한으로 배상하려는 것으로 본다. 또 다른 일부는 인권과 민주주의를 증진시키기 위해 필요하다고 주장한다.

원조는 개발도상국에 살고 있는 빈곤한 사람들을 빈곤 악순환에서 벗어나게 하는 도움을 의미했다. 지난 50년간 그다지 성과가 없었기 때문에 이는 원조가 작동하지 않는다는 증거라고 주장할 수 있다. 지난 30년간 개발도상국의 성장에 대한 한 추정은 원조가 최빈국들의 성장률에 1% 포인트를 더했다고 주장했다. 이는 건전한 모습은 아니지만 이런 낮은 수준만큼이라도 원조가 차이를 만들 수 있다고 제안한다.

이로부터 원조는 더 큰 규모로 이루어져야 한다고 결론 내릴 수 있다. 제프리 색스(Jeffrey Sachs)는 이런 입장에서 간섭을 하지 않는 신자유주의 관점을 윤리적 대안으로 제안한다. 색스의 입장은 개발도상국에서 태어난 사람은 선진국에서 태어난 사람과 동일한 삶의 기회를 가지지 못한다는 것이다. 부유한 국가는 훨씬 더 큰 규모의 원조를 제공해 사람들을 빈곤에서 벗어나게 하고 삶의 기회를 평등하

표 6.2 색스와 이스털리–대조적 관점

제프리 색스	윌리엄 이스털리
문제 원조가 충분한 규모로 이루어지지 않아 빈곤 퇴치에 성공하지 못했음. 빈곤은 보건과 교육 같은 기본 서비스 투자를 할 수 없게 해 더욱 깊은 빈곤에 빠지게 됨.	**문제** 원조는 책임질 구조가 없고, 대상자들로부터의 의견을 반영하지 않는 하향식으로 계획되어 실패했음.
해법 • 부유한 국가로부터의 대규모 원조. • 빈곤의 덫에서 벗어나기 위한 기본 서비스 제공(농업, 교육, 보건, 상하수도, 통신과 교통). 이로써 빈곤층이 저축을 하고 투자를 하며 부를 이룩할 수 있을 것임.	**해법** • 하향식과는 반대로, 상향식 프로그램은 지역주민이 원하는 것을 파악하고 시장 메커니즘을 이용해 공급. • 원조기구들이 개별적으로 책임을 지게 함. • 원조 프로그램을 대상 수혜자로부터 의견을 받아 보다 치밀하게 평가. • 성공에는 보상하고, 실패에는 벌칙을 부과.

게 해야 한다는 것이 색스의 주장이다.

윌리엄 이스털리(William Easterly)와 같은 다른 원조 옹호자들은 이 분석을 거부하면서 이러한 방식으로 제공하는 원조는 하향식이고 실패할 수밖에 없는 부적절한 프로그램이라고 주장한다. 필요한 것은 진정한 지역의 참여와 개입을 보장하는 소규모의 그 지역에서 생겨난 지속가능한 계획이다. 이스털리에게는 공여국이 주는 원조자금의 규모가 아니라 원조계획의 질이 문제이다.

이러한 접근은 모두 원조 프로그램이 성공할 수 있는 조건을 만드는 정치의 영향과 정부의 역할을 고려하지 않고 있다고 비판받는다. 색스가 제안한 간섭은 농업, 기본적인 사회서비스, 기본적인 농촌 사회기반시설에 한정되어 있다. 빈곤과의 전쟁은 경제성장을 가능하게 할 것이라 가정하지만, 중국, 베트남, 한국과 같은 국가는 반드시 그렇지만은 않다는 증거로 산업화가 빈곤 감소보다 먼저 이루어져 경제구조 변화가 필요하다는 것을 보여 준다. 이와 반대로 이스털리의 관점은, “아직도 빈곤한 지구상의 일부는 자본주의가 너무 미약해서 고통을 받고 있다.”라고 주장하며 시장 정착의 해법에 의존하는데, 빈곤국 사람들은 너무 빈곤해 시장 수요를 만들 수도 없기 때문에 지나친 의존이라고 비판을 받는다.

원조에 대한 논쟁은 지속되는데, 물론 비상시에는 많은 사람들의 생존이 급박하기에 원조는 필수적이라는 데에는 이견이 없다. 2010년 1월 아이티의 지진, 2010년 8월 파키스탄의 홍수는 원조의 중요성을 강조했지만 동시에 적합한 종류의 도움을 제공하기 위해 겪어야 할 엄청난 어려움 또한 예고했다.

7. 효과적 원조

발전을 촉진한 효과적인 원조 프로그램의 사례를 찾기는 어렵지 않다. 다음 사례는 영국의 자원봉사단체인 액션에이드(ActionAid)가 북부 말라위의 룸피(Rumphi) 구역에서 지원한 계획의 내용을 보여 준다.

일부 원조 프로그램의 설계와 실행에 문제가 있음을 인식하는 것은 중요하지만, 이러한 인식은 발전을 촉진하는 데 잘 설계된 그리고 조심스럽게 구성된 원조 프로젝트가 어떻게 성공적인 것인가를 이해하는 것과 조화를 이루어야 한다. 개

특집

이혼 이후의 삶

룸피 구역의 대다수 사람들은 빈곤하고, 농사로 생계를 유지한다. 대부분의 농사일은 여성이 하지만, 여성은 토지를 소유하거나 물려받을 권리가 없다. 여성 혼자 힘으로는 가족을 부양하는 것이 매우 어렵다. 이 구역 가족들이 기아에 허덕이는 이유는 여성을 차별하는 부정의한 토지권리 때문이다. 원조 프로젝트는 여성과 남성에게 여성의 권리에 대해 교육시키고, 종족 지도자를 설득해 여성에게 토지를 소유하거나 물려받을 수 있게 하는 것이었다.

사진의 타두 치딤바(Thadu Chidimba)는 남편과 이혼한 후 5명의 자식과 죽은 3명의 자매 슬하에 있던 12명의 조카와 질녀를 보살펴야 한다. 그녀는 이들을 부양할 방법이 없어 가족이 끼니조차 때우지 못하곤 했다. 마을에서 회의를 한 후, 추장은 치딤바를 포함한 여성 농부집단에게 일부 토지를 주었다. 여성들은 매우 성공적이었고, 일 년 내내 옥수수, 카사바, 땅콩, 채소, 허브를 재배했다. 또한 잉여 생산으로 얻은 이익으로 치딤바는 돼지와 소도 사서 기를 수 있었다. 그녀는 이제 모든 가족을 부양하고 학교에도 보낼 수 있게 되었다.

'비옥한 땅(Fertile Ground)'으로부터, 액션에이드(ActionAid), 2010

인 및 공동체의 참여와 권한 부여는 점차 성공적인 원조 프로그램의 절대적인 요소로 인식되고 있다.

8. 참여

참여적 빈곤평가(Participatory Poverty Assessment, PPA)는 비정부기구와 정부가 빈곤한 사람을 직접 상담하도록 하는 도구이다. 이 결과들은 정책입안자에게 전달되어 빈곤한 사람들이 의사결정에 영향을 미칠 수 있도록 한다.

이미 결정된 질문으로 구성된 가구조사와 달리, 참여적 빈곤평가는 시각적 기술(지도, 행렬, 지형, 도표)과 구술 기술(개방형 면접, 토론집단)을 조합해 정보 공유, 분석과 행동을 돕는 실행을 강조하는 다양한 유연적 참여방법을 사용한다.

경제 분석을 주로 하는 접근은 빈곤의 다양한 측면을 포착하는 데 실패하고, 다

학문적 접근은 빈곤층의 삶에 대해 깊은 이해를 할 수 있다고 인식된다. 복지와 삶의 질에 초점을 맞추는 참여적 빈곤평가를 통해 빈곤한 사람은 낮은 소득에 영향을 받지만 취약성, 물리적·사회적 소외, 불안감, 자존감의 부족, 정보의 부족, 정부 기관에 대한 불신, 무력함과 같은 문제로도 영향을 받는다는 것을 일관되게 보여 주었다.

참여적 빈곤평가는 세계은행이 모든 국가에 빈곤감소전략보고서(PRSP)를 제출하도록 하며 이루어지는데, 이러한 자료의 기초를 이루는 정보의 일부는 참여적 빈곤평가로부터 도출되어야 하기 때문에 중요해졌다.

참여는 어떻게 발전이론과 부합하는가?

빈곤의 영향을 감소시키는 데 도움을 주는 방식으로서 참여는 새로운 발전모델이 아니지만, 모든 발전이론과 부합되지는 않는다. 근대화 및 신자유주의 이론가들은 공동체 수준에서 작동하는 전통적 가치는 '발전에 비경제적 장애'라는 신념을 공유한다. 지역공동체는 '후진적'이어서 경제 상황을 개선하는 데 유용한 접근법을 제공하지 못한다고 믿는다.

이러한 지역공동체에 대한 부정적 인식은 주류적인 발전 사고를 지배했고, 볼프강 작스(Wolfgang Sachs)와 아르투로 에스코바르(Arturo Escobar)는 지역문화와 그 안에 변함없이 내포된 가치체계의 긍정적 측면을 무시하고 있다고 믿었다. 이러한 학자들은 토착의 문화적 관행은 공동체 수준에서 자산을 공유하고 어려운 때 위기에 노출되는 위험을 감소시킨다고 믿는다. 한 예로 힌두교의 자잠니(jajamni) 전통을 들 수 있는데, 마을 내 모든 카스트 계층은 수확을 나누는 대가로 서로 재화와 서비스를 제공한다.

참여는 왜 중요한가?

참여는 사람들이 특정의 목표를 달성하기 위해 자신들의 노력을 모으는 것을 포함한다. 다음 만화는 모든 사람들이 빈곤을 다르게 경험하기 때문에 왜 참여에 모두가 포함되어야 하는지를 반증하는 사례를 통해 보여 준다.

풀뿌리 참여의 혜택은 다음과 같다.

- 사람들의 삶과 환경에 변화와 개선을 불러온다.
- 적극적이고 참여하는 더 많은 개인과 공동체를 얻는다.
- 지역의 활동이 어떻게 세계의 문제와 연계되는지에 대한 이해를 증진시킨다.
- 장기적으로 소유권과 책임감을 확립시킨다.
- 국가 목표를 보완하는 지역의 목표를 설정하고 완성하는 데 도움을 준다.
- 환경 변화에 대한 적대감을 줄여 준다.

9. 원조 효과성에 대한 파리선언

모든 원조기관은 수원국과 기부자 모두에게 원조 프로그램의 질에 대한 책임을 전가하려 한다. 1990년대 말과 2000년대 초에 '부채 줄이기(Drop the Debt)'와 '빈곤 역사 만들기(Make Poverty History)' 캠페인과 같은 원조 제공 과정을 강조한 주요 행사들은 원조를 더욱 효과적으로 만들 방법을 찾게 하는 동력이 되었다. 2005년 '원조 효과성에 대한 파리선언(the Paris Declaration on Aid Effective-ness)'은 원조 과정에 참여하는 모든 국가, 기관, 지역 및 국제은행의 대표들이 참석한 회의에서 등장했다. 개발도상국들은 어디서든 가능하다면 우선순위에 따라 스스로 개발계획을 세우고 실행해야 한다는 점에 동의했다.

파리선언은 개발도상국의 원조를 개선하기 위한 다층적인 공약으로, 5가지 주요 원칙에 초점을 맞추었다.

1. 주인의식(ownership): 개발도상국은 자체 개발 정책과 전략을 선도하고, 현장에서 스스로의 개발작업을 관리해야 한다. 파리선언에서 설정한 목표는 개발도상국의 3/4이 2010년까지 스스로의 국가개발전략을 수립해야 한다는 것이다.
2. 원조일치(alignment): 공여국은 원조 프로그램을 개발도상국의 국가개발전략에 제시된 우선순위와 맞춰 조정되도록 조직해야 한다. 지속가능한 구조를 만들기 위해 가능한 한 원조 관리를 위한 지역 기관과 절차를 이용해야 한다. 또한 공여국의 재화와 용역에 지출해야 할 어떤 의무로부터도 '구속받지 않는' 원조를 약속했다.
3. 원조조화(harmonization): 공여국은 빈곤국가의 중복과 높은 계약비용을 피하기 위해 개발계획을 보다 잘 조정해야 한다. 공여국은 모든 원조의 2/3를 2010년까지 '프로그램에 기반한 접근법'을 통해 제공하겠다는 목표에 동의했다. 이는 원조가 다수의 개별 프로젝트로 분할되기보다 (보편적 초등교육과 같은) 특정의 전략을 지원하기 위해 공동출자하자는 것을 의미한다.
4. 성과관리(managing for results): 원조 과정에 관여하는 기관들은 원조계획과 빈곤한 사람들의 삶에 미치는 영향을 추적하는 수단을 개선해야 한다.
5. 상호책임(mutual accountability): 공여국과 개발도상국은 원조자금의 사용과 원조의 영향에 대해 그들의 국민과 의회에 보다 투명하게 설명해야 한다. 파리선언은 모든 국가가 2010년까지 자국의 개발 결과를 공개적으로 보고하기 위한 절차를 갖추고 있어야 한다고 말했다.

10. 부채 감면

개발도상국으로 들고나는 자금 흐름을 파악하는 것은 원조가 빈곤국가에 적절하고 투명하게 사용되는지를 아는 데 도움을 준다. IMF와 세계은행에 따르면, 사하라사막 이남 아프리카는 대외 부채가 2010년 2310억 달러를 넘어섰으며, 매년 100억 달러의 원조를 받지만 연간 부채 상환에 140억 달러 이상을 사용한다. 즉, 부유한 국가로 자본의 순이동이 있다는 것이다. 국가의 높은 부채수준을 해소시키는 것은 현재의 원조수준으로 얻을 수 있는 것보다 개발에 더욱 도움을 줄 수 있을 것이다. 상대적 무역조건이 개선되면 더욱 큰 변화를 만들 수 있을 것이다.

주빌리부채감면캠페인(Jubilee Drop the Debt Campaign)은 여러 가지 면에서 2000년까지 가장 성공적인 국제적 성과 중 하나였다. 이 캠페인의 목적은 개발도상국의 불공정한 부채를 철폐하자는 것이었다. 166개국에서 캠페인을 조직하고 2800만 명이 서명한 세계에서 가장 거대한 청원운동이었다. 이 계획을 홍보하기 위해 영국 버밍엄에서 7만 명이 인간사슬을 만든 것과 같은 대중 참여 집회가 개최되었다. 브래드 피트(Brad Pitt)와 같은 유명 연예인을 참여시켜 인지도를 높이기도 했다.

이 캠페인은 어느 정도 성공했다. 2010년까지 세계의 최빈국 중 30개국이 부채감면으로 880억 달러의 혜택을 보았고, 이들 국가에서 공공서비스 지출이 늘었다는 증거도 있다. 부채가 감면된 아프리카 10개국에서는 교육에 40%, 건강관리에 70%의 지출 증가를 보였다.

그림 6.5 2007년 케냐 나이로비에서 열린 세계사회포럼 기간에 부채에 반대하는 운동가들이 행진하고 있다.

11. 부채 감면의 다른 영향

- 일부 부채 감면의 결과로 우간다의 초등학교 교육비가 삭감되었을 때, 향후 4년 동안 초등학교에 입학한 학생 수는 2배 이상(500만 명 이상) 늘었다. 등록자 수는 이후 4년간 270만 명이 늘어 50% 증가했다.
- 3년간 탄자니아에는 2,000개 이상의 새로운 학교와 약 32,000개의 새 교실이 지어졌다.
- 2003년 잠비아는 건강관리에 지출한 액수보다 부채 지불에 2배의 재원을 사용했다. 이제 부채 감면으로 시민들에게 무료 기본 의료 서비스를 제공하기 위해 농촌 보건소를 무상으로 이용할 수 있게 했다.
- 말라위에서는 3,600명의 새로운 교사들이 교육을 받고 있다.
- 모잠비크에서는 무료 아동 면역 프로그램이 도입되었다. 현재까지 거의 100

특집

IMF의 두 단계 과정

첫 번째 단계: 결정시점 악성채무빈국(HIPC) 계획의 지원 대상국으로 고려되기 위해서는 다음 4가지 조건을 충족해야 한다.

- 세계 최빈국에 무이자 대출과 교부를 해 주는 세계은행의 국제개발기구, 그리고 저소득 국가에 보조금 이율로 대출을 해 주는 IMF의 신용거래 연장의 적격국가여야 함.
- 전통적인 부채 감면 과정을 통해 해결할 수 없는 지속불가능한 부채 부담에 직면해 있음.
- IMF와 세계은행 지원 프로그램을 통해 개혁과 건전한 정책의 실적을 수립했음.
- 국가에서 광범위한 참여 과정에 기반한 빈곤감소전략보고서를 개발해야 함.

이러한 4가지 기준을 국가가 충족하거나 충분한 과정을 거치면, IMF와 세계은행 이사회의는 부채 감면의 적격성을 결정하고 국제사회는 지속가능한 것으로 간주되는 수준으로 부채를 줄이는 데 전념한다. 이 악성채무빈국 계획의 첫 단계는 결정시점이라 불린다. 특정 국가가 결정시점에 도달하면 부채 상환이 만기가 되는 시점에 임시 부채 감면을 즉시 받을 수 있다.

두 번째 단계: 완성시점 악성채무빈국 계획 아래 부채를 완전하고 변경할 수 없게 감면받기 위해서는 국가가 다음을 수행해야 한다.

- IMF와 세계은행의 대출로 운영되는 프로그램이 좋은 성과를 얻는 추가적 기록을 세워야 함.
- 결정시점에 동의한 주요 개혁을 만족스럽게 이행함.
- 빈곤감소전략보고서를 최소한 1년간 채택하고 실행해야 함.

이러한 기준을 충족시키면 결정시점에 약속한 부채 감면을 모두 받게 되는 완성시점에 도달할 수 있다.

완성된 국가					
아프가니스탄	감비아	모잠비크	베닌	가나	니카라과
볼리비아	가이아나	니제르	부르키나파소	아이티	르완다
부룬디	온두라스	상투메프린시페	카메룬	라이베리아	세네갈
중앙아프리카공화국	마다가스카르	시에라리온	콩고	말라위	탄자니아
콩고민주공화국	말리	우간다	에티오피아	모리타니	잠비아
임시 국가(결정과 완성 중간)					
차드	코트디부아르	기니비사우	코모로	기니	토고
결정 이전 국가					
에리트레아	키르기스스탄	소말리아	수단		

표 6.3 악성채무빈국 감면 프로그램에 적격이거나 잠재적 적격으로 인정된 국가(2010년 7월)

만 명의 아동들이 치명적인 질병에 대한 백신주사를 맞았다.

• 우간다에서는 부채 감면으로 220만 명이 깨끗한 물을 이용할 수 있게 되었다.

이러한 성공에도 불구하고, 빈곤국가에 주어진 부채 감면은 가장 빈곤한 128개국의 부채액 3조 4000억 달러는 차치하고 가장 빈곤한 48개국의 부채액 2200억 달러에 비해도 아직 매우 적다. 또한 부채 감면은 실제 시행되기까지 오랜 시간이 소요되는 것도 문제이다. 악성채무빈국(HIPC) 계획은 1996년 IMF에서 시작되었다. 대상 국가가 부채 감면을 받기 위해서는 두 단계 과정을 완수해야 한다. 부채 감면을 받은 28개 국가 중 일부는 이 과정이 10년 이상 소요되었다. 비평가들은 부채 국가들에게 부과된 IMF의 경직된 경제정책 처방을 포함한 엄격한 조건을 공격한다. 이들은 또한 감면 과정은 일부 국가에만 한정되었고, 모든 부채가 감면 동의에 포함되지도 않았다고 지적한다. 이러한 문제는 부채 위기가 발생하는 데 어떤 책임도 지지 않으려는 채권자들에 의해 감독되기 때문에 발생한다는 비판을 받는다. 부채 감면은 또한 민간 은행이 소유한 자금에는 적용되지 않는다.

그럼에도 불구하고 부채 감면 과정을 거친 국가들의 이익은 마을과 도시 거리에서 구체적인 현실로 증명되었다. 예를 들어, 말라위는 IMF로부터 부채 감면을 받았던 2006년 이전에는 전체 재정의 25%를 외국 부채 지불에 사용했다. 부채 감면이 시작된 다음 해부터 말라위는 농업, 보건, 교육 지출을 각 25%, 83%, 56% 늘릴 수 있었다.

빈곤국가에게 부채 감면이 절박하게 중요하다는 것은 논쟁의 여지가 없다. 부채 지불을 하지 않아서 생긴 국가 소득의 추가분은 외국 기관이 아니라 그 국가

증거

개선된 보건소

40세의 림비카니 심보타(Limbikani Simbota), 그의 아내 리나일(Linile)과 6명의 자녀는 말라위의 수도인 릴롱궤(Lilongwe) 외곽의 카우마(Kauma) 마을에 살고 있다. 림비카니는 보안요원으로 일하는데 한 달에 5,000콰차(kwacha, 35달러)를 벌고, 부인 리나일은 가정주부이다. 이들의 빈약한 금전자산은 가족의 생활을 어렵게 하지만, 특히 건강, 교육 및 생수와 같은 공공서비스는 생존에 필수적이다.

림비카니는 가장 가까운 보건소에서 의료 처방을 받는 것이 얼마나 어려웠는지 기억한다. 인력이 부족한 보건소를 5km 이동해 도착해서 줄을 서야 하고 진료를 한 후 결국에는 약이 없다는 말을 듣는다. 그는 개인병원이나 약국에서 약을 사야만 한다. 오래 기다려야 하고 약이 부족한 보건소는 림비카니의 마을 주민들이 노동시간을 빼앗기고 질병 치료를 받지 못한다는 것을 의미한다.

그러나 2006년부터 말라위는 국가들에게 외채를 감면해 주는 악성채무빈국 계획으로부터 도움을 받기 시작했다. 이전에 말라위는 30억 달러의 부채로 국가 재정의 1/4이 외채 상환에 쓰이며 삐걱거리고 있었다. 이제 말라위는 건강, 교육 그리고 농업과 같은 필수적인 분야에 더 많은 돈을 사용할 수 있다.

리나일은 대외 부채 감면의 의미를 알지 못한다고 고백한다. 그러나 이제 보건소가 환자를 돌보는 의료 인력이 충원되었고 적절한 양의 약품이 구비되어 4년 전보다 훨씬 나아졌다. 과거에는 대다수의 사람들이 보건소를 우회하여 8km 떨어진 병원으로 갔다. 따라서 종종 의료용품 자체가 부족한 병원에서 심한 혼잡이 발생했다.

영국 국제개발부(Department for International Development), 2009

의 정부가 지출한 돈이다. 추가 자금은 합의된 개혁과 빈곤 감소 전략에 할당되어야 하지만, 그 과정은 또한 거버넌스에 혜택을 줄 수 있고, 발전 과정에 참여를 높일 수 있다. 부채 감면으로 인한 잠재적 장기 이익은 그 자금 자체보다 훨씬 가치가 크다.

사례 연구
아이티

부채 감면

아이티의 기본 통계

총 대외 부채	$12억
총 대외 부채 상환	아이티는 2007년 부유국에 $9200만의 부채를 갚음
총인구	1000만 명
빈곤	75%의 인구가 하루 $2 미만으로 생활
기대수명	61세
HIV 감염률	1.9%

아이티는 서반구에서 가장 빈곤한 나라로, 인간 개발지수(HDI)에서 169개국 중 145위를 차지했다. IMF는 이전에 아이티를 악성채무빈국(HIPC) 목록에 포함시키는 것을 거부하다 2006년 10월에 마침내 등록시켰다. 2010년 7월 IMF는 아이티의 모든 부채를 취소한다고 발표했다.

2010년 지진으로 포르토프랭스의 폐허가 된 건물 앞에 식량 배급을 받으려고 서 있는 줄

증거

주빌리부채감면캠페인(Jublilee Debt Campaign)의 관점

왜 부채는 탕감되어야 하나?

이 돈은 부패하고 압제적인 정권을 지원하기 위해 사용되었으며, 이 정권의 손에 이미 고통을 받았기 때문에 갚을 필요가 없다. 아이티 사람들은 과거 지도자의 범죄에 대해 비용을 지불할 필요는 없다. 이러한 대출은 아이티 사람들에게 혜택을 주지 못했고, 부채 원리금 상환을 위해 교육이나 건강에 더 많이 쓰일 수 있는 수백만 달러의 비용이 사용되고 있다. 예를 들어, 농촌에 사는 나이 6~12세 사이의 아이 중 1/4 미만만이 학교에 다닌다. 아이티는 최근 식량 가격이 크게 상승하며 가장 최악의 영향을 받은 나라 중 하나이며, 이는 폭동과 사회적 불안으로 이어졌다. 2010년 1월에 일어난 엄청나게 파괴적인 지진과 이에 따른 인류 재난은 복구를 위해 전체 부채 탕감이 시급함을 보여 주었다.

부채 탕감

아이티는 IMF에 의해 설정된 조건을 충족하여 악성채무빈국 프로그램을 종료했다. 그 후속으로 12억 달러의 부채가 없어졌다. 그러나 2010년 현재 남은 부채의 이자, 그리고 악성채무빈국 계획에 포함되지 않은 10억 달러의 거액은 아직 부유국에 갚아야 할 부채로 남아 있다. 세계 최빈국의 하나인 아이티에서 2010년 초 발생한 지진으로 황폐화된 상황을 고려한다면 이 부채는 더욱 용납이 되지 않는다. 주빌리부채감면캠페인은 아이티 정부와 국민들이 이러한 비극적인 사건의 후유증에 대처할 수 있도록 더욱 부채 탕감이 필요하다고 역설한다.

무역과 발전

핵심내용

무역은 과연 얼마나 공정한가?

- 세계화 이후 무역 분야는 분명 괄목할 만한 성장을 이루었지만, 최빈개발도상국(least developed countries)은 여전히 세계무역에서 가장 작은 부분만을 담당하고 있다.
- 개발도상국은 종종 자국의 전체 무역량 중 상당 부분을 단일 상품에 의존하는데, 이 상황은 자국 경제를 매우 취약하게 만든다.
- 상품가격의 변동은 최빈국의 무역에 부정적인 영향을 끼친다. 세계무역에서 개발도상국의 비중이 매우 조금만 증가해도 상당한 혜택을 가져온다.
- 무역의 자유화가 최빈개발도상국에 혜택을 주는가에 대해서는 의견이 일치되지 않는다.
- 개별 국가들은 자국의 무역 이익을 증진하고 보호하기 위해 거대한 무역연합을 만들었다.

1. 무역

'세계의 49개 최빈국이 세계무역의 0.6%만을 차지하는 반면, 수출 상위 5개국은 37%를 차지한다.'

1990년대 초 이래로 무역은 양적·질적 측면에서 커다란 성장세를 보였다. 하지만 이러한 무역의 증가로 인한 혜택이 빈곤국가에 비해 부유한 국가에 더 많이 돌아가고 있다는 것은 분명한 사실이다. 지난 50년간 심지어 개발도상국을 포함한 대부분의 국가에서 국내총생산(GDP) 중 수출이 차지하는 비중이 증가했지만, 수출 부문 상위 5개국(미국, 프랑스, 독일, 일본, 영국)이 전체 무역의 37%를 차지하는 데 반해, 49개 최빈국이 차지하는 비율은 고작 0.6%에 지나지 않는다. 최빈국이 세계무역 전체에서 차지하는 비율은 1980년대 이래로 반 토막이 난 상태이다.

이 두 부류의 국가에 의해 거래되는 상품들의 특성 역시 완전히 다른 모습을 보인다. 대부분의 더 작고 가난한 국가들이 한정된 국가를 대상으로 주로 농산품과 원료를 수출하는 데 의존하며, 대다수 이전 식민주의 국가들이 그 대상국이다. 예

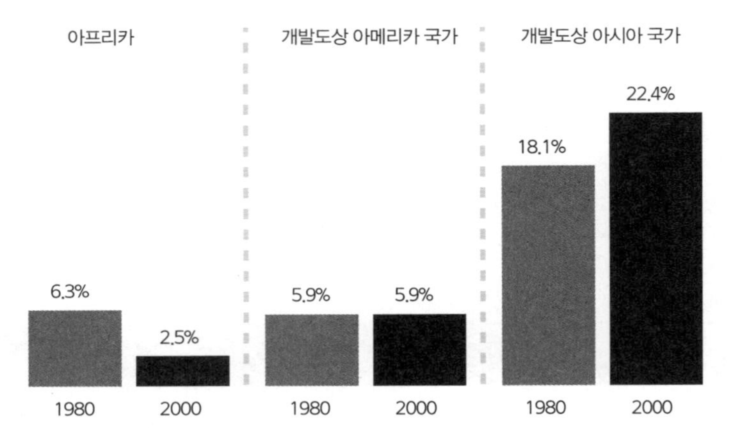

그림 7.1 개발도상국의 세계 수출 비율, 1980년과 2000년
출처: 국제연합무역개발협의회(UNCTAD)

* 세계화가 진행되는 과정에 아시아의 수출 비중은 증가한 반면, 아프리카의 수출 비중은 지속적으로 감소했다. 2000년에 아시아 국가가 전체 개발도상국 수출액의 72%를 차지했는데, 이는 1980년의 58%에서 상승한 수치이다.

를 들어, 잠비아 수출무역의 70%는 구리가 차지하며, 부룬디의 경우 수출무역의 73%가 커피에서 나온다. 이렇게 단일 작물에 대한 의존성이 예외적으로 높은 국가의 경우, 광물자원 가격의 변동이나 기상조건이 농작물에 미치는 영향력에 매우 취약한 모습을 보인다. 또한 부유한 국가에서 유행하는 음식이나 패션 트렌드와 같은 또 다른 요소 역시 개발도상국 생산업자들에게 부정적인 영향을 미칠 수 있다.

2. 교역조건

'교역조건'은 한 국가가 수출하는 상품을 판매할 수 있는 가격과 비교하여 수입해야 하는 상품의 원가를 의미한다. 부유한 국가가 수출하는 대부분의 상품은 높은 부가가치를 갖는 공산품이다. 이러한 상품의 가격은 일정기간 동안 지속적으로 상승하는 경향을 보인다.

이와 달리 대부분의 개발도상국이 수출하는 농산품과 광물자원의 가격은 예측하기가 훨씬 힘들고 불규칙하게 변동한다. 또한 최근 몇 년 동안 공산품은 일차상품보다 더 높은 가격 상승세를 보였다. 이는 실질적인 면에서 빈곤국가들이 의료

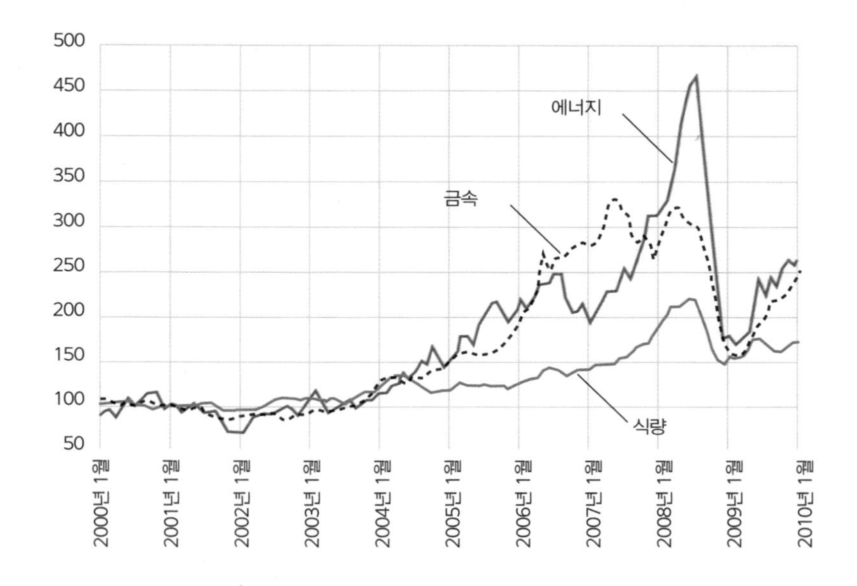

그림 7.2 지정된 일차상품의 가격 변동, 2000~2010(기준 2000년=100)
출처: IMF, 『일차상품 가격(Primary Commodity Prices)』

장비나 농기구 같은 자신들에게 필요한 제품을 구입하려면 이들의 주요 수출품을 더 많이 팔아야 함을 의미한다. 이러한 교역조건의 악화로 일부 개발도상국에서는 빈곤이 증가하는 직접적인 영향을 받았다.

물론 경우에 따라 개발도상국도 세계무역의 패턴이나 상품 가격의 변화로 이득을 볼 수도 있다. 2008년 초에 발생한 유가 상승으로 인해 나이지리아 같은 아프리카 산유국의 수출소득이 상당히 증가했다. 증가한 소득은 대략 연간 300억 달러로 추정되는데, 이는 아프리카 전체가 받는 원조액보다 큰 액수이다. 또한 같은 기간 중국이 자국 산업의 급격한 확장에 따라 국제 원자재 확보를 지속적으로 추진했고, 그 결과 중국과 다수의 아프리카 국가들 간 교역량이 상당히 증가할 수 있었다. 중국에 의한 수요 증가로 인해 광물자원의 가격은 치솟았으며, 일부 아프리카 국가에 경제적 혜택을 제공했다. 이와 동시에 많은 값싼 중국 상품들이 아프리카 대륙과 다른 개발도상국의 소비자에게 도움이 된 것도 사실이다.

3. 세계무역에 대한 다른 관점

종속이론가들은 무역을 북부 선진국이 식민시대 이래 지속해 온 빈곤국가를 착취하기 위한 새로운 방식으로 본다. 부유한 국가들은 자국의 경제력, 세계무역기구(WTO)를 통한 통제, 상품 가격 조작을 이용하여 세계무역을 지배해 왔다. 따라서 개발도상국이 무역을 통해 얻는 소득은 상대적으로 낮을 수밖에 없었고, 자국의 부와 사회적 성장을 촉진하기에는 턱없이 모자란다.

이와 달리 신자유주의자들은 무역 규제가 세계무역을 왜곡시키고 있다고 믿는다. 이들은 국가의 시장을 개방하여 국제사회와 경쟁하는 일이야말로 시장을 공평하고 효과적으로 운영하며, '비교우위'에 따라 타국이 지불할 의사가 있는 가격에 맞게 적절히 제품을 생산하여 국가를 번영시키는 길이라고 주장한다. 따라서 신자유주의자들은 빈부와 관계없이 모든 국가가 무역의 증가로 인한 결과로 혜택을 볼 것이라고 확신한다.

논쟁의 여지 없는 분명한 사실은 대부분의 개발도상국들이 선택권도 없이 자국의 시장을 해외 기업과 세계무역에 개방했다는 점이다. 이에 반해 부유한 국가들은 건강과 안전을 이유로 기술적 제재만이 아닌 관세와 할당량 조절을 포함한 수입 조절을 위한 방어정책을 시행하고 있다. 또한 선진국들은 농업에 보조금을 지급함으로써 자국 농부들을 보호한다. 미국의 경우 목화, 옥수수, 밀과 쌀 생산에

그림 7.3 2004년 런던에서 있었던 무역 정의를 주장하는 행진

증거

실패로 끝난 세계무역회담

2008년 도하(Doha)에서 열린 세계무역 자유화에 관한 회담에서 최빈국에 개선된 무역기회를 제공하기 위한 논의가 이루어졌으나 결국 합의점 도달에는 실패했다. 물론 은행과 전기통신 같은 서비스 분야의 자율성 확대에 관해서도 합의 도출에 실패했지만, 사실 협상 과정에서 대두된 가장 큰 장애물은 선진국이 자국 농부들에게 제공해 왔던 농업 보조금과 같은 보호정책이었다. 대부분의 국가가 긴급수입제한조항(sefeguard clause)에 동의했는데, 이는 자국에서 농산물의 가격이 급락하거나 수입량이 급등할 경우 수입상품을 대상으로 관세를 부과할 권한을 가질 수 있음을 의미한다. 하지만 이에 대해 미국은 긴급수입제한의 허용 기준이 너무 낮게 책정되었다고 주장했고, 인도, 중국과의 격렬한 논쟁에서 합의를 도출하는 데 결국 실패했다.

이번 회담의 실패로 그동안 확장해 온 세계무역의 위상이 큰 타격을 입을 듯하지만, 일부에서는 이번 회담의 결렬이 미치는 영향을 확대해석해서는 곤란하다고 경고한다. 이 회담에서 논의한 일부 방법들은 14년이라는 기간 동안 실행해 온 내용이기에, 협상 결렬이 국제사회에 직접적으로 미칠 영향은 거의 없을 것이라는 얘기이다. 다만 몇몇 경제학자들은 이번 협상에 대해 세계무역에 대한 다자간 접근방식이 합의를 보지 못한 것은 가장 큰 실패이며, 이로 인해 앞으로는 협상에 훨씬 수월한 지역기반 혹은 양자간의 회담이 주를 이룰 것이라고 예측했다. 만약 이 예상이 사실이 된다면, 이는 분명 작고 더 가난한 국가들이 부유하고 더 강력한 국가들과 회담을 할 때 불이익으로 작용할 것이다.

BBC 뉴스, 2008년 8월 28일

증거

세계무역기구(WTO)의 7가지 치명적 규정

1. WTO는 저가 식품 수입에 대한 보호를 제한한다.
   개발도상국이 저가 식품 수입에 간섭하거나 수입장벽을 강화하는 행위는 제약을 받지만, 선진국이 행하는 식품 수출에 대한 보조금 지급은 지속적으로 허용되고 있다.
   그 결과 수입식품이 범람하여 지역 생산자의 기반은 약화되었고, 많은 빈민들의 삶이 위험에 처해 있다.
2. WTO는 서비스에 대한 정부의 규제를 제한한다.
   협정에 서명한 국가들은 반드시 시장 접근에 방해되는 제약들을 철폐하여 서비스 부문을 해외 공급자에게 개방해야 한다.
   그 결과 보건, 교육, 수도 공급과 같은 공공서비스 산업이 이익을 추구하는 해외 기업에 의해 운영 및 통제될 수도 있다.
3. WTO는 해외투자에 대한 규제를 제한한다.
   해외 상품보다 자국 상품의 사용을 조장하는 정책 및 규제를 금지한다.
   그 결과 빈곤국가가 해외 생산자보다 자국의 지역산업 개발을 우대하여 지원하는 행위가 거부당하고 있다.
4. WTO는 농업 보조금 정책을 제한한다.

일부 최빈국의 경우 농업 보조금을 증가시킬 권한이 제한되었으며, 보조금 중 일부는 이미 완전히 철폐되었다. 반면 미국이나 EU의 경우 막대한 양의 자금을 농업 보조금으로 사용하는 것을 허용했다.

5. WTO는 산업 보조금 정책을 제한한다.

정부가 수입을 대체하고 자국 제조업의 생산을 증진시키기 위해 산업 보조금을 지불하는 행위가 금지되었다. 하지만 부유한 국가에서는 특별한 용도로 일부 보조금의 사용이 여전히 허용된다.

그 결과 빈곤국가는 자국의 산업 분야 발전을 지원할 수 있는 강력한 정책적 도구를 박탈당했다.

6. WTO는 개발도상국의 수출을 가로막는다.

부유한 국가는 개발도상국의 수출에 대항하여 높은 수출장벽과 그 밖의 다양한 제약을 보유할 수 있다.

그 결과 많은 개발도상국들은 상당한 수출소득의 감소를 겪었고, 경제성장률에도 부정적인 영향을 받았다.

7. WTO는 지식과 자연자원에 사업권한을 부여한다.

WTO는 가맹국들이 효율적인 특허법을 도입할 것을 요구하며 식물종과 종자 등을 포함하는 다양한 특허권을 초국적기업에 부여함으로써 이들은 20년간 해당 생산물에 대해 독점적 권한을 갖는다.

그 결과 자연자원과 지식을 대상으로 이루어지는 생물자원수탈(biopiracy)이 효율적으로 합법화되었다.

크리스천에이드(Christian Aid)

보조금을 지급하고 있으며, 유럽연합(EU)의 경우도 유제품과 육류 생산을 지원하고 있다.

4. 세계무역기구

2013년 기준으로 159개국이 가맹하고 있는 세계무역기구(WTO)는 국제무역협약을 집행 및 촉진하고, 국가 간 발생하는 무역 갈등을 해결하는 역할을 한다. 이 기관은 1995년에 가맹국 간 제조품, 서비스, 지적재산권의 자유무역을 강화하기 위한 목적으로 출범했다. 국제무역을 통치함에 있어 WTO가 맡은 기능의 중요성에는 전혀 논란의 여지가 없지만, WTO가 제정한 규칙의 공정성에 대해 모두가 동의하는 것은 아니다.

많은 관측자와 캠페인 기구들은 WTO가 자유무역과 관련한 신자유주의 경제정책의 확산을 관장해 왔고, 초국적기업들이 노동자들을 더욱 취약하게 하는 데 일조했다고 비판한다. 이 '최저를 향한 경쟁'은 초국적기업이 세계무역 상황을 조

증거

조작된 규정

무역은 단순히 경제적 성장만이 아닌 빈곤 감소를 성취하기 위한 강력한 추진 잠재력을 갖고 있으나, 현재는 그 잠재력을 점차 잃어 가고 있다. 이 상황은 세계무역이 본질적으로 빈곤층의 욕구 및 관심과 상반되기 때문이 아니라, 일부 부유층의 취향에 맞게 세계무역의 관리 규정이 조작되었기 때문이다.

옥스팜

작하고 개발도상국이 제공하는 (값싼 노동력의) 비교우위를 이용할 수 있는 힘이 있다는 것을 보여 준다. 국가 정부들은 초국적기업의 투자를 유치하기 위해 경쟁하고, 따라서 가격은 더욱 낮아지게 된다.

부유한 국가와 초국적기업이 개발도상국과의 무역의 본질에 대해 가지는 힘이 개발도상국의 가난한 노동자들을 착취했다는 것은 의심할 여지가 없다. 원조기구와 언론들은 일부 부정의를 드러내어, 노동자들에게 정당한 임금을 지불하고 허용기준 내 작업환경에서 생산된 것이라는 '합격품(Kitemark)' 표식을 한 상품의 증가로 이어졌다. 이러한 윤리적 무역 표식 중 가장 잘 알려진 것은 공정무역 라벨이다.

5. 공정무역의 성장

대안무역기구(Alternative Trading Organization, ATO)는 대다수 종교단체나 NGO에 의해 조직되어 1940~1950년대부터 존재해 왔다. 이들은 초창기 개발도상국에서 생산된 수공예품을 선진국에 판매하는 기회에 초점을 맞추었다. 네덜란드에서 공정무역 인증운동이 시작된 1988년까지 이러한 활동은 소규모로 이루어졌다. 공정무역은 개발도상국에서 생산된 상품이 정상적인 판로로 거래가 되도록 했다. 제품의 공정무역 인증은 주요 원칙에 따라 생산되었다는 것을 보증했다.

- 환경적 지속가능성
- 노동자들은 민주적으로 조직될 수 있고, 노동조합 인정
- 추가 가격은 사회환경 개선에 사용

그림 7.4 파투마(Fatuma)는 '인도를 바꾸기(Just Change India)' 공동체 조직이 운영하는 네티쿨람(Nettikulam)에 있는 가게의 노동자이다.

- 아동 노동자 없음
- 좋은 작업환경과 임금
- 제품 가격은 생산비용을 감당하고 일반적으로 최소 가격이 보증되는 생산자와 구매자 간 장기적인 관계

커피나 차와 같은 제품에서 시작해 소비자들은 개발도상국 생산자와 공정한 무역관계를 보장하기 위해 추가 비용을 지불할 용의가 있다는 것을 보여 주었다. 공정무역 표식은 이제 바나나에서 축구공에 이르기까지 다양한 제품에서 볼 수 있다. 2008년 공정무역 인증 판매는 전 세계에서 거의 38억 달러에 이르며 매년 22%의 증가를 보였다. 세계적 불황 때인 2009년에도 공정무역 판매는 전해에 비해 10% 증가했다. 2008년 12월 58개 개발도상국의 746개 생산자조직이 공정무역 인증을 받았고, 59개 개발도상국 750만 명 이상의 농부, 노동자 그리고 그들의 가족이 세계 공정무역 제도로부터 혜택을 받았다.

6. 공정무역에 대한 반대

공정무역의 증가에 대한 반응은 혼재되어 있다. 일부는 공정무역 기구가 노동자의 상황을 적절하게 관리할 수 없고, 따라서 일부 생산자들이 공정무역 라벨을 남용할 수 있다는 문제에 우려를 표했다. 공정무역에 대한 대중적 관심의 증대는 정치적 좌파와 우파로부터 비판을 받았다. 애덤스미스연구소(Adam Smith Institute)는 공정무역을 성장을 방해하는 보조금 형태 또는 판매촉진 전략으로 보았다. 좌파의 일부는 공정무역을 현재의 무역체계에 대한 적절한 문제제기가 아니라 네슬레(Nestlé)와 같이 대기업이 신뢰할 수 없는 증빙으로 제품을 인증하는 것이라고 비판했다.

7. 무역연합

지난 50여 년간 지속적인 세계화의 진전이 만들어 낸 또 다른 결과물은 몇 개의 국가가 한데 모여 무역협정을 맺기 시작했다는 것이다. 단순하게 설명하면, 이러한 협정은 가맹국 사이에 이루어지는 교역에 한해 국가 내부의 무역장벽이 없는 자유무역 지대로 존재하는 것이다. 북미자유무역협정(North American Free Trade Agreement, NAFTA)이 그 한 사례이다. 이와 비슷한 유형의 국가 연합 중에는 유럽연합(EU)의 사례처럼 이보다 한발 더 나아가 완전한 정치적 통합을 추구하는 경우도 있다. 특이한 점은, EU의 경우 자유무역의 실현을 위한 가장 본질적인 요소로 노동력의 자유로운 이동을 강조한다는 사실이다. 이와 다른 무역연합의 경우 노동시장 개방에 대해 정치적·문화적 저항이 생기곤 하는데, 이는 노동시장의 개방이 곧 이민 제한의 종결을 야기할 것이 분명하기 때문이다.

무역연합은 가맹국 사이에 통합을 강화할 뿐만 아니라, 이로 인해 포괄적 교섭 또한 훨씬 용이해지기 때문에 무역연합이 세계화의 진행에 일조한다는 주장도 있다. 예를 들어, EU의 무역협상이 하나의 단일 시장을 대상으로 진행되기 때문에 새로운 정책과 규칙을 밀어붙이기 훨씬 수월하다는 입장이다. 하지만 이에 관해 일부 경제학자들은 무역연합의 증가가 오히려 지역주의를 조장하며, 가맹국 사이

주요 무역연합

유럽연합(European Union)*

EU의 가맹국은 2011년 26개국까지 확장되었으며, 약 3억 5600만 명의 인구를 규합하고 있다. EU 가맹국 간 경제는 긴밀하게 통합되어 있으며, 현재에도 가맹국 사이의 교역이 점차 증가하고 있다. 특히 자본과 노동 분야에서 놀라울 정도의 이동이 나타나는데, 폴란드에서 영국이나 아일랜드로 이주하는 노동자가 대표적이다. EU 가맹국은 동일한 화폐를 이용하고, 11개 가맹국이 채택한 동일한 통화정책을 집행하고 있다.

북미자유무역협정(NAFTA)

NAFTA는 미국, 캐나다, 멕시코 간에 맺어진 협정으로 3개국의 교역을 증진하기 위해 출범했으며, 1994년에 발효해 지금에 이른다.
NAFTA의 주요 목표는 다음과 같다.

- 무역장벽 제거
- 북아메리카에서 생산되는 상품과 서비스를 위한 보다 크고 안정적인 시장 창출
- 상호 간 이로운 무역규정 확립
- 경제개발을 돕고, 세계무역을 확장하며, 보다 넓은 국제적 협조를 위한 기폭제 제공

이에 대한 비판으로, NAFTA는 오로지 미국의 사업적 이익만을 보장하며, 자유무역이 멕시코나 캐나다 같은 작은 경제규모를 가진 국가에 미칠 사회적·환경적 부작용을 무시했다는 주장이 제기된다.

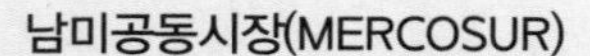

남미공동시장(MERCOSUR)

1991년 설립된 MERCOSUR는 가맹국 간의 자유무역을 보장하며, 이 지역에서 무역을 주도하는 미국의 영향력에 대응하기 위해 설립되었다. 이 기구의 궁극적인 목표는 남아메리카 경제의 완전한 통합이다. MERCOSUR에는 아르헨티나, 브라질, 파라과이, 베네수엘라, 우루과이 등이 속해 있다. 브라질은 이 지역에서 가장 큰 경제규모를 가진 국가로, 2008년 국내총생산(GDP)이 16억 달러를 넘어섰다. 가맹국의 인구를 모두 합하면 약 2억 7000만 명에 달한다. 따라서 세계에서 네 번째로 큰 무역연합으로 꼽힌다.

동남아시아국가연합(ASEAN)

ASEAN은 Association of Southeast Asian Nations의 약칭이다. 이 기구는 1967년 태국 방콕에서 설립되었다. 최초의 가맹국은 인도네시아, 말레이시아, 필리핀, 싱가포르, 태국 등 총 5개국이었다. 이후 5개의 국가가 추가적으로 참여(브루나이는 1984년, 베트남은 1995년, 미얀마와 라오스는 1997년, 캄보디아는 1999년에 각각 가입)했고, 중국은 자유무역 파트너 자격으로 2010년 1월부터 참여하고 있다.

* 영국은 브렉시트(Brexit, Britain Exit)로 불리는 유럽연합 탈퇴 움직임이 현실로 나타났다.

증거

아프리카에서 외국 자본이 새로이 어떤 방식으로 토지를 잠식하는가?

농장 관리인은 토마토, 고추, 그 밖에 다른 야채들이 컴퓨터의 관리를 받으며 500m 길이로 줄지어 자라고 있는 모습을 보여 주었다. 스페인 기술자가 온실의 철근 구조를 설치했고, 네덜란드 기술은 2개의 우물로 물 사용을 최소화했으며, 1,000명의 여성 노동자들이 50톤이 넘는 식품을 매일 채집하여 포장한다. 포장된 상품은 24시간 안에 320km 떨어진 에티오피아의 수도 아디스아바바까지 육상으로 운반되며, 항공기로는 1,600km 떨어진 두바이, 제다 같은 중동지역 도시 전역에 위치한 상점 및 식당으로 배달되고 있다.

에티오피아는 세계에서 가장 굶주리는 국가 중 하나로 약 1300만 명 이상의 인구가 식량 부족에 시달리고 있지만, 역설적이게도 정부는 적어도 300만 헥타르 정도의 비옥한 토지를 부유한 국가나 세계 일류의 갑부들에게 제공하고 있다.

이 열풍을 이끄는 주체는 값싼 토지에 이끌린 영국의 연금기금, 재단 혹은 개인투자자만이 아니라 국제 농업기업, 투자은행, 투기자본, 무역업체, 국부펀드까지 다양하다.

이들은 에티오피아뿐만 아니라 수단, 케냐, 나이지리아, 탄자니아, 말라위, 콩고, 잠비아, 짐바브웨, 말리, 시에라리온, 가나와 그 밖에 모든 곳을 샅샅이 뒤지고 있다. 에티오피아 한 국가만 해도 2007년 이후 무려 815개의 해외투자 농업 프로젝트가 허용되었다. 반면, 투자자들이 구매하지 않는 땅은 1헥타르당 1년에 약 1달러로 임대되는 실정이다. 사우디아라비아를 포함한 중동지역 토후국들, 카타르, 쿠웨이트, 아부다비 등이 가장 큰 규모의 구매자일 것으로 추측된다. 2008년 중동지역에서 대규모의 밀 생산국이었던 사우디아라비아는 수자원 보존을 위해 매년 12%씩 자국 곡물 생산의 감축을 선언한 바 있다.

존 비달(John Vidal), 『옵서버(The Observer)』, 2010년 5월 7일

에서만 이루어지는 제한적인 무역으로 인해 무역의 자유화가 진행되는 데 방해가 될 것으로 여기기도 한다.

8. 아프리카 토지 잠식

국제개발을 주시해 오던 많은 사람들이 아프리카의 상당한 토지가 외국 정부와 기업들에 매각되거나 임차되어 큰 논란이라는 소식을 전해 왔다. 이러한 현상에는 국제 식품 가격의 상승과 석유 의존을 줄이고자 시도되는 바이오 연료 생산의 증가가 한몫을 하고 있다. EU가 2015년을 기한으로 채택한 '전체 연료 중 바이오 연료의 비중 10% 달성' 목표에 도달하기 위해서는 이탈리아의 절반보다 넓은 무

려 1750만 헥타르 이상의 농지에서 생산된 작물이 필요하다. 이 목표를 달성하기 위해 유럽의 에너지 기업들은 이미 아프리카에 390만 헥타르 규모의 땅을 확보한 상태이다. 이 같은 북부 선진국 기업들이 진행하는 대규모의 개발도상국 토지 구매를 옹호하며, 이를 통해 기술과 노하우 전달이 쉬워지고, 궁극적으로 지역주민들에게 긍정적 영향을 끼칠 것이라 주장하고 있다. 그러나 에티오피아의 사례에서 보듯, 해당 국가에서 발생하는 농민들의 이주 문제는 여전히 골칫거리로 남아 있다.

머지않은 미래에 세계적인 식량 부족 사태가 발생할 것이라는 예측은 이제 거의 기정사실이다. 농업기술의 발전만으로는 인구 증가, 기후변화, 환경 악화, 정치적 불안정이 야기할 식량 생산의 위협을 완화하기는 불가능하다. 아프리카의 농지가 현재 해외 구매자들에 의해 부유한 국가들이 필요로 하는 과일과 야채를 생산할 토지로 이용되고 있기 때문에, 앞으로는 지금보다 훨씬 심각한 식량 위기에 처할 것이다. 일부에서는 이러한 행태가 200년 전 옛 식민주의 국가들이 행한 아프리카 자원 침탈의 반복일 뿐이라 주장하고 있으나, 세계은행을 위시한 반대진영에서는 이 새로운 침입이 농식품업(agribusiness)을 통해 농업기술 분야에 새로운 투자를 상당히 증가시켜, 실제로는 아프리카 대륙에 혜택을 제공할 것으로 확신하고 있다.

9. 초국적기업

'세계 100위 거대 경제 중 52개는 기업이고, 48개는 국가이다.'

초국적기업(Transnational corporation, TNC)이란 상품의 생산이나 서비스의 공급이 하나 이상의 국가에서 이루어지는 사업체를 의미한다. 모든 초국적기업은 본국에 운영본사를 갖고, 몇 개의 다른 국가에서 활동한다. 이 중 가장 큰 규모의 초국적기업은 상당수 개발도상국의 연간 국민총소득(GNI)보다 훨씬 큰 액수의 예산을 운영하며, 이러한 이유 때문에 국제적·지역적으로 막대한 영향을 끼치고 있다. 전 세계 상위 100개의 경제규모를 보유한 집단 중 52개는 기업이며, 나머지 48개가 국가이다.

다음의 표는 기업의 해외 자산가치를 기준으로 순위를 매긴 세계 상위 10개의

순위	명칭	모국	산업	해외 자산가치 (백만 달러)	전체 자산가치 (백만 달러)	초국성 지수 비율(A)	초국성 지수 순위(B)
1	General Electric	미국	전기·전자	401,290	797,769	52	75
2	Royal Dutch/ Shell Group	영국	석유	222,324	282,401	73	32
3	Vodafone	영국	통신	201,570	218,955	88	6
4	BP	영국	석유	188,969	228,328	81	20
5	Toyota	일본	자동차	196,569	296,249	53	74
6	Exxon	미국	석유	161,245	228,052	68	42
7	Total	프랑스	석유	141,442	164,662	75	27
8	E. On	독일	공공사업	141,168	218,573	56	67
9	Electricité de France	프랑스	공공사업	133,698	278,759	42	90
10	ArcelorMittal	룩셈부르크	금속·금속제품	127,127	133,088	87	10

A – 초국성 지수는 전체 자산 중 해외 자산, 전체 판매 중 해외 판매, 전체 종사자 수 중 해외 종사자 비율 평균으로 계산
B – 해외 자산가치 상위 100개 초국적기업 내에서의 초국성 지수 순위

표 7.1 해외 자산가치가 가장 큰 초국적기업, 2008
출처: 국제연합무역개발협의회(UNCTAD)

초국적기업이다. 여기에는 상당히 많은 종류의 초국적기업을 비교하는 방법이 존재한다. 표에서 제시된 초국성 지수(Transnationality Index)는 각 기업의 자산, 매출, 고용에서 해외 파트가 총량에서 차지하는 비율의 평균을 계산한 것이다. 2008년 연간 총 매출을 이용하여 비교한 지표에서는 미국 기업 월마트(Wal-Mart)가 1위에 자리했다. 은행이나 보험회사 같은 금융기관의 경우 일반적으로 초국적기업 간 비교 대상에서 제외되는데, 그 이유는 이들의 운영방식이 기업의 자산을 측정하기가 어렵고 총 매출을 왜곡할 수도 있기 때문이다.

그러나 어떤 방법으로 초국적기업의 규모를 측정해 보아도 이들이 각국 경제의 세계화 과정에서 가장 강력한 권력을 갖는 참여주체인 점은 분명해 보인다. 아주 잠깐이라도 조사해 본다면 이들 기업의 기반이 대부분 유럽, 북아메리카, 혹은 극동지역의 호랑이 경제로 일컬어지는 신흥 강국 같은 핵심지역에 위치하고 있음을 분명히 확인할 수 있을 것이다.

그렇다면 초국적기업이 세계화 과정에서 이와 같이 중요하게 여겨지는 이유는 도대체 무엇인가? 개발도상국에 초국적기업이 자리할 경우 해당 국가에 다양한 이점을 제공한다는 점은 의심할 여지가 없다. 이는 다음과 같다.

- 지역 노동력을 고용 또는 훈련하여 해당 국가와 경제에 긍정적 외부 효과가 발생
- 새로운 투자와 기술의 도입을 통한 국가 경제성장률의 증가
- 조세 소득의 증가
- 지원 또는 보완 산업의 발전
- 주요 수입품 구입에 활용 가능한 세금 기여 및 환율의 상승

하지만 이면에는 다음과 같은 불이익도 존재한다.

- 초국적기업이 지역 기업에 비교우위를 가져, 지역의 경쟁력을 파괴할 수 있음
- 제품 생산에 대한 부족한 통제력과 원가 절감에 따라 환경에 피해를 입힐 수 있음
- 부품을 해외 기업에 외주 생산하여 지역 사업이 약화될 수 있음
- 초국적기업이 한 국가에서 얻은 소득을 세율이 낮은 다른 국가로 송금하여

증거

아무도 이 기업들의 소유주와 감독관 선출에 참여하지 않지만, 이들은 종종 정부보다도 우리의 일상에 더 강력한 영향력을 행사한다. 정부는 '자유무역'의 원칙을 위반하는 것으로 보이기 때문에 초국적기업의 행동을 통제할 수 없는 듯하다. 전형적인 초국적기업은 많은 나라에서 운영된다. 주요 결정을 하는 본사는 한 국가에 있지만, 생산시설은 많은 국가들에 입지한다. 전형적으로 초국적기업은 비용을 낮추기 위해 가장 저렴한 노동비, 그리고 가장 느슨한 환경과 노동법규를 찾을 것이다. 만일 정부가 더 엄격한 법규를 부과하려 하면, 초국적기업은 다른 국가로 입지를 바꿀 것이라고 협박한다. 빈곤국가들은 초국적기업이 만드는 일자리와 투자를 잃어버리는 위험을 원하지 않기 때문에 낮은 기준을 받아들일 수밖에 없도록 만든다.

정부와 기업은 종종 매우 긴밀한 관계일 때도 있다. 예를 들어, 기업은 대통령 선거운동에 재정 지원을 하고, 그 반대급부로 정부의 유리한 정책으로 보상을 기대한다. 부유한 국가 정부는 빈곤국가들로 하여금 이에 따르지 않는다면 원조를 없애거나 줄인다고 협박하며 특정의 무역협정을 받아들이거나 특정 기업에 계약을 하도록 강제할 수 있다. 이러한 방식으로 기업들은 정부 정책에 영향을 주거나 요구를 할 수도 있다.

많은 빈곤국가들은 구조조정의 일부로 공공서비스를 강제로 민영화했다. 민간기업(종종 초국적기업)이 상수공급, 철도, 통신기업과 같은 공공서비스를 이윤 추구를 위해 운영하고자 참여했다. IMF는 정부 관여가 최소한으로 축소되어야 한다고 믿는다. 정부와 달리 민간기업은 가장 빈곤한 사람들을 돌볼 의무가 없다는 것이 문제이다.

글로벌빌리지(Global Village), 2006

조세 회피를 할 수 있음

- 부패한 행정이나 노동자가 협상 과정에서 생산단가가 낮은 지역으로 이주하겠다고 협박할 수 있음

초국적기업의 활동영역과 유동성을 전제할 때, 장래가 유망한 국가 혹은 그 국가의 지역들은 초국적기업의 시설(과 막대한 조세 수입, 고용, 경제활동)을 자신

그림 7.5 폴립(Polyp)의 풍자만화 '무서운 세상(Big Bad World)', 출처: 「뉴인터내셔널리스트」 327호

증거

세계무역이 구성원 모두에게 막대한 부를 선사할 수 있는 잠재력을 갖고 있다는 점에는 의심의 여지가 없는 반면에, 이러한 경제성장이 빈곤 감소에서는 그다지 효과적인 도구가 아니라는 것 역시 증명되었다. 세계 인구의 40%가 하루에 2달러 미만의 돈으로 생활하고 있으며, 이들이 지난 20년간 경제성장으로 얻은 소득이라고는 거의 없다. 빈곤의 개선이라는 개념은 중국을 포함한 동아시아 같은 일부 지역에만 국한해서 다룰 내용이다. 특히 사하라사막 이남 아프리카를 포함한 다른 지역 대부분은 동아시아가 성장하는 같은 시기에 오히려 빈곤수준이 높아지는 상황을 경험했다. 또한 성장에 의한 소득 분배 역시 불균등하게 분배되고 있으며, 그 정도가 지속적으로 증가하고 있다.

세계 곳곳의 사례를 살펴보면 빈곤 감소를 위해서는 불평등 문제를 해결하는 일이 핵심적임을 알 수 있다. 무역이 불평등 문제의 해결책이 되지 못하는 이유는, 바로 무역이 초국적기업의 관리하에 고도로 집중되어 있기 때문이다. 세계무역의 70%를 오로지 상위 500개의 초거대 기업들이 지배하고 있다. 거래되고 있는 대부분의 상품과 서비스가 민간기업의 것이라는 점은 이 회사들의 고위 관리직과 대주주가 무역의 주요 수혜자라는 점을 의미한다. 2002년에 상위 200개 기업의 매출액은 전 세계 GDP의 28%와 맞먹는 반면, 이들이 고용한 사람은 전 세계 노동력의 1% 미만인 것이 현실이다.

라제시 마크와나(Rajesh Makwana), 「세계자원의 공유(Share the World's Resources)」, 2006

의 지역에 유치하기 위해 서로 경쟁을 벌여야만 한다. 이 경쟁에서 승리하기 위해 해당 국가나 지방자치단체는 초국적기업에 세금 감면, 정부 보조 및 기반시설 개선을 약속하거나 혹은 느슨한 환경 및 노동기준과 같은 인센티브를 제공해야 한다. 현재 초국적기업은 세계 모든 해외직접투자를 담당하고 있으며, 세계무역의 70%가 500개의 거대 산업회사에 의해 이루어지는 실정이다. 이들이 세계무역의 확대에 미치는 영향력이란 아무리 강조해도 모자람이 없을 정도이다.

일부에서는 초국적기업을 향한 과도한 권력의 집중이 빈곤 퇴치에 있어 오히려 문제를 만들고 있으며, 개발도상국이 무역수준을 향상시켜 발생한 혜택이 이를 가장 필요로 하는 가난한 사람에게 돌아가지 않고 있다고 주장한다. 과연 무역이나 원조가 경제개발의 수준을 향상시킬 확실한 해결책일까? 이 질문의 대답은 결코 간단히 구할 수 없을 것이다.

사례 연구
코카콜라

전 세계가 치이익~

코카콜라는 세계에서 가장 큰 규모의 음료 제조업체로 본사는 미국 조지아주 애틀랜타에 위치한다. 이 기업은 전 세계에서 92,000명을 고용하고 있으며, 이 중 86%의 직원이 미국이 아닌 다른 국가에서 고용된다. 코카콜라에 따르면 이들은 200개국 이상에서 음료를 판매하고 있으며, 이는 유엔 가입국보다 많은 숫자이다. 이 기업에서는 400가지 이상의 다양한 상품을 생산하며 총 매출의 약 70%가 미국 밖에서 만들어진다. 2009년 코카콜라의 매출은 319억 4000만 달러를 기록했고, 순이익으로 보아도 58억 1000만 달러에 이른다. 또한 코카콜라는 피파(FIFA) 월드컵의 메인 스폰서 중 하나인 것으로도 유명하다.

사실 정확히 따지면 코카콜라는 자사의 음료를 만들지 않는다. 실제 코카콜라의 생산과 분배는 전 세계 900개 이상의 프랜차이즈 음료 제조공장에서 이루어진다. 음료 제조업자는 미국에 있는 코카콜라로부터 농축액을 구입하고, 이후 물과 감미료를 섞어 병에 담아서 제품을 완성한다. 이때 제조업자들이 음

네팔의 수도 카트만두(Kathmandu)의 이상적인 시골을 보여 주는 코카콜라 광고 아래의 도로변 쓰레기

료에 당분과 감미료를 추가하기 때문에 생산된 음료의 단맛이 세계 각지마다 차이를 보여, 지역의 취향에 맞게 공급된다. 모든 음료 제조업체는 해당 지역에서 코카콜라에 대한 독점적인 이용권을 가지며, 이들 중 일부만이 코카콜라 본사에 소유되어 있을 뿐 대부분은 독립적으로 운영된다. 해당 음료 제조업자는 생산된 제품이 소매상까지 전달되는 운송 과정을 담당하고, 일반적으로 해당 지역에서 이루어지는 상품에 관한 모든 광고와 판매전략에 대한 책임을 지닌다.

국가에 있어 코카콜라란 존재가 이익을 창출할 수 있는 것은 사실이지만, 이 기업이 최근 몇 년간 환경운동가 및 그 밖에 여러 단체에게 엄청난 비판을 받은 대상이었다는 점도 인지해야 한다. 이미 코카콜라는 긍정적 이미지를 만들어야 할 필요성을 인지하고, 아프리카와 아시아에서 진행된 많은 공동체 지원사업에 참여하고 있다. 예를 들면, 베트남에서는 소액금융 창업계획을 시작하여 4,000명의 베트남 여성에게 코카콜라 판매사업을 시작하는 데 필요한 상품, 훈련, 기본 장비를 제공했다. 또한 러시아에서는 15억 달러를 공장 건설과 지역 기반시설 개선을 위해 투자한 바 있다. 따라서 코카콜라는 아시아, 아프리카, 동유럽에서 진행된 연구결과를 인용하여, 코카콜라가 만들어 낸 모든 활동에 의해 각 마을별로 평균 10개 이상의 직업이 지속적으로 도움을 받고 있다고 주장한다.

음료의 생산 과정을 보면 코카콜라는 분명 지구를 목마르게 하는 사업이다. 회사 자체에서 제공한 자료에 따르면 1.5*l* 코카콜라 한 병을 만들기 위해 35*l*의 물을 이용해야 하는데, 이 사실이 환경에 미칠 내용이야 불 보듯 뻔한 일이다. 2009년 코카콜라는 자사의 음료와 제품 생산에 사용되는 물과 동일한 양을 마을과 자연으로 돌려주겠다는 약속을 했다. 이는 곧 음료 생산에 필요한 물의 양을 줄이고, 제품 생산 과정에 사용되는 물을 재활용하여 다시 자연으로 안전하게 돌려보내며, 여기에 지역 밀착사업을 병행함으로써 수자원을 보충하겠다는 계획이다.

코카콜라는 인도에 위치한 생산공장이 높은 물 소비량에 맞춰 과도한 생산을 한 결과 지하수면을 급격히 하락하게 만들었다는 비판을 받아 왔다. 인도의 케랄라(Kerala)와 우타프라데시(Uttar Pradesh) 지역주민들은 메말라 버린 우물과 음용수 부족이 음료공장 때문이라고 연결 짓는다. 이뿐만 아니라 이 지역 과학자들은 코카콜라가 지역 농부들에게 '무료로 기부한' 비료 속에 음료 생산 과정에 발생하는 카드뮴, 납, 크롬의 폐기물 더미가 인체에 유해한 수준으로 섞여 있음을 발견했다. 이 두 가지 일화로 인해 기업의 신망에 크나큰 타격을 입었지만, 그렇다고 해서 코카콜라의 수익성이나 주류 초국적기업으로서 갖는 지위에 영향을 주지는 못했다.

사례 연구
카리브해 지역

윈드워드 제도의 바나나와 공정무역

카리브해에 위치한 윈드워드(Windward) 제도의 바나나 농장은 50년 전 영국의 식민 정착자들이 자국 시장에 공급할 요량으로 설립했다. 영국이 EU에 가입한 1973년 당시만 해도 윈드워드 제도가 영국과 공유하는 역사적 유대와 바나나가 경제에서 차지하는 중요성이 인정되어, 윈드워드 제도의 바나나는 관세 없이 유럽 시장으로 진입할 수 있었다. 바나나는 윈드워드 제도 수출 수익의 50%까지 차지한다.

윈드워드 제도의 바나나 산업은 노동집약적이며, 세계 바나나 생산량에서 매우 작은 비중을 차지하는 수많은 소규모 농부들에 의해 이루어진다. 이와 대조적으로 라틴아메리카의 바나나 생산은 전형적인 대

유럽 시장에서 판매할 공정무역 바나나를 다듬는 세인트루시아(St. Lucia) 섬의 농부

규모 플랜테이션 농업으로 다양한 농업기술을 활용한다. 돌(Dole)과 치키타(Chiquita) 같은 미국의 대기업이 라틴아메리카 지역의 바나나 생산을 지배하는데, 이는 곧 이들이 전 세계 바나나 생산량의 30% 이상을 담당함을 의미한다.

미국의 종용을 받은 라틴아메리카 수출업자들이 WTO에 라틴아메리카의 바나나만 EU로부터 관세와 수입 할당을 부과받은 것은 불공평한 협약이라는 불만을 제기하자, 그 즉시 윈드워드 제도의 바나나 생산은 사양길로 들어섰다. WTO는 대규모 바나나 수출업자들의 취향에 맞게 통치했고, 윈드워드 제도 바나나의 영국 시장 점유율은 값싼 라틴아메리카와 서아프리카에 밀려 1992년 45%에서 2009년 9%까지 추락했다. 영국의 슈퍼마켓들도 누가 더 가격을 내릴 수 있는지 바나나 가격 전쟁에 들어갔다.

윈드워드 제도가 받은 타격은 매우 심각한 정도이다. 바나나 농부의 수는 27,000명에서 4,000명까지 급락하여 높은 실업률, 청년 불안정, 빈곤 증가를 야기했다. 공정무역협회는 2000년부터 바나나 생산업자를 도와 함께 일하고 있으며, 매년 수출량이 상당히 증가하여 2009년에는 42,000톤을 달성했다. 현재 제도에 있는 90% 이상의 바나나 생산업자가 도미니카, 세인트루시아, 세인트빈센트를 아우르는 48개의 공정무역 네트워크에 속해 있는 상태이다. 2008년 이곳의 바나나 생산업자들은 중대한 법적 다툼에서 승리를 얻었는데, 이를 통해 자신들의 바나나를 바나나 회사가 아닌 수출 회사에 직접 판매할 수 있게 되었고 그 결과 더 많은 수익을 만들 수 있었다.

윈드워드제도농부협회(WINFA)는 수출까지 바나나 공급체계를 책임지며, 농부에게 비료, 해충과 질병 통제, 농사 조언과 같은 서비스를 매우 저렴한 가격에 제공한다. 현재까지 100명이 넘는 신규 직원을 고용했으며, 기술직 직원을 훈련하고, 회계와 해충 통제부를 새로이 창립했다. 윈드워드 제도에서 진행되고 있는 공정무역 운동은 현재 망고와 코코넛 같은 다른 상품에까지 다변화할 계획이며, 생산된 상품을 과일주스 같은 지역의 가공상품과도 연계하려 하고 있다. 아직까지는 많은 작고 가난한 국가들과 마찬가지로, 윈드워드 제도 역시 단일 상품에 대한 의존도가 높고 시장조건 변화에 아주 취약한 상태이다.

보건과 발전

핵심내용

건강한 인구가 발전에 어떻게 영향을 미치는가?

- 인간은 기본적 수요를 가진다. 여기에는 건강관리와 건강하고 안전한 환경이 포함된다.
- 건강한 인구는 지속적인 발전을 위한 필수 요소이다. 이는 또한 사회의 빈곤과 불평등 수준을 나타내는 믿을 만한 지표이다.
- 보건 개선은 사회와 개인이 이용 가능한 자원을 활용하고 자신들의 능력을 최대한 발휘할 수 있게 해 준다.
- 정부, 기관, 단체에 의해 운영되는 보건 프로그램은 발전 과정을 촉진시킨다.

1. 보건과 발전–명백하지 아니한가?

사람들이 누리는 보건 서비스의 향상은 발전 프로그램의 기본적 목표 중 하나이다. 일반적으로 국가의 부(1인당 국민총소득으로 측정)와 건강수준(기대수명, 유아 사망률, 전염병 발생 정도로 측정) 사이에는 상관관계가 있다. 이 상관관계를 쉽게 설명하면, 개인의 부는 이들이 보건 서비스를 보다 쉽게 이용할 수 있도록 하고, 국가의 부는 국민들이 사용할 수 있는 양호한 수준의 영양 섭취와 위생시설, 깨끗한 물 등을 이용 가능하게 한다. 지난 30년간 전 세계의 건강수준은 크게 향상되었지만, 모든 나라들이 그런 것은 아니고 일부 국가에서는 기대수명이 낮아졌다.

2. 1970년대의 낙관론

사하라사막 이남 아프리카에 거주하는 사람들은 세계의 다른 지역 사람들보다 보건 서비스 수준이 낮아 고통을 받는다. 이 상황은 일부 역사적 관점에서 서구 사회를 비난하는데, 식민지 시기 이후 대다수 아프리카 국가의 의료 시스템은 특정 도시지역에 집중되었기 때문이다. 많은 아프리카의 신흥 독립정부는 이러한 불균형을 인지하고 1차 진료와 공동체 기반의 접근을 강조하며 서비스 제공 범위를 확장하고자 노력했다. 1978년 세계보건기구(WHO)의 알마아타(Alma Ata) 회의는 많은 국가에서 비록 공평하지는 않았지만 가시적인 진전이 있었다고 인정했다. 카자흐스탄에서 열린 이 회의에는 WHO와 유니세프(UNICEF)의 거의 모든 가맹국이 참여했다. 이 회의에서 동의한 '2000년까지 모두에게 건강을(Health for All by the Year 2000)' 선언은 전 지구적 공중보건을 촉진하는 중요한 이정표가 되었다. 광범위하게 건강은 단순히 질병이나 질환이 없는 상태만이 아니라 완전한 물리적·정신적·사회적 복지 상태로 정의하였고, 개발도상국에 근무하는 보건 전문가들은 1차 진료를 통합 의료 시스템의 필수적인 부분으로 강조하는 것을 좋게 평가했다.

그림 8.1 1,000명 출산당 5세 이하 사망률, 2009
출처: UNICEF

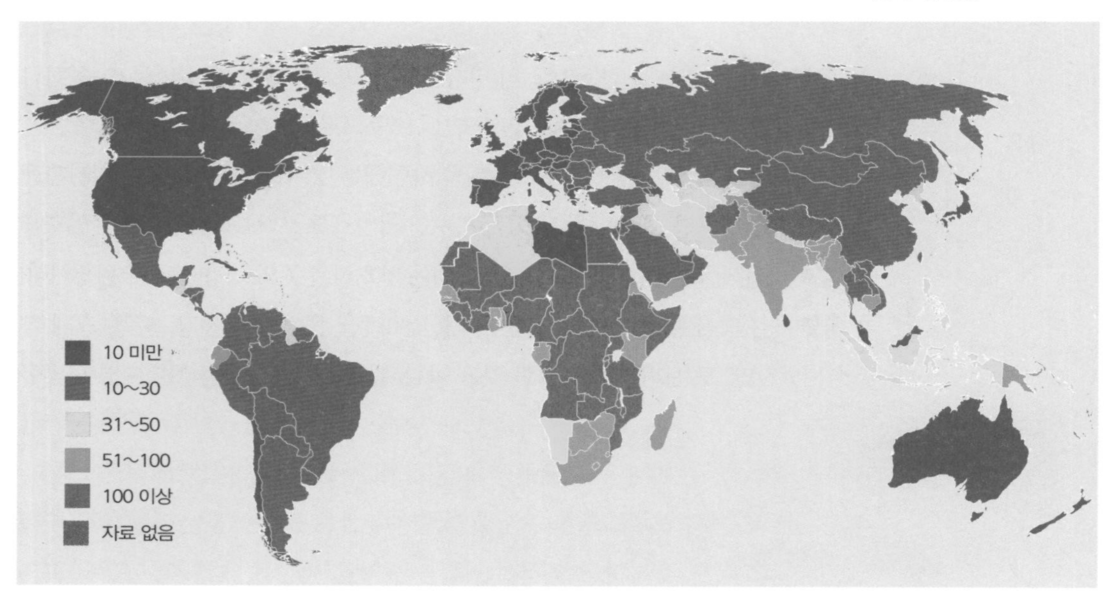

이 선언은 갈등을 줄이면 무기 구매에 사용되는 돈을 이용할 수 있어 세계의 자원을 더 잘 사용하여 선진국과 개발도상국 사람들 간 건강 상태의 심한 불평등은 해결할 수 있을 것이라며 낙관적으로 보았다. 현재 이 낙관론은 매우 잘못된 듯하다. 부유한 공여국은 1차 진료에 기반을 둔 의료 시스템을 본격적으로 시행하는 것은 비용이 너무 많이 들 것이라고 결론 지었다. 특정의 건강문제에 초점을 맞추어 이를 약화시킨 '선택적 1차 진료'가 많은 국가에 소개되었고, 이후 이는 '2000년까지 일부에게 건강을'이라는 비평가들의 조롱을 받았다.

3. 부채 위기

일부 나라에서는 진전이 있었지만 1980년대의 세계경제 위기는 대다수 부채 국가들이 세계은행과 IMF의 '도움'을 받을 수밖에 없어 진전을 원상태로 되돌렸다. 많은 개발도상국들은 개발 프로젝트의 재원 조달을 위해 돈을 빌렸으며, 금리가 상승하며 그 돈을 갚는 것이 점차 어려워졌다. 세계은행과 IMF는 비상대책기금 대출을 제공하며 보건과 공공 서비스의 감소를 포함한 '구조조정'을 조건으로 요구했다. 이 구조조정 프로그램은 빈곤수준을 증가시키고 질병 확산의 상황으로 이어졌다. 1990년대에 많은 국가에서 보건 서비스는 계속 붕괴되고 자원은 외국 채권자들에게로 빠져나갔다. 1997년 사하라사막 이남 아프리카 정부들은 자국 국민에게 사용한 보건 지출의 4배나 많은 금액을 선진국 채권자들에게 송금했다. 1998년 세네갈은 보건 예산의 5배에 해당하는 금액을 외국 채권자들에게 보냈다.

4. 기대수명의 감소

보건 서비스의 축소로 인해 나타난 공중보건의 감소는 짐바브웨의 사례를 보면 알 수 있다. 짐바브웨는 1990년 남성의 출생 시 기대수명이 60세였는데 2008년 37세로 급격히 감소해 세계에서 가장 낮은 수명국 중 하나로 기록되었다. 여성의 출생 시 기대수명은 34세로 더 낮았다. 같은 기간 동안 유아 사망률은 인구 1,000

표 8.1 일부 적도 아프리카 국가의 건강 지표, 2008

국가	인간개발지수 순위/182	사망률/1,000명당	1인당 연 의료 비용(달러)	HIV 감염 (인구 비율)	사망률(5세 이하/ 1,000명당)
콩고민주공화국	176	17	9	3.5	199
케냐	147	12	34	7.8	128
말라위	160	12	17	11.9	100
르완다	167	14	37	2.8	112
탄자니아	151	11	22	6.2	104
우간다	157	13	28	5.4	135
잠비아	164	17	57	15.2	135

출처: 세계보건기구(WHO)

명당 53명에서 81명으로 상승했다. 높은 HIV와 AIDS 발병률은 짐바브웨 인구의 건강을 악화시킨 주요 요인이지만, 이 지역의 모든 국가들이 HIV 발병률이 높다고 해서 이 정도의 나쁜 결과를 보이지는 않았다. 비슷한 경제발전 수준에 있는 국가들 사이에서도 공중보건 서비스의 제공 범위와 기준은 매우 다양하다.

표는 아프리카 7개 국가의 건강 관련 지표를 보여 준다. 지표의 수치는 유사점뿐만 아니라 중요한 차이점 또한 보여 준다. 각 국가의 의료 지출이 핵심적 요인일까?

5. 선진국과 개발도상국-건강의 우선순위 차이

선진국과 개발도상국은 건강의 우선순위에서 중요한 차이를 보인다. 개발도상국은 전염성 질병을 막거나 출생과 임산부에 관련된 문제를 강조한다. 선진국은 흡연, 고지방 음식의 식습관으로 인한 심장병이나 암과 같은 질병 등 생활습관에 따른 문제를 강조한다. 이러한 문제는 사람들이 더 오래 살수록 발병할 가능성이 높아, 많은 의료 자원들이 노인 돌보기에 쓰인다. 개발도상국의 가장 큰 문제는 콜레라, 간염, 소아마비, 장티푸스와 같은 바이러스나 박테리아에 의한 전염성 질병과 백일해, 디프테리아, 폐결핵, 폐렴과 같은 공기전염병이다. 선진국에서도 간혹 이런 질병들이 발생하지만 대개 효과적으로 치료된다. 개발도상국 내 말라리아, 빌하르츠 주혈흡충증(작은 기생충이 혈관 속으로 파고드는 질병), 수면병 등의 질

	개선된 식수 이용 비율			개선된 위생시설 이용 비율		
	전체	도시	농촌	전체	도시	농촌
사하라사막 이남 아프리카	60	83	47	31	44	24
중동 및 북아프리카	86	93	76	80	90	66
아시아	87	96	82	49	63	40
라틴아메리카 및 카리브해	93	97	80	80	86	55
산업국가	100	100	98	99	100	98

표 8.2 개선된 식수와 위생시설 이용 인구 비율, 2008
출처: UNICEF

병은 벌레에 의해 옮겨진다. 이와 같은 질병의 발생률은 영양실조로 약화된 젊은 층에서 더 높게 나타나며, 보건 서비스, 위생시설, 깨끗한 물 사용이 어려운 시골 지역에서 더 심각하다. 오늘날 사하라사막 이남 아프리카에서는 2/5에 해당하는 인구가 여전히 안전한 물을 이용하지 못하며, 2/3는 적절한 위생시설을 누리지 못한다.

국가가 발전하면 보건 상태가 개선된다고 예측할 수 있는가? 논리적으로는 국가의 발전과 인구의 보편적 건강 간에는 관련이 있어야 한다. 옴란(Omran)의 역학적 전이모델(epidemiological transition model)은 일정 기간 동안의 질병 경향을 사회적·경제적·인구학적·환경적 변화 상황과 연계시킨다.

이 모델에 따르면, 건강과 질병에서 가장 두드러진 긍정적 변화는 아동과 엄마들에게서 나타난다. 이들 두 집단은 사망률이 급격히 감소하고 생존율 향상과 기타 사회경제적 요인들로 인해 출생률 또한 감소를 보인다. 이 모델은 잘 알려진 인구 성장의 인구전이모형과 매우 유사하며 개발 근대론자들에 의해 자주 언급된다.

특집

옴란의 전이모델의 주요 특징(1971년)

1단계: 자급적 농업, 높은 출산율, 높은 유아 사망률, 낮은 기대수명. 전염성 질병이 주요 사망 원인
2단계: 농업, 위생 및 영양의 향상과 사망률 감소
3단계: 집약적 농업과 산업화, 낮은 출산율, 긴 기대수명. 비전염성·퇴행성 질병이 주요 사망 원인

6. 의료비용

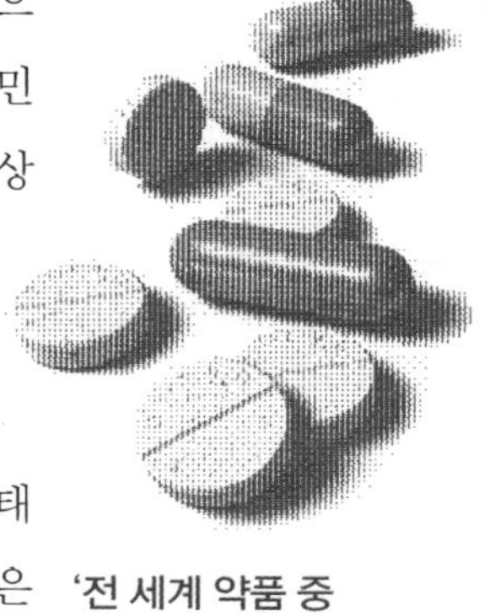

모두를 위한 보건 서비스 제공은 어느 정부에나 예산이 많이 요구되는 계획으로, 특히 개발도상국에서는 큰 부담이 된다. 모든 부유한 국가는 공중보건에 국민총소득의 5% 이상을 투자하고, 일부 국가는 훨씬 더 많은 지출을 한다. 개발도상국은 그 수치가 훨씬 낮은데 시에라리온은 0.9%, 방글라데시는 1.7%이다. 세계 일부 국가, 대표적으로 사하라사막 이남 아프리카에서는 선교사들이 여전히 여러 NGO의 봉사와 함께 보건 서비스 제공에 중요한 역할을 한다. 일부 공중보건 프로그램이 있는 경우도 대다수 하향식 그리고 도심지역에 기반한 형태로 시대에 뒤떨어지며, 부적절한 식민주의 방식을 따른다. 보건 예산의 대부분은 몇몇의 주요 병원에 집중하고 있어 가난한 시골지역에는 나누어 줄 것이 거의 없다. 그 결과 기본적인 치료에 필수적인 약품 사용은 매우 낮은 수준이다. 잘사는 개발도상국 중 하나인 브라질에서도 35%에 해당하는 인구만이 필요한 약을 구할 수 있다.

'전 세계 약품 중 42%는 세계 인구의 5%에 해당하는 북아메리카 지역에서 소비되고, 세계 인구의 다수를 차지하며 높은 질병을 안고 사는 아프리카, 아시아, 중동, 라틴아메리카에서는 20%가 소비된다.'

출처: 세계보건감시(Global Health Watch), 2008

많은 필수 약품은 이를 가장 필요로 하는 사람들이 사용할 수 없다. 이것은 빈곤과 빈약한 보건 시스템 때문만이 아니라 의료의 국제적인 상업화 때문이기도 하다. 약품과 치료약은 불균형적으로 부유한 국가의 사람들을 위해 개발되며, 제약회사들은 비아그라나 프로작과 같은 '일상생활에 만족을 주는 약품(lifestyle drug)'의 개발에 집중한다. 1975년부터 1999년까지 개발된 1,393개의 새로운 약품이나 치료약 중 '열대성 질병'을 위한 것은 오직 16개뿐이었다. 말라리아, 리슈만편모충증(leishmaniasis), 수면병과 결핵 등 빈곤층의 질병을 위한 효과적인 치료약은 부족하다. 제약회사들은 가난한 지역에서 이윤을 창출할 기회가 적기 때문이라고 설명할 수 있다.

7. 보건 노동자들의 불공정거래

개발도상국 정부가 안고 있는 보건 서비스 제공의 또 다른 문제는 종사자를 교육시키고 유지시키는 일이다. 예를 들어 말라위는 의사 1명당 인구가 88,000명

증거

낸시 왐부이(Nancy Wambui)는 영국 요양시설에서 일하며 가족에게 송금하는 케냐 간호사이다.

"저는 케냐에서 간호사의 급여로 생계를 유지할 수 없었습니다. 케냐에서 본 간호사들은 사기가 저하되어 제대로 일을 하지 않았습니다. 많은 것이 필요했습니다. 모든 것이 엉망일 때 어디에서 시작할 수 있겠습니까? 만일 정부가 간호사를 보호하고 그들에게 장려금을 지급했다면 이들은 일을 하려고 했을 것입니다.

저는 이 일이 점진적으로 일어나는 것을 보았습니다. 제가 1978년 처음 간호사 자격을 취득했을 때, 케냐는 정말 좋은 보건 서비스를 가지고 있었습니다. 간호 수준도 좋았습니다. 그러나 모이(Moi) 정권 때 악화되었고 이제는 매우 열악합니다. 당신도 이런 상황을 볼 수 있을 것입니다. 이전에는 사람이 사람으로 처치를 받았지만, 이제는 치료를 거부당합니다."

「뉴인터내셔널리스트」 379호, 2005년 6월

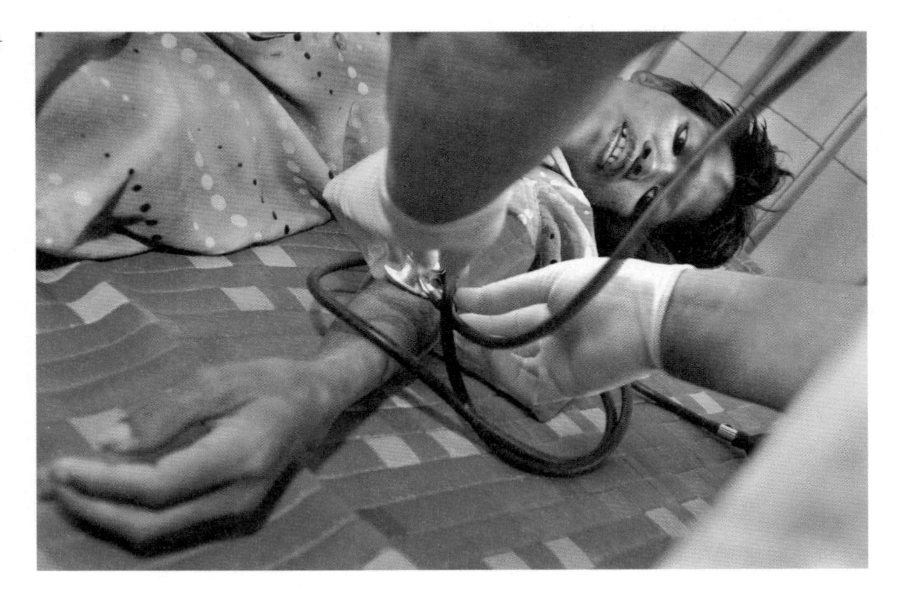

그림 8.2 캄보디아 시엠레아프(Siem Reap)에서 혈압을 재고 있는 HIV 양성의 29세 엄마(두 자녀가 있음)

으로 세계에서 가장 높다. 이와 비교하여 영국은 1명당 300명, 오스트레일리아는 1명당 400명, 캐나다는 1명당 470명 수준이다. 더욱 문제가 되는 것은 말라위와 같이 높은 질병 부담을 가진 국가에서는 보건 노동자들이 다른 일자리를 위해 떠난다는 것이다. 한 조사에 따르면, 보건 전문가들의 주요 이동은 수요에 비해 인력이 부족한 개발도상국으로부터 상대적으로 충분한 선진국으로 향한다는 것이다.

예를 들어, 아일랜드 간호위원회에 등록된 1990년과 2001년 사이 비유럽 출신 간호사 수는 연 200명 미만에서 1,800명 이상으로 증가했다. 이와 반대로 잠비아는 훈련받은 의사 600명 중 550명이 독립 이후 선진국으로 이주했다고 추정한다.

몇 가지 문제가 이러한 경향을 부추겼다. 부유한 국가의 인구 특성인 노인 인구를 돌볼 보건 노동자 수요가 증가하고 있으며, 부유한 국가의 보건사업을 위해 주선기관들은 개발도상국으로부터 인력 충원을 활발히 전개하고 있다는 점이다. 여기에 국제적으로 일자리에 대한 정보를 인터넷을 통해 쉽게 구할 수 있으며, 보건 시스템이 붕괴되는 것을 목격한 보건 노동자들은 불가피하게 해외에서의 기회에 눈을 돌리게 된다.

8. 보건에서 이윤 취하기

최근 수십 년간 세계은행은 국제적으로 그리고 개발도상국에서 보건 분야 민영화를 정책으로 만들었다. 아프리카에서 보건 민영화는 많은 가난하고 병든 사람들에게 서비스 이용을 어렵게 했다. 전염병이 주요한 건강의 문제일 때, 공중보건 서비스는 필수적이다. 민간 보건은 필요한 개입을 지역 또는 마을 수준에서 할 수 없다. 시장원리의 도입은 보건을 모든 사람을 위한 공공서비스에서 지불 능력이 있는 사람들을 위한 민간 상품으로 변형시켰다. 그 결과 가난한 사람들은 기본적인 보건 서비스를 실제적으로 이용할 수 없게 되었다. 치료에 대해 비용을 지불해야 하는 방식은 많은 나라에서 가난한 사람들을 보건 서비스로부터 배제시켰다. 민영화는 의료보험제도의 확대를 의미하는데, 10% 미만의 노동자만이 공식적으로 고용되고 있는 아프리카 상황에서는 전혀 적합하지 않다.

증거

"제3세계의 열대지역 국가 대다수의 많은 사람들은 예방할 수 있고 치료 가능한 말라리아, 폐결핵, 급성 하부호흡기감염과 같은 질병으로 죽었는데, 1998년에는 610만 명에 이른다. 사람들은 이러한 질병을 치료할 약이 있지도 않았거나 더 이상 효과가 없어서 사망했다. 그들은 삶을 유지할 돈이 없어서 죽었다."

켄 실버스타인(Ken Silverstein), "비아그라를 위해서는 100만 달러를, 빈곤 질병을 위해서는 페니를(Millions for Viagra, Pennies for Diseases of the Poor)", 『네이션(The Nation)』 19호, 1999년 7월

9. 제약산업의 영향

Johnson&Johnson

NOVARTIS

제약산업의 힘과 영향은 발전문제에 관심이 많은 사람들에게 우려의 대상이다. 세계 5대 제약회사의 총 연간 매출액은 전 사하라사막 이남 아프리카 국가의 국민총소득을 합한 액수의 두 배 수준이다.

미국 『포천(Fortune)』지에 수익이 가장 좋은 500개 기업 중 상위 10대 제약회사는 2008년 2690억 달러어치를 판매해 490억 달러의 이익을 냈다. 또한 그들은 연구와 개발을 위해 사용한 액수의 두 배에 달하는 830억 달러를 판매와 관리를 위해 사용했다. 이러한 부는 서방 정부와의 긴밀한 관계를 통해 세계무역의 규칙에 영향을 미칠 수 있도록 했으며, 이는 항상 세계의 가장 빈곤한 또는 건강하지 못한 사람들에게 혜택을 주지 않는다. 이들 제약회사의 영향은 특히 미국에서 강한데, 제약회사 로비스트의 수는 의회 535명 의원 1인당 6명에 달한다. EU에서 약품 특허의 규정도 같은 종류의 압력을 받고 있다.

'세계 상위 5개 제약 회사의 연간 거래액 합은 모든 사하라사막 이남 국가의 국민총소득을 합한 액수보다 두 배 많다.'

제약회사는 약품 판매를 위한 새로운 시장을 찾아야 하는 경제적 압력과 기업의 책무를 보여 주어야 하는 대중적 압력으로 인해 태도 변화의 몇 가지 징후가 나타난다. 오바마 대통령의 의료법안 노력의 잠재적 영향을 꼽자면 미국에서 제약회사들이 약품에 부과할 수 있는 가격이 낮아지고 있는 것이다. 이는 제약회사들

증거

역사적으로 제약산업의 가장 거대하고 수익성이 좋은 시장인 미국에서 올해 처방약 판매가 반세기 만에 처음으로 감소할 전망이다. 약품 가격을 낮출 수 있는 규정을 포함한 보건체계의 전반적 검토 법안을 통과시키려는 오바마 행정부와 의회의 시도는 미국에서 사업하는 제약회사를 더욱 압박할 것이다.

그 결과 제약산업은 베네수엘라와 같은 개발도상국을 더 매력적으로 보기 시작했다. 의약품 정보기업인 IMS 헬스에 따르면, 신흥 시장에서의 처방약 매출은 2003년 672억 달러에서 증가해 2008년 1527억 달러에 도달했다.

제약회사인 파이저(Pfizer)는 베네수엘라와 많은 개발도상국에서 브랜드 의약품이 복제약품보다 더 안전하고 효과적일 것이라는 믿음으로 인해 많은 이익을 취한다. 베네수엘라에서 파이저 약품의 가격은 미국에서의 가격보다 30% 저렴하지만, 이는 특허가 강제되지 않아 널리 이용 가능한 복제약품보다는 40~50% 정도 비싼 가격이다.

『월스트리트저널(Wall Street Journal)』, 2009년 7월

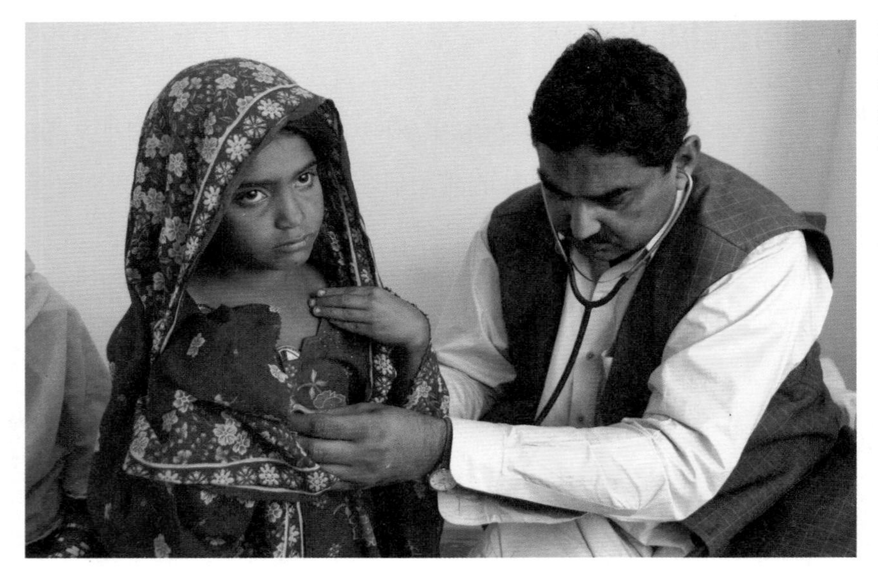

그림 8.3 파키스탄에서 발생한 2010년 대홍수로 난민이 된 사람들을 위한 진료소에서 의사가 6세의 아이를 검진하고 있다.

로 하여금 개발도상국 시장의 가치를 재평가하도록 한다. 대기업 중 하나인 파이저(Pfizer)는 빈곤국가에서 복제약품 가격보다 비싼 유명 상표 의약품의 판매를 시작했다.

10. 복제약품의 영향

세계무역기구(WTO)의 중재로 이루어진 2003년 개발도상국에서 값싼 복제약

증거

개발도상국은 이 동의를 위해 높은 비용을 지불한다. 그러나 그들은 무엇을 다시 돌려받는가?

제약회사들은 연구비용보다 마케팅과 광고에 더 많은 돈을 사용하며, 생활 약품을 연구하는 데 생명을 지키는 약품(이제는 거의 사라졌지만 오직 개발도상국에 영향을 주는 질병을 치료하는 약)보다 많은 비용을 지불한다. 이것은 놀랄 일이 아니다. 가난한 사람들은 약을 살 여유가 없고, 제약회사들은 높은 수익을 통해 투자할 수 있기 때문이다.

조지프 스티글리츠(Joseph Stiglitz), "수전노와 지적재산권(Scrooge and intellectual property rights)", 「브리티시 메디컬 저널(British Medical Journal)」 333호, 2006년 12월

품 판매를 허용하는 협정은 첫 진전으로 환영을 받았지만, 대형 제약회사를 보호하기 위해 선진국들이 보호정책을 유지하는 것은 비판을 받았다. 이 협정에 따라 개발도상국은 자국에서 생산된 복제약품을 다른 국가 차원의 건강문제를 겪고 있는 나라에 상업적이거나 산업정책이 아닐 경우 수출이 허용되었다. 복제약품은 선진국 시장을 침해하지 못하도록 하기 위해 포장이나 색깔을 다르게 해야 한다. 저렴한 복제약품은 개발도상국, 특히 아프리카 국가에서 AIDS로 고통받는 많은 사람들을 위한 항레트로바이러스 약 생산에 매우 중요했다.

11. 공중보건의 재정 지원은 어떻게 해야 하는가?

인도는 세계에서 가장 급속도로 성장하는 국가이지만, 국민 건강을 어떻게 돌볼 것인가에 대해서는 상당한 논란이 있었다. 인도는 다른 대다수 국가에 비해 국내총생산(GDP) 대비 공중보건 예산이 적어 민영 의료에 의존하는 비중이 매우 높다. 이 같은 정책은 많은 문제를 제기하며, 이러한 특징을 가진 공중보건 시스템의 장점과 단점에 대해 생각해 볼 가치가 있다.

보건의 공공 및 민간 사이의 긴장은 개발도상국과 선진국 모두에서 뜨거운 감자이다. 2010년 7월 영국 연합정부의 보건부 장관인 앤드루 랜슬리(Andrew Lansley)는 환자 진료에 대한 결정 책임을 일반의(general practitioner)에게 전가하며 연간 보건 예산 중 1300억 달러를 이전했다. 이러한 대규모 정부 예산의 집행은 확실히 민간 부문의 지원을 필요로 하며, 이러한 변화는 국가보건서비스(NHS)에 민간 부문의 개입을 증가시키는 방법의 하나로 보았다.

정부가 지출한 보건비용의 비중은 국가마다 상당히 다르다. 국가들이 채택한 모델은 많은 경제적·문화적·정치적 요인의 결과이지만, 더 많은 국가들이 지불능력 여부와 관계없이 잠재적 환자들로부터의 민영 의료보험을 요구하는 모델로 다가가고 있다.

지구 차원의 건강문제에 대해서는 말해야 할 것이 많다. 아동 및 모성 보건 문제는 발전에 매우 중요한 역할을 하고, 이는 제14장 '새천년개발목표'에서 자세히 다룰 것이며, 제9장에서는 HIV, AIDS, 말라리아와 관련된 문제를 다룰 것이다. 많은

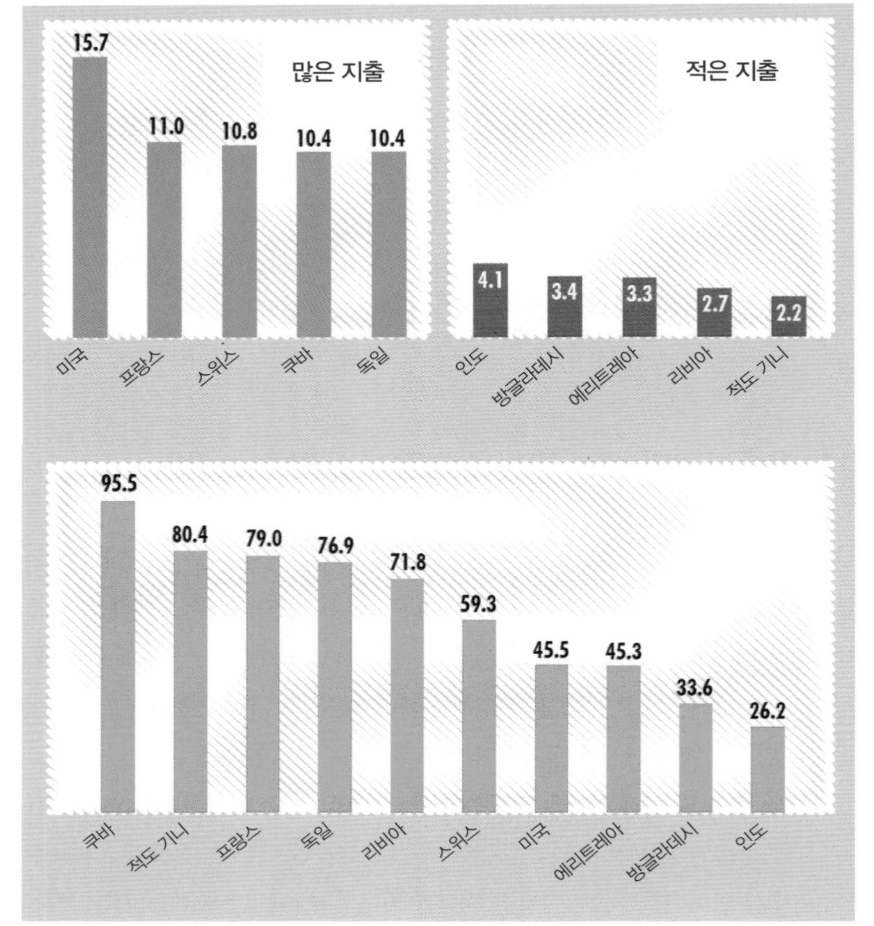

그림 8.4 보건에 지출된 국민 총소득 비율, 2007
출처: 세계보건기구: 국가별 보건 통계

그림 8.5 총 보건 지출 중 공중보건 지출 비율, 2007
출처: 세계보건기구: 국가별 보건 통계

특집

인도는 공중보건 지출에서 175개국 중 171위

인도는 공중보건 지출에서 세계 175개국 중 171위이다. WHO에 따르면, 인도는 일부 사하라사막 이남 아프리카 국가보다도 적게 지출한다. 인도는 국내총생산 중 5.2%를 보건 분야에 지출하는데, 이 중 공중보건에 대한 정부 지출은 0.9%이다.

WHO의 거시경제와 보건위원회의 수다르샨(H. Sudarshan) 박사는, "국가 농촌보건사업 아래 공중보건 지출은 미미하게 증가했지만, 보건 지출을 늘려야 하고 동시에 할당된 예산을 공중보건을 위해 효과적으로 사용할 능력도 높일 필요가 있다."라고 말했다.

벵갈루루 공중보건기구 책임자인 데바다산(N. Devadasan) 박사는, "국내총생산에서의 성장은 있지만 보건 예산의 증가는 없었다. 이러한 적절하지 않은 공중보건 예산은 대중들이 민영 의료에 의존하게 만들었다."라고 말했다.

「타임스오브인디아(Times of India)」, 2009년 8월 11일

사람들에게 지구 차원의 부의 평등 필요성은 건강의 빈부격차 문제에서 가장 전형적으로 드러난다.

사례 연구
미국

건강보험: 무르익은 개혁

미국의 기본 통계

총인구	3억 1470만 명
1인당 국민총소득	$47,240
유아 사망률	1,000명 출산당 7명
산모 사망률	10만 명 출산당 24명
기대수명	79세

미국은 보편적인 보건체계가 없어, 미국 정치의 기본 전제에 익숙해져야 그 구조를 이해하기 쉽다. 국가가 서비스를 제공하는 것은 사회주의(미국에서는 많은 사람들에게 '공산주의'에 가까움)와 연계되어 의회를 통과하는 것이 거의 불가능하다. 일부 빈곤층을 위한 연방정부 지원 프로그램인 메디케이드(Medicaid)와 65세 이상을 위한 메디케어(Medicare) 그리고 장애인과 전쟁 참전용사를 위한 프로그램이 있지만, 일반적으로 개인들은 건강보험을 들어야 한다. 대다수는 고용주들이 들어 주지만, 그렇지 못한 사람들은 민간 보험에 가입해야 한다.

대다수의 보험 규정은 사람들에게 정기적으로 보험료를 지불하지만, 때때로 치료비용의 일부(미국에서는 공제액으로 알려짐)를 보험사가 지불하기 전에 부담해야 한다. 매달 보험료로 납부되는 금액은 보험에 따라 달라진다. 최소 전체 인구의 15%(4600만 명 이상)는 보험에 들지 않았으며, 35%는 충분한 보험을 들지 않아 치료비용을 지불하지 못한다.

미국의 보건시설은 연방, 주, 카운티 및 시에도 있지만 대부분 민간 소유이다. 많은 병원들(약 70%)은 비영리단체가 소유하지만, '이윤을 추구'하는 병원도 상당수 있다. 전국적인 정부 소유 병원 시스템은 없지만, 일반 대중들에게 개방된 지방정부 소유의 의료시설도 일부 있다. 보험이 없는 사람들은 일부 지역에서 운영되는 병원의 응급실에서 치료를 받는다.

고가의 체계

미국은 다른 어떤 나라보다 1인당 의료비로 많은 액수(7681달러)를, 그리고 높은 비중의 국민총소득(2008년 기준 16.2%)을 사용한다. 대다수 국민이 민간 보험에 의존하지만, 미국 정부는 여전히 2008년 메디케어와 메디케이드 프로그램에 8000억 달러를 지출했고 그 금액은 매년 증가하고 있다. 높은 의료비용은 미국 내 모든 파산의 50% 이상이 의료부채로

미국은 의료비를 어떻게 지불하나: 민간 건강보험 비용은 증가 추세

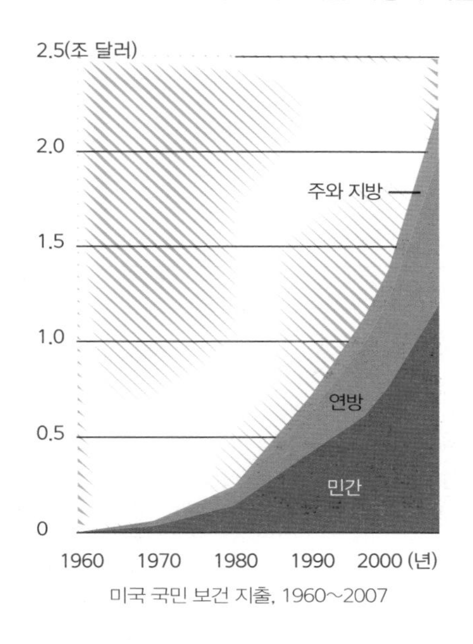

미국 국민 보건 지출, 1960~2007

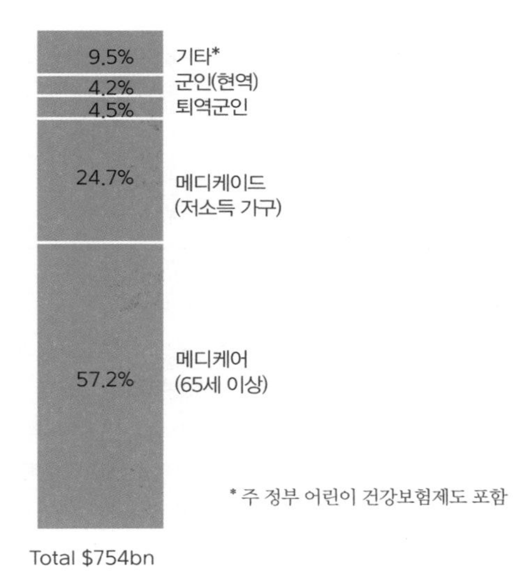

미국 연방 보건 지출, 2007

출처: 미국 보건복지부

인한 것이라는 점에서 드러난다.

미국의 높은 의료비용은 여러 가지 원인이 있지만, 제약회사에서 구매하는 약품이 비싸기 때문인 것도 주요 요인이다. 약품 판매로 벌어들인 많은 수입은 전 세계 생명공학 연구와 개발시설의 82%가 미국에 기반을 두도록 했다. 신약에 적용되는 특허는 20년 동안 다른 회사의 동일한 약품 생산을 금지시키기 때문에 비싼 가격을 부과할 수 있도록 한다. 이는 회사들이 매우 높은 연구·개발 비용을 만회할 수 있게 하고, 더불어 매우 높은 이윤을 얻게 한다.

미국 시스템의 문제는 무엇인가?

미국에서 보건에 사용된 막대한 금액은 일부 중요한 건강지표에는 긍정적인 성과로 나타나지 않는다. 기대수명은 79세로 세계적으로 높은 편이지만, 순위로는 22위이다. 미국의 유아 사망률(1,000명 출산당 7명)은 대부분의 선진국보다 높은 편이나, 겨우 43위를 기록하여 사회주의 국가인 쿠바보다 낮은 순위를 보였다. 이에 대한 가능한 설명은 미국의 부의 불평등한 분배와 극도의

높은 비용과 낮은 접근성: 매사추세츠의 응급실

빈곤 상태인 사람, 종종 불법 이민자들로 인한 것이다.

오바마 대통령은 대통령선거 캠페인에서 의료 개혁을 약속했지만, 건강보험과 제약회사의 기득권 때문에 달성하기 어려웠다. 지속적으로 상승하는 의료 비용이 미국 경제에 미치는 영향으로 인해 결국 2010년 3월 21일 의회에서 하원의 전체 공화당 의원과 34명의 민주당 의원의 반대에도 불구하고 법안이 통과되었다. 이는 보험이 없는 빈곤한 미국 시민 수천만 명에게 보건이 확대되도록 할 것이다.

정보

의료 개혁안의 주요 특징

- 비용: 10년 동안 9400억 달러, 이는 1430억 달러의 재정적자를 줄일 것이다.
- 적용범위: 현재 보험이 없는 3200만 명에게 확대
- 메디케어: 처방약 '보상 차액'이 없어져 가난한 사람이 높은 '공제' 비용을 지불할 필요가 없다. 65세 이상의 영향을 받는 사람들은 유명상표 약품에 대해 환불과 할인으로 도움을 받을 것이다.
- 메디케이드: 연방 빈곤수준의 133%까지의 순소득을 가진 65세 이하의 가족(4인 가족 3만 달러)과 자식이 없는 성인까지 확대 포함
- 건강보험 개혁: 보험사는 기존 질병이 있는 사람에게 보험 적용을 거부할 수 없다.
- 건강보험 거래: 비보험자나 자영업자는 보험을 국가 기반의 거래를 통해 구입할 수 있다
- 보조금: 건강보험에 들려는 저소득 개인이나 가족은 보조금 신청을 할 수 있다.
- 개별 의무: 메디케이드나 메디케어로 보호되지 않는 사람은 보험을 들거나 벌금형을 받아야 한다.
- 고비용 보험: 고용주는 노동자에게 초과 조건에 대해 세금을 내야 하는 고가의 보험을 제공할 수 있다.

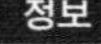

정보

유아 사망률: 미국은 얼마나 뒤처져 있는가?

가장 낮은 유아 사망률을 보이는 국가, 2008년

1,000명당 1 산마리노

1,000명당 2 아이슬란드, 리히텐슈타인, 룩셈부르크, 싱가포르

1,000명당 3 안도라, 오스트리아, 체코, 핀란드, 프랑스, 그리스, 아일랜드, 이탈리아, 일본, 모나코, 노르웨이, 포르투갈, 슬로베니아

1,000명당 4 벨기에, 키프로스, 덴마크, 에스토니아, 독일, 이스라엘, 네덜란드, 스페인, 스위스

1,000명당 5 오스트레일리아, 크로아티아, 쿠바, 헝가리, 뉴질랜드/아오테아로아, 한국, 영국

1,000명당 6 브루나이, 캐나다, 리투아니아, 말레이시아, 몰타, 폴란드, 세르비아

1,000명당 7 칠레, 몬테네그로, 슬로바키아, 아랍에미리트연방, 미국

사례 연구
우간다

보건: 중대한 도전

우간다의 기본 통계

총인구	327만 명
1인당 국민총소득	$460
유아 사망률	1,000명 출산당 79명
산모 사망률	10만 명 출산당 430명
기대수명	53세

최근 수년간 수많은 투자에도 불구하고, 우간다는 세계 최악의 보건 기록을 가진 국가의 하나로 191개국 중 186위를 차지한다. 보건의료 재정이 가장 분명한 문제이다. 보건부는 2008년 2억 1000만 달러의 예산을 확보했는데, 이 중 60%는 해외 기부에 의한 것이었다. 캐나다 퀘벡에 사는 700만 명이 178억 5000만 달러를 사용(인구 1인당 2,550달러에 해당)한 것에 비해 우간다는 1인당 7달러를 보건에 지출했다.

이런 제한된 예산으로 보건 서비스를 조직화하는 것은 분명 어려운 일이다. 보건소를 정상적으로 운영하기에는 의사가 부족한 실정인데, 의사는 인구 2만 명당 1명 수준이다. 우간다에는 단지 38%의 보건소에만 보건 인력이 채워져 있으며, 보건 인력들은 가난한 시골지역에서 일할 동기가 거의 없다. 우간다 의사의 70%와 간호사 및 조산사의 40%는 우간다 인구의 14%가 거주하는 도시지역에 근무한다.

우간다 전체 인구의 86%가 시골지역에 분포해 인구의 50%만이 보건소로부터 5km 이내에 거주하는

정보

우간다의 보건시설은 직선의 계층적 방식으로 배열되어 있다.

보건소 – 가장 낮은 수준의 시설로 인구 3만~10만 명 규모 담당
구역 종합병원 – 50만 명 인구 규모 담당
지역 위탁병원 – 200만 명 인구 규모 담당
국가 위탁병원 – 3200만 명 인구 규모 담당

문제를 가지고 있다. 보건 분야는 보건소로 가는 데 부적절한 기반시설, 사망의 가장 중요한 원인이 말라리아, 인구의 7%가 HIV 양성 환자인 것 등 많은 문제를 안고 있다. 산모의 약 60%는 대부분 교통이 불편해 보건소로 가기 어렵기 때문에 집에서 아이를 낳는다. 치료를 받아야 하는 환자들이 보건소나 병원에 가지만 그곳에서 의사를 만나거나 원하는 약품을 얻지 못할 가능성이 높다.

어느 정도의 성공도 있었다. 지난 10년간 홍역으로 인한 사망자는 95% 이상 감소했으며, HIV 감염률은 1990년대 중반 30%에서 2008년 7% 대로 감소했다. 게다가 8만 명이 넘는 AIDS 환자가 항레트로바이러스 처방을 받았다. 지난 10년간 소아마비 발병 사례는 없었는데, 이는 1차 보건 인력과 훈련된 자원봉사자들에 의한 성공적인 예방접종 모델로 매우 적은 비용으로 가능했던 사례로 꼽힌다. 손 씻기, 위생 개선, 신발 신기, 영양 개선과 같은 기본적인 공중보건의 광범위한 이행이 질병의 90%를 막았으며, 학교에서 시행한 개인 및 사회 교육 개선은 보다 건강한 행동으로 이어져 출산율도 낮추었다.

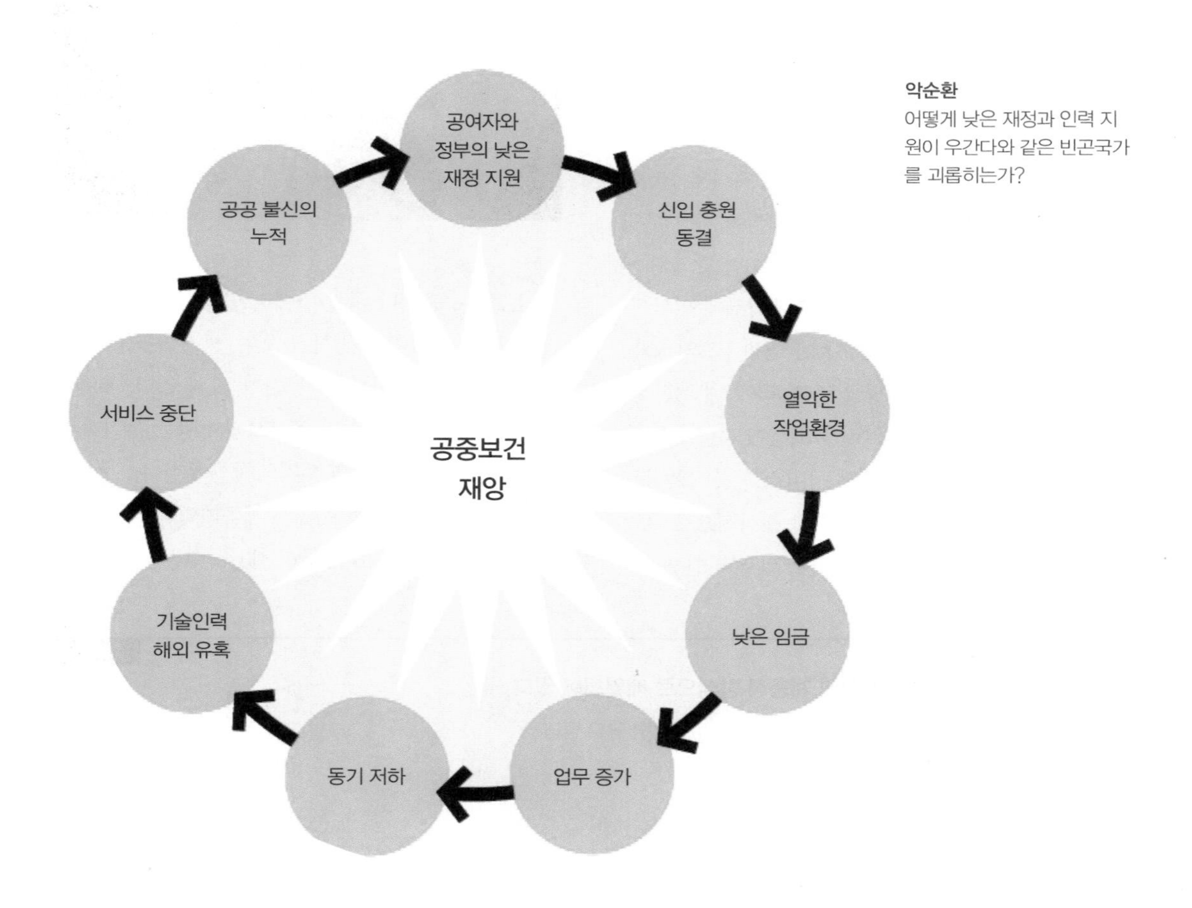

악순환
어떻게 낮은 재정과 인력 지원이 우간다와 같은 빈곤국가를 괴롭히는가?

HIV, AIDS와 말라리아

핵심내용

HIV, AIDS와 말라리아는 아프리카의 발전에 어떤 영향을 끼치는가?

- 아프리카에서 HIV와 말라리아의 발생은 국가·지역별로 매우 큰 편차가 있다.
- 이 질병의 발생률이 매우 높은 국가들은 개발에 매우 부정적인 타격을 입고 있다.
- 아프리카 여성의 역할은 여성을 HIV와 AIDS에 더 취약하게 만들고 있다.
- 질병의 확산을 막기 위해 다양한 전략이 필요하며, 부유한 국가들의 지원이 절실하다.

1. 아프리카의 HIV와 AIDS의 영향

인간면역결핍바이러스(HIV)와 이에 따른 치명적 질환인 후천면역결핍증(AIDS)이 처음으로 보고된 것은 1981년 미국의 로스앤젤레스에서였지만, 이 질병들은 그 이전부터 이미 존재했던 것으로 보인다. 그로부터 30년이 지난 이후 HIV와 AIDS는 지구상의 모든 국가로 확산되어 막대한 인명 손실과 경제적 피해를 입혔다. 특히 사하라사막 이남 아프리카는 세계의 다른 어떤 곳보다 심각한 피해를 입었다. 현재 이 지역에는 2240만 명의 HIV 감염자들이 거주하고 있는데, 이는 전 세계 HIV 감염자의 2/3에 달하는 규모이다. 2008년 한 해에만 이 지역에서 140만 명이 AIDS로 사망했고, 190만 명이 HIV에 새롭게 감염되었다. 이 지역에서 AIDS가 발병한 후 현재까지 1400만 명의 아동들이 부모 중 최소한 한 명 이상을 잃었다.

AIDS 유병률이 높은 수준이라는 것은 다가올 미래에도 AIDS로 인한 사망자가 계속 증가할 것이라는 점을 함의한다. AIDS가 사회와 경제에 미치는 영향에 대해서는 이미 널리 알려져 있다. 이는 보건 분야뿐만 아니라 교육, 산업, 농업, 운송,

국가	성인(15~49세) HIV 감염률(%)	HIV 감염자	HIV 감염 여성	HIV 감염 아동	AIDS 사망자	AIDS로 인한 고아
스와질란드	26.1	190	100	15	10	56
보츠와나	23.9	300	170	15	11	95
레소토	23.2	270	150	12	18	110
남아프리카공화국	18.1	5,700	3,200	280	350	1,400
나미비아	15.3	200	110	14	5.1	66
짐바브웨	15.3	1,300	680	120	140	1,000
잠비아	15.2	1,100	560	95	56	600
모잠비크	12.5	1,500	810	100	81	400
말라위	11.9	930	490	91	68	560
케냐	7.1 ~8.5	1,500~ 2,000	800~ 1,100	130~ 180	85~ 130	990~ 1,400
우간다	6.7	1,000	520	110	91	1,000
탄자니아연합공화국	5.4	940	480	130	77	1,200
나이지리아	3.1	2,600	1,400	220	170	1,200
사하라사막 이남 아프리카 전체	5.0	22,000	12,000	1,800	1,500	11,600

* 아동은 15세 미만의 인구로 정의하였음. 성인 HIV 감염률은 15~49세를 대상으로 하였음.

표 9.1 주요 아프리카 국가들에서의 발생 현황(단위: 천 명)
출처: UNAIDS Report, 2009

자원, 경제 등 거의 모든 분야에 영향을 미친다. 사하라사막 이남 아프리카에서는 AIDS가 지역사회 전체를 황폐화시킴으로써 오랜 세월에 걸쳐 이룩한 발전을 파괴한 경우가 많다. 아프리카에서 HIV 감염과 AIDS 유병률이 13%를 상회하는 11개 국가들의 평균 기대수명은 47.7세에 불과하다. HIV와 AIDS가 없었더라면 이들 국가의 평균 기대수명은 11세 더 높았을 것이다.

질병과의 전쟁은 2007~2008년의 세계 금융위기로 인해 어려움이 컸다. 아프리카 국가들은 이미 기금이 모자란 상태였지만, 보건 부문에 지출할 수 있는 예산을 더욱 줄일 수밖에 없었다. 또한 공여국들은 HIV와 AIDS 퇴치를 위해 원조하겠다는 약속을 지키기 어려워지게 되었다. 결과적으로 사하라사막 이남 아프리카 국가들은 다음의 3가지 도전에 직면해 있다.

- HIV 관련 질환자가 계속 증가함에 따라 이들의 건강을 관리하고, 항레트로바이러스 치료를 투여하며, 기타 지원도 제공하는 것

증거

HIV 감염자의 2/3는 치료를 받지 못하고 있다.

이미 사하라사막 이남 아프리카의 많은 주민들이 빈곤한 상태에 있다. 또한 이 지역의 많은 사람들이 질병으로 치료를 받고 있는데, 이는 향후에도 보건 프로그램 비용이 지속적으로 증가할 것임을 말해 준다.
하지만 사하라사막 이남 아프리카의 보건 지출은 세계 전체의 단 1%에 불과하며, 보건 관련 인력 또한 2%에 불과하다. 현재 아프리카에서 HIV 양성 감염자들의 1/3만이 항레트로바이러스 치료를 받을 수 있는 실정이다. 나이로비에 있는 HIV 치료준비를 위한 협력기금 의장인 박트린 킬링고(Bactrin Killingo) 박사는, "만일 현재 HIV 치료 프로그램이 직면한 비용의 한계가 해결되지 않는다면 값비싼 2차 치료에 대한 수요는 더욱 증가할 것이다. 이로 인해 우리는 1990년대의 상황과 유사한 처지에 놓일 수도 있다. 충분히 생존할 수도 있는 수백만 명의 사람들이 헛되이 사망하게 될 것이다."라고 말한다.

크리스틴 펠리차(Kristin Palitza), "보건 아프리카: 세계 재정위기는 HIV 재정 감축으로 이어지다", 『인터프레스서비스(Inter Press Service)』, 2009년 5월 18일

- 각 개인들로 하여금 자기 자신과 가족, 주변 이웃을 보호하게 하여 신규 HIV 감염자의 발생을 줄이는 것
- 2000만 명에 달하는 AIDS 사망자 발생이 고아와 다른 생존자, 지역사회, 국가 발전에 야기한 여러 결과에 대처하는 것

HIV 감염률과 AIDS 유병률이 높으면 개발과 경제는 즉각적이고도 심각한 타

국가	AIDS 환자(세)	AIDS 환자를 제외한 인구(세)
보츠와나	38	66
에티오피아	39	55
나미비아	39	70
스와질란드	37	63
브라질	68	76
아이티	54	59
온두라스	60	73
버마	59	63
캄보디아	53	57
태국	73	75

표 9.2 2010년의 기대수명 예측
출처: UNAIDS

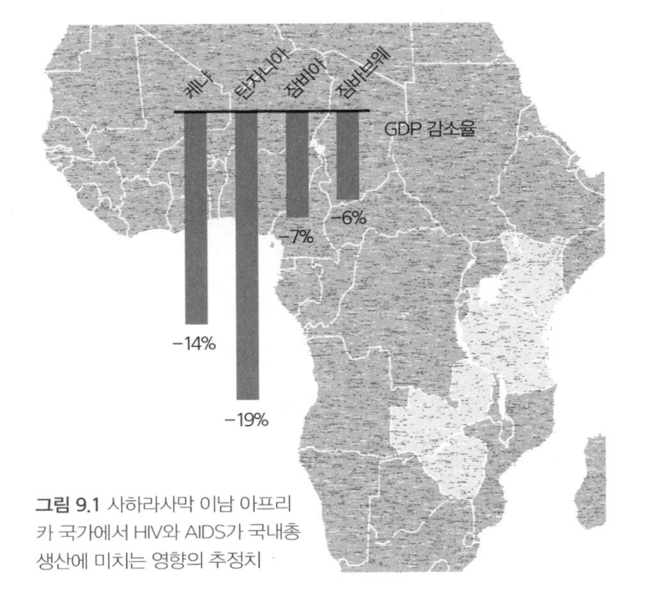

그림 9.1 사하라사막 이남 아프리카 국가에서 HIV와 AIDS가 국내총생산에 미치는 영향의 추정치

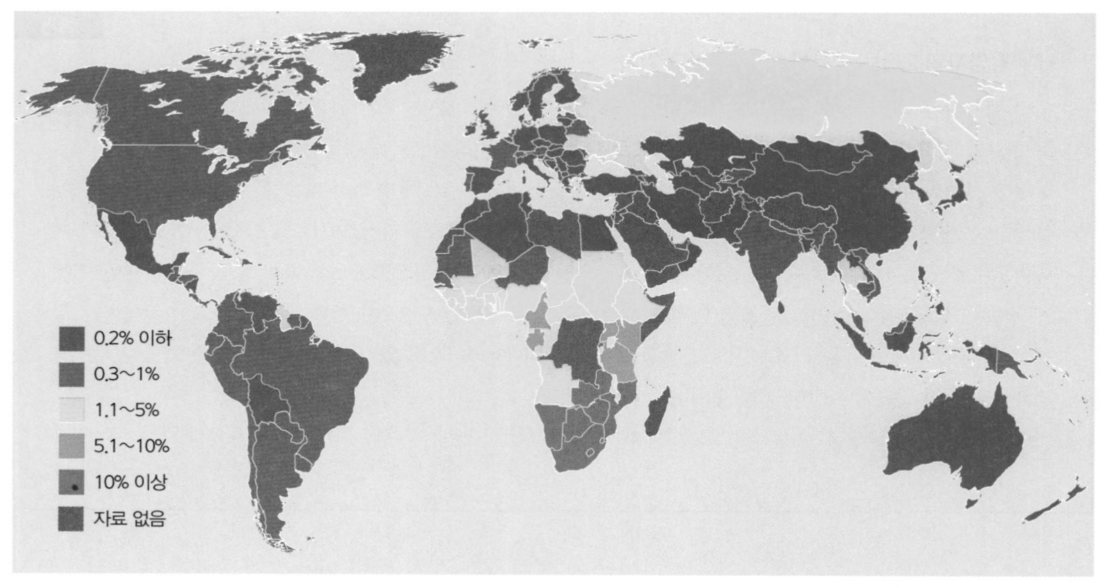

그림 9.2 AIDS 유병률 추정치(15~49세), 2009
출처: UNAIDS

격을 받는다. 생산성은 떨어지고 결근이 잦아지며 결국 이직률이 증가해 경험이 풍부한 노동자가 줄어든다. 이직률 증가는 신규 고용을 유발하며, 이는 훈련비의 증가로 이어진다. 또한 대기업은 직원들의 의료비와 사망수당 지급이 늘어나 비용 증가에 직면한다. 아울러 주로 경제적으로 활발한 젊은 장년층이 질병에 피해를 입어 정부의 세입이 줄어들게 되고, 결과적으로 정부는 의료와 교육 부문에 지출할 예산이 줄어들 수밖에 없다.

2. HIV와 AIDS는 아프리카의 각 국가에 어떠한 영향을 끼쳤나?

아프리카 각 국가의 HIV와 AIDS에 따른 사망자 수는 그 편차가 크다. 소말리아와 세네갈의 경우 성인의 HIV 감염률은 1% 미만이지만, 나미비아, 남아프리카공화국, 잠비아, 짐바브웨에서는 무려 15~20%에 달한다. 특히 남아프리카의 스와질란드, 레소토, 보츠와나 3개국은 성인 HIV 감염률이 20%를 넘는다.

나이지리아는 다른 아프리카 국가들과 비교할 때 비교적 낮은 수준인 3.1% 정도이지만, 총인구가 많기 때문에 HIV 감염자 수는 무려 2600만 명에 달한다. 동아프리카의 우간다, 케냐, 탄자니아에서는 성인의 HIV 감염률이 5%를 넘는다.

3. AIDS의 불인정

아프리카에서 HIV와 AIDS의 확산을 막기 위해서는 많은 복잡한 문제들을 극복해야 한다. 우선 이 질병의 영향을 줄이기 위해서는 급속하게 확산되는 주요 원인을 찾아내는 것이 무엇보다 필수적이다. 많은 아프리카 국가에서는 HIV에 감염되었다는 사실을 인정하고 콘돔을 사용하는 사람을 낙인찍는다. 또한 많은 사람들은 HIV가 AIDS를 일으킨다는 사실을 받아들이지 않는다. 남아프리카공화국 대통령 타보 음베키(Thabo Mbeki)와 짐바브웨의 대통령 로버트 무가베(Robert Mugabe)는 AIDS의 원인이 HIV 감염이 아니라 가난이라고 설파해 왔다. 이들은 자국 내에서 막강한 권력을 행사하면서 적절한 보건 조치를 무시했는데, 이는 국가에 막대한 피해를 입혔다. 또한 HIV의 전염을 막기 위해 성관계에서 콘돔을 사용하는 것은 문화적 문제이기도 하다. 어떤 사람들은 콘돔의 도입이 아프리카의 인구 성장을 줄이기 위한 음모라고 생각하기도 하고, 전통적인 남성의 권력을 짓누르는 행위라고 받아들인다.

사하라사막 이남 아프리카에서 HIV에 감염된 인구 중 약 60%는 여성이며, 이는 임신이나 출산 중에 발생하는 전염으로 인해 더욱 높아지고 있다. 또한 여성들이 HIV나 이에 대한 예방 조치에 대해 논의하는 것을 문화적으로 꺼리는 경향도 이를 가중시키고 있다.

'사하라 이남 아프리카의 HIV 감염 인구의 약 60%는 여성이다.'

4. HIV와 AIDS와의 전쟁

오늘날 HIV 감염률이 높은 개발도상국에 막대한 원조가 이루어지고 있다. 그럼에도 불구하고 이 질병의 확산을 막는 데 필요한 예산은 여전히 부족한 실정이다. 상대적으로 보건 예산이 충분하더라도 프로그램을 실행하는 것이 어려운 경우도 있다. 예를 들어 수원국의 하부구조가 충분치 않거나, 원조기구나 수원국의 정부 기관이 부패했거나, 공여국과 수원국의 협력이 실패하는 경우에는 여러 문제가 발생하게 된다.

그러나 정부, 원조기구, 제약회사가 질병 확산을 방지하기 위한 지출을 지속적으로 확대해 옴에 따라 성공적인 결과를 달성하기도 했다. 가령 HIV가 AIDS로 발전하는 속도를 늦출 수 있는 항레트로바이러스 약의 초창기 가격은 매우 비쌌기 때문에 이 질병에 감염된 많은 개발도상국 주민들은 이에 접근할 수 없었다. 그러나 인도와 중국에서 생산되는 복제약으로 인해 항레트로바이러스 약의 가격이 하락하게 되었다. 결과적으로 사하라사막 이남 아프리카의 경우 2008년에 항레트로바이러스 약을 투여받은 감염자들이 290만 명이었지만, 2009년에는 그 숫자가 390만 명으로 크게 증가했다. 그러나 사하라사막 이남 아프리카에서 390만 명이라는 숫자는 HIV 감염자의 37%에 불과한 것이며, 여전히 절반 이상의 환자들이 이 약품을 투여받을 수 없는 실정에 처해 있다. 심지어 이 약품의 가격을 상당한 수준으로 낮춘다고 할지라도 구입할 여력이 없는 사람들에게는 이를 무료로 제공하는 것 이외에 다른 방법이 없다. 또한 항레트로바이러스 약을 충분히 보유하고 있는 국가라고 할지라도 시골지역까지 이를 보급할 수 있는 전달체계를 갖추고 있지 못한 경우도 있으며, 어떤 국가에서는 이 약품을 올바로 사용하도록 관리할 수 있는 보건 인력이 부족하다.

AIDS 백신이 가까운 장래에 개발될 가능성은 매우 낮다. 그러나 일부 과학자들에 따르면 항레트로바이러스 약의 보급을 확대함으로써 AIDS의 확산을 줄일 수 있다. 왜냐하면 항레트로바이러스 약은 AIDS 환자의 바이러스 수치를 2,000배까지 줄임으로써 전염 가능성을 낮추기 때문이다. 현재 항레트로바이러스 약은 대체로 바이러스 전염을 막기에는 너무 늦은 말기 환자들에게만 투여되고 있다. 최근 유엔은 2015년까지 HIV와 AIDS의 확산을 막겠다는 새천년개발목표(MDGs)의 달성 가능성이 매우 높다고 밝혔다. 이에 대해서는 제14장에서 논의하고자 한다.

5. 가구에 미치는 영향

AIDS가 개별 가구에 미치는 영향은 특히 가난한 개발도상국의 경우에 실로 치명적이다. 많은 가정이 밖에서 돈을 벌어 오는 가장을 잃거나 아픈 가족을 집에서 돌봐야 하기 때문에 수입이 줄어든다. 대개 AIDS 사망자의 배우자도 HIV에 감염되어 있기 때문에 치료와 보호를 필요로 한다. AIDS 전염으로 발생한 고아의 수는 1200만 명에 육박한다. 또한 빈곤한 가구는 장례식을 치를 수 있는 여력조차 상실했다.

HIV 감염자들이 적절한 치료를 받지 못하는 것은 높은 의료비 때문이기도 하지만, 상당수의 보건 인력이 감염되어 있기 때문이기도 하다. 또한 학생 및 교사의 발병률이 높은 곳에서는 학교가 심각한 피해를 받으며, 결과적으로 학생들과 지역사회에 대한 학교의 HIV 예방 및 치료 교육역량이 약화된다.

6. ABC 논란

1990년대 후반 보츠와나에서는 도로변에 간판 하나가 세워졌다. 이 간판에는 'AIDS를 피하는 것은 ABC만큼 쉽다…. 금욕할 것(Abstain), 정숙할 것(Be faithful), 콘돔을 사용할 것(Condomise)'이라고 적혀 있다. 이 내용이 특별히 논쟁적이었던 것은 아니다. 1980년대까지만 하더라도 모든 사람들은 성관계를 통해 HIV에 감염되는 개인적 위험을 줄이기 위해 행동할 수 있다고 알려졌다. 성관계를 피하거나, 한 명의 정숙한 파트너하고만 성관계를 갖는다면 위험을 낮출 수 있다. 그리고 콘돔을 사용함으로써 이 위험을 낮출 수도 있다. 이 메시지는 단순하면서도 설득력 있는 것처럼 보이지만, 이 3가지 요소에 대한 '강조'가 논란이 되었다.

미국의 지원하에 실행되고 있는 'AIDS 구호를 위한 대통령 비상계획(PEPFAR)'은 이 프로그램의 지원을 받는 국가들이 콘돔 사용보다는 금욕과 일부일처의 관계 유지의 중요성에 훨씬 중점을 두어야 했다. 젊은이들은 결혼 전까지는 성관계를 하지 말 것을 주문받았다. 오직 감염 위험이 높은 사람들(성매매 여성, 마약 복용자, 기존의 HIV 감염자 등)만이 콘돔 사용이 장려되었을 뿐, 젊은이들이 콘돔을 사용함으로써 감염을 예방할 수 있다는 일반적인 교육은 거의 이루어지지 않았다. 교황 베네딕토 16세는 "콘돔 보급으로는 HIV라는 천벌을 해결할 수 없다. 오히려 우리는 콘돔 사용으로 문제를 더욱 악화시키고 있을 따름이다."라고 발언함으로써 이 논란에 부채질을 했다.

그림 9.3 보츠와나의 도로변 간판

'AIDS 구호를 위한 대통령 비상계획'을 비판하는 사람들은 금욕에 대한 강조가 감염률을 낮추는 데에 오히려 부정적인 영향을 끼친다고 주장했다. 감염률이 높은 국가에서는 당연히 젊은이들이 가능한 한 성관계를 시작하기 전까지의 기간을 오랫동안 가져가는 것이 장려된다. 하지만 수백만 명의 소녀와 젊은 여성들이 학대에 노출되어 있는 경우에는 이런 실천이 무의미하다. 게다가 결혼을 한다고 하더라도 상대 배우자가 HIV에 감염되어 있는지를 알 수 없으므로 감염의 위험으로부터 벗어날 수 없다.

오직 사회 곳곳을 대상으로 하는 다층적 접근만이 이 질병의 확산을 성공적으로 예방할 수 있음이 확인되고 있다. 여기에는 포스터 등 여러 매체를 통한 캠페인, 라디오 방송, 거리 집회, HIV 및 AIDS 예방 교육을 담당하는 교사 훈련 등이 포함될 것이다. 개별 지역사회와 교회 등의 지도자들은 HIV 및 AIDS에 대해 숨김 없는 견해를 밝힘으로써 이 질병 및 감염자를 둘러싼 사회적 편견과 낙인을 없애는 데 중요한 역할을 할 수 있다. 여성의 지위 향상, 감염 여부를 확인할 수 있는 설비 확충, 항레트로바이러스 치료를 제공할 수 있는 의료시설 구축 등도 질병 확산에 맞서 싸우는 데 필수불가결한 요소이다.

말라위에서의 HIV와 AIDS의 역사는 많은 국가들이 직면하고 있는 이러한 이슈를 잘 보여 주고 있다. HIV와 AIDS 확산을 줄이겠다는 새천년개발목표(MDGs)가 어느 정도 달성되었는가에 대해서는 제14장에서 논의하고자 한다.

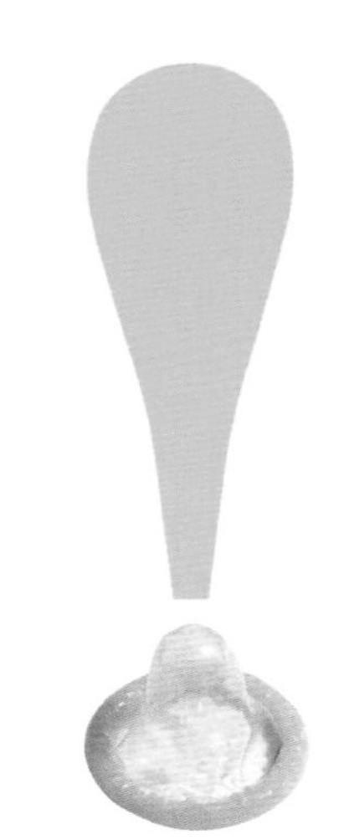

'콘돔은 질병 예방에 대한 포괄적인 교육 자료와 함께 보급될 경우 성적 위험과 활동을 현저히 낮추는 것으로 나타났다.'

출처: UNAIDS, 2004년 10월

그림 9.4 16개월 난 딸을 안고 있는 템비(Thembi). 템비는 남아프리카공화국 케이프타운에 있는 가난한 동네인 뉴크로스로드에 살고 있다. 템비는 HIV 양성자이지만 임신 중에 항레트로바이러스 약을 복용한 덕분에 딸은 감염되지 않은 상태이다.

7. 말라리아

오늘날 개발도상국에서 문제가 되고 있는 많은 질병은 과거에 선진국에서도 이미 발견된 것들이다. 선진국에서는 영양상태나 위생시설의 개선 등을 통해 이런 질병을 극복하거나 퇴치했다. 흔히 열대성 질병으로 알려져 있는 말라리아는 세계 보건에 큰 위협이 되고 있다. 매년 300만 명 이상이 말라리아로 사망하며, 감염자의 80%(거의 2억 명에 육박하는)가 아프리카에서 나타나고 있다. 말라리아는 웅덩이나 유속이 느린 하천에 서식하는 모기를 통해 감염된다. 기생충에 감염된 모기에 물린 사람은 말라리아에 감염된다. 말라리아 환자는 빠른 속도로 몸이 쇠약해져 다른 2차 질병에 쉽게 감염된다.

말라리아 감염률은 지역의 강수 특성(모기는 덥고 습한 환경을 좋아함), 모기 서식지와의 지리적 근접성, 모기의 종류 등 국지적 특성에 따라 다르다. 어떤 지역에서는 연간 말라리아 감염자 수가 항상 일정한 수준을 유지하는데, 이런 곳에서는 말라리아가 '풍토병(endemic)'으로 상존한다. 한편 어떤 지역에서는 강수량이 많은 우기에 집중적으로 발병하는 '말라리아 계절'이 있다.

전염병은 습한 기상조건에 의해 촉발될 수 있으며, 홍수나 갈등으로 인한 집단적 인구 이동에 의해 악화되기도 한다. 대부분의 경우와 말라리아로 인한 사망은 사하라사막 이남 아프리카에서 발생한다. 그러나 아시아, 라틴아메리카, 중동, 일부 유럽 지역에서도 말라리아가 발생한다. 2008년의 경우 말라리아가 발생한 국가는 109개국에 달한다.

8. 말라리아의 통제

많은 연구자들은 장기적 측면에서 볼 때 말라리아 예방이 치료에 비해 비용 면에서 훨씬 효과적이라고 주장한다. 그러나 필요한 돈은 세계의 가장 빈곤한 사람들의 손이 닿지 않는 범위에 있다. 말라리아는 매년 30억 달러의 원조가 이루어지면 통제될 수 있을 것으로 추산된다. 지금까지 매개체 통제(모기 박멸), 주거지역에서의 살충제 살포(실내벽에 살충제 뿌리기), 살충제 처리 모기장(ITNs) 사용 등의 조치는 전 세계의 다른 지역에서 성공적으로 사용되었다. 아직까지 완벽한 말라리아 백신은 개발되지 않았지만 여전히 노력이 이루어지고 있다. (서양의 제약회사는 말라리아 백신 개발을 최우선 과제로 두고 있지는 않다. 왜냐하면 이 백신이 개발되더라도 부유한 국가에서의 시장성이 낮기 때문이다.) 현재 말라리아 예방약이 판매되지만, 이는 값도 비싸고 부작용도 있기 때문에 주로 개발도상국을 단기로 방문하는 여행자들이 사용하고 있다.

9. 말라리아의 영향

말라리아의 높은 발병률은 경제에 심각한 타격을 입힌다. 말라리아 발병률이 높은 국가들은 전체 국내총생산이 1.3%까지 하락했으며, 이것이 지속적으로 누적될 경우에는 말라리아가 발생하지 않는 국가들과의 경제적 격차가 더욱 벌어지게 된다. 아프리카에서 말라리아로 인해 발생한 비용 및 손실은 연간 120억 달러에 달한다. 특히 말라리아 발병률이 높은 국가는 다음과 같은 상황에 직면해 있다.

- 말라리아 관련 지출이 공중보건 지출의 40%를 차지함
- 말라리아 입원환자가 전체 입원환자의 30~50%를 차지함
- 말라리아 외래환자가 전체 외래환자의 60%를 차지함

말라리아는 치료제를 받을 여력이 없거나, 건강관리에 제한적인 가난한 사람들에게 불균형적으로 영향을 끼치며, 가정과 공동체를 더욱 빈곤의 수렁으로 빠뜨린다. 말라리아 환자는 일을 제대로 할 수도 없어서 가난한 가정에서 필요한 필수적인 식량 생산 작업을 효과적으로 수행할 수 없다. 또한 관광객들이 말라리아 취약 국가로의 여행을 기피하기 때문에 관광객 유치를 통해 경제를 육성하려는 전략도 실패하게 된다. (이와 관련하여 말라리아를 퇴치하기 위한 우간다의 사례를 참조할 것).

말라위는 어떻게 AIDS 위기를 극복했나?

말라위의 기본 통계

총인구	1530만 명
1인당 국민총소득	$280
기대수명	54세
HIV 감염률	11%
HIV 감염자 수	92만 명
AIDS로 인해 발생한 고아	65만 명

말라위는 AIDS로 인해 1시간에 8명씩 사망하고 있다. 2007년 현재 말라위 전체 인구 1500만 명 중 약 100만 명이 HIV에 감염되어 있다. AIDS는 말라위 성인 인구 사망의 주요 원인이며, 기대수명을 54세에 불과하게 만드는 원인이기도 하다.

말라위에서 처음으로 AIDS가 발생한 것은 1985년이다. 당시 말라위는 헤이스팅스 반다(Hastings Banda) 대통령이 일당독재를 하고 있던 시기인데, 그는 청교도적 믿음으로 성문제에 대한 공개적 논의를 금지시키거나 검열함으로써 AIDS 보건 교육을 매우 어렵게 만들었다. 그 결과 1985년부터 1993년까지 도시 병원에서 검사한 말라위 여성의 HIV 감염률은 2%에서 30%로 걷잡을 수 없이 증가했다.

1994년 최초의 다수정당 선거를 통해 바킬리 물루지(Bakili Muluzi) 대통령이 취임했는데, 그는 말라위가 AIDS 전염병을 겪고 있다고 공식적으로 인정했다. 당시로서는 이미 AIDS가 심각한 사망률 증가를 야기하여 말라위의 사회경제적 기반에 막대한 충격을 주고 있었다. 말라위 성인의 상당수가 HIV에 감염되거나 AIDS 환자를 돌봐야 했기 때문에 농부들은 더 이상 식량을 생산하지 못했고, 아이들은 학교에 다닐 수 없었으며, 노동자들은 가족을 먹여 살리지 못하게 되었다. 결국 2002년에 말라위는 50년 이 넘는 기간 동안 사상 최악의 식량위기를 겪었다. HIV는 기근에 가장 크게 기여한 요인의 하나였다. 당시 병원 사망자의 70%가 AIDS와 관련된 환자들이었다.

말라위 정부는 AIDS에 대한 인식을 확산시키는 데 주력했다. 말라위는 2004년에 처음으로 국가 AIDS 정책을 실시했다. 이 정책은 AIDS 전염에 대한 예방, 치료, 보호, 서비스 제공을 향상시키는 것을 목표로 했다. 1990년대 중반 이후 HIV 감염률이 점차 11~17%에서 안정화되었고, 임산부 진료소에 다니는 여성의 감염률이 약간 떨어졌다. 수도 릴롱궤를 비롯한 몇몇 도시에서는 HIV 감염률이 점차 감소하기 시작했지만, 농촌에서는 여전히 높아졌다. 왜냐하면 말라위는 지역적으로 언어와 문화가 다양하기 때문에 AIDS 교육을 효과적으로 확대하는 것이 어려웠기 때문이다.

말라위에서의 AIDS 위기는 사회 모든 부문에 영향을 끼쳤는데, 이는 전체적으로 다음과 같은 패턴으로 나타났다.

- HIV 감염의 대부분은 이성애자 간 성관계를 통해 발생했다. 동성애는 불법이지만, 다른 대부분의 아프리카 국가에서처럼 공식적으로 인정되는 것보다 일반적이다.
- 남성보다 여성의 감염률이 높다. 말라위에서 HIV에 감염된 성인의 60%가 여성이다.
- 13~24세의 청년층에서 감염률이 가장 높다.
- 2007년 말까지 50만 명이 넘는 아이들이 AIDS로 고아가 되었다.
- HIV 감염률은 농촌보다 도시에서 거의 2배 이상 높았다. 그러나 도시에서는 점차 낮아지는 반면 농촌에서는 계속 증가 추세를 보였다.

여성들에게 임산부 진료소에서 HIV 검사를 받도록 설득하는 것은 쉽지 않았다. 왜냐하면 여성들은 HIV 양성자로 판명될 경우 차별로 이어질 것을 두려워했기 때문이다. 2007년 말라위 정부는 자발적 상담과 함께 의무적으로 검사하는 프로그램을 병행해서 실시하기로 했다. 그 결과 2008년 임산부의 68%가 자발적 상담과 검사(VCT)라 불리는 검사를 받았는데, 이는 검사율이 8%에 불과했던 2004년에 비해 매우 높은 것이었다.

여러 NGO들이 말라위에서 콘돔 사용을 촉진시켰다. 1992년부터 2004년 사이 콘돔을 사용하는 기혼 여성의 비율이 7%에서 28%로 크게 높아졌다. 그러나 콘돔 사용자 비율 목표인 55%를 달성하려면 지금

변화하자! 말라위 학교의 에이즈클럽 모임에서 춤추기는 중요한 행사 중 하나이다.

보다 훨씬 더 큰 진전이 이루어져야 한다. 종교 지도자들의 영향력은 매우 중요한데, 이들은 말라위에서의 콘돔 수용 확대에 부정적인 영향을 끼치기 때문이다. 2008년 유엔에서는 AIDS 예방 교육 전문가를 말라위의 여러 미용실에 배치하여 콘돔을 보급하는 프로그램을 지원하고 있다.

2004년에는 항레트로바이러스 치료를 받는 HIV 감염자가 13,000명에 불과했지만, 2008년에 이 숫자는 146,657명으로 크게 증가했다. 그러나 여전히 많은 사람들이 항레트로바이러스 치료를 받지 못하고 있다. 특히 고립된 농촌에서는 의료시설이 있는 곳까지의 교통 접근성이 낮아 HIV 감염자들이 이 치료를 받는 것이 거의 불가능한 실정이다. 이런 지역은 최근 식량 부족으로 심각한 어려움을 겪고 있고, 영양실조가 만연한 상태이다. HIV 감염자는 영양 부족으로 인해 치료를 받더라도 그 효과가 매우 낮을 수밖에 없다.

HIV 검사와 치료 비율을 높이려는 노력은 의료진 부족이라는 또 다른 난관에 직면해 있다. 현재 말라위는 의사 1명당 인구가 5만 명에 이르는데, 이는 전 세계에서 가장 높은 수준이다. 매년 60명의 간호사들이 신규 양성되고 있지만, 매년 100명의 간호사들이 일자리를 찾아 다른 나라로 떠나고 있다. 말라위에서 의료진의 부족은 이민이나 교육 부족과 같은 요인 외에도 AIDS의 직접적인 영향으로 더욱 악화되고 있다. 2008년 매달 4명의 간호사가 HIV와 AIDS 관련 질환으로 사망하고 있는 실정이다.

말라위 여성은 사회·경제적으로 남성에 종속되어 있기 때문에 HIV 감염 확산이 더욱 악화되어 왔다. 전통적으로 남성들은 다수의 여성들과 성관계를 갖는 것이 용인되어 왔을 뿐만 아니라, 여성들은 전염을 예방할 수 없는 무방비의 상태에서 성관계를 갖기 때문이다. 또한 많은 여성들은 남성 배우자와의 성관계를 거절하는 것이 용인받지 못하기 때문에 강제적으로 성관계를 갖거나 학대를 당하는 것이 만연해 있다. 그리고 남편이 사망한 후에 남편의 친족과 결혼해야 하는 경우도 있다. 특히 남편이 AIDS로 사망한 경우라면, 이러한 풍습으로 인해 확산 위험은 매우 높아지게 된다.

말라위에서 HIV 감염자는 남성에 비해 여성이 많으며, 특히 젊은 여성들이 많다. 15~19세 연령층에서는 감염된 여성이 남성보다 4배 이상 많고, 20~25세 연령층에서는 여성이 남성보다 3배 정도 많다. 그러나 30세 이상에서는 이 비율이 정반대로 나타나 남성 감염자가 여성보다 많다. 이런 패턴이 나타나는 이유는 젊은 여성이 종종 자신보다 나이가 많은 남성과 결혼하거나, 심지어 강제로 성관계를 갖는 경우가 있기 때문이다. 따라서 성 평등은 AIDS 퇴치의 핵심이다. 여성이 학대받지 않는다면, 그리고 콘돔 사용을 주장할 수 있다면 AIDS의 확산은 중단될 수 있다. 또한 HIV에 감염된 임산부가 항레트로바이러스 약 치료를 받으면 태아는 HIV에 감염되지 않은 채 태어날 수 있으므로 유아 사망률은 훨씬 줄어들 것이다. 남아프리카공화국에서는 5세 미만 유아 사망자의 43%가 AIDS로 인해 발생한다. 그리고 HIV에 감염된 신생아는 출생 후 6개월 이내에 사망할 확률이 그렇지 않은 신생아에 비해 15배나 높다.

말라리아 전쟁

우간다의 기본 통계

총인구	3270만 명
1인당 국민총소득	$460
기대수명	53세
HIV 감염률	6.5%
살충제 처리 모기장을 1개 이상 보유한 가구 비율	16%
항말라리아제를 투여받고 있는 5세 미만 아동 비율	61%

우간다는 세계에서 HIV, 결핵, 말라리아 발병률이 가장 높은 국가에 속한다. 이런 질병을 줄이는 것이 가장 시급한 개발과제임에도 불구하고, 말라리아 퇴치를 위한 노력은 많은 문제에 직면해 있다.

배경

우간다에서 말라리아는 주요 사망 원인 중 하나이다. 보건시설에서 외래방문의 25~40%가 말라리아 환자이며, 전체 병원 사망자 중 9~14%가 말라리아에 따른 사망자이다. 5세 미만 아동 사망자의 거의 절반이 말라리아에 따른 사망자이다. 우간다의 자연환경은 연중 고온다습하기 때문에 말라리아 발병률은 거의 계절적인 차이 없이 항상 높은 수준을 유지하고 있다.

대통령 말라리아 정책

우간다는 대통령 말라리아 정책(PMI)에 참여하고 있는 15개국 중 하나이다. PMI는 미국국제개발청(USAID)이 주도하여 2005년부터 실시하고 있는 말라리아 퇴치를 위한 원조 프로그램이다. PMI의 목표는 사하라사막 이남 아프리카에서 해당 국가 정부와의 협력하에 말라리아 발병률을 절반 이하로 줄임으로써 포괄적인 개발을 촉진하는 것이다. PMI는 롤백말라리아협의회, 세계보건기구, 세계은행, 빌앤드멀린다게이츠재단 등의 조직, 종교단체나 마을조직을 포함하는 NGO, 그리고 민간 부문 등이 협력해서 실행하고 있다.

전략

PMI는 말라리아 예방 및 치료를 위해 다음의 4가지 사업을 추진하고 있다.

- 살충제 처리 모기장(ITN): ITN에서 잠을 자면 말라리아를 옮기는 모기로부터 보호받을 수 있다. ITN은 인체에는 무해하지만 모기에게는 최소 3년간 살충효과가 유지된다.
- 실내용 잔류성 스프레이(IRS): IRS는 주택의 내

벽에 살충제를 뿌리는 것이다. IRS가 뿌려진 벽에 모기가 앉으면 죽기 때문에 말라리아에 감염될 가능성이 낮아진다.

- 간헐적 임산부용 치료제(IPTp): IPTp는 말라리아에 감염된 임산부와 태아에게 그 증상을 완화하기 위해 투여되는 치료제이다. 항말라리아제인 설파독신-피리메타민(SP)을 최소 2회분 이상 처방받는다.
- 진단 및 치료: 말라리아에 가장 효과적으로 대처하는 방법은 말라리아 감염 여부를 빠르고 정확하게 진단해서 가급적 빠른 시간 내에 치료를 시작하는 것이다. 전형적인 1차 치료 방법은 아테미시닌 기반병용 요법(ACTs)이다.

보다 많은 사람들이 말라리아 예방 및 치료의 혜택을 입고 있음에도 불구하고, 우간다에서의 말라리아 발병률은 계속 증가하고 있다. 우간다는 여전히 아프리카에서 매년 사망자가 세 번째로 많으며, 말라리아 발병률 또한 가장 높은 수준에 속한다. 특히 쿄가(Kyoga) 호수 일대가 말라리아에 가장 취약한 곳이다. 쿄가 호수에 인접한 아팍(Apac) 지구에서는 1인당 연평균 1,500회나 모기에 물린다.

2008년을 마지막으로 주거용 건물에의 살충제 스프레이 처리는 중단되었다. 이는 살충제에 DDT 성분이 포함되어 있어 암을 유발할 수 있다는 정치인의 주장으로 인해 대법원이 살충제 사용에 대한 금지 명령을 내렸기 때문이다. 그 후 사람들은 정부의 말라리아 퇴치 전략에 대해 의구심을 갖게 되었다. 또한 말라리아 퇴치 프로그램이 부패와 연관되어 있다는

우간다 북부에서 NGO 주최 말라리아 컨소시엄에 참여한 여성이 무료 살충제 처리 모기장을 배부 받는 모습

PMI 전략의 진전, 2006~2009
출처: 우간다 말라리아 퇴치 계획, 2000

	2006	2007	2008	2009
IRS 처리된 주택 수	103,329	446,117	575,903	567,035
ITN 배부 개수	305,305	683,777	999,894	651,203
SP 처방 건수	–	–	2,556	45,780
ACTs 건수	261,870	–	1,140,840	–

우간다에서의 말라리아 발병 건수, 2002~2008
출처: WHO 세계 말라리아 보고서, 2009

연도	말라리아 발병 건수(전체 연령)	말라리아 발병 건수(5세 미만)
2002	7,536,748	3,900,000
2003	9,657,332	4,400,000
2004	10,717,076	4,700,000
2005	9,867,174	5,800,000
2006	10,168,389	3,857,916
2007	12,038,438	4,528,442
2008	11,029,571	8,656,327

주장도 있다. 2010년에는 말라리아 통제 프로그램을 운영하던 3명의 공무원이 이윤을 목적으로 항말라리아 약을 불법 판매하다가 체포되었다. 살충제 처리 모기장 또한 꾸준히 보급되어 왔지만, 올바르게 사용하는 방법이 교육되지 않아서 그 효과가 극대화되지 못하고 있다.

한편 긍정적인 변화의 조짐도 계속되고 있다. 인도의 거대 제약회사인 시플라(Cipla)와 아프로-알파인제약(Afro-Alpine Pharma) 간에 협정이 맺어짐에 따라 우간다 서부의 한 공장에서 아테미시닌(artemisinin) 분말을 생산할 수 있게 되었다. 항말라리아제를 우간다 국내에서 생산할 수 있게 되었다는 소식은 그동안 비싼 치료제를 살 돈이 없었던 가난한 사람들에게는 기쁜 소식임에 틀림없다. 또한 소규모 농부들 또한 알테미시닌 추출에 필요한 원료인 개사철쑥(*artemisia annua*)을 생산할 수 있게 되었으므로 이들에게 반가운 소식이기도 하다.

젠더와 발전 10

핵심내용

사회에서의 여성 역할은 발전에 어떤 영향을 미치는가?

- 성 불평등은 모든 사회의 각 발전단계에서 영향을 미친다.
- 여성이 경험하는 불평등은 발전 과정에 부정적 영향을 미친다.
- 많은 사회에서 여성은 가계 관리와 자녀 양육뿐만 아니라 소득에서도 중요한 역할을 한다.
- 여성 차별은 전통문화에 뿌리를 두지만 이후 법률에 의해 더 강화된다.
- 성 평등의 개선은 인간개발 전반에 걸쳐 매우 긍정적인 영향을 미친다.

1. 왜 성 평등은 중요한 발전 이슈인가?

유엔의 성 평등, 여성의 역량강화 및 모자보건의 증진을 새천년개발목표(MDGs)에 포함시킨 결정은 불평등, 차별 그리고 여성 권리의 학대가 세계적으로 상당히 나타나고 있다는 증거에 기초한다.

2. 젠더와 빈곤

대다수 빈곤국가에서는 여성이 김매기와 밭갈이, 타작, 물 나르기, 요리를 포함하여 자급적 농업에 필요한 육체적으로 힘든 노동을 담당한다. 그러나 여러 국가에서 75%의 여성은 무급이거나 불안정한 직업을 갖고 있다는 이유로 은행 대출을 받을 수 없고, 자신의 이름으로 재산을 소유할 수도 없다. 세계 부의 오직 1%만을 여성이 소유하고 있다고 추정한다. 남아 선호는, 특히 그들이 전통적으로 가정에 보탬이 되는 소득을 벌어들이기 때문에 인도나 중국에서 성 선별적 낙태 또는 여아의 유아 살해가 빈번해 인구 불균형으로까지 이어졌다. 남성이 여성보다 더 존중되는 나라에서 여아와 여성은 자원이 부족할 때 음식과 보건 서비스로부터 배제되며, 학교에 다닐 가능성도 낮다.

3. 현대의 젠더와 발전 접근

세계의 불평등을 발전의 한 요소 그리고 인권 이슈로 인식한 것은 그다지 오래되지 않았으며, 1970년대 여성도 발전 프로그램에 포함되어야 한다는 요구에서 최근에는 여성 차별법을 포함해 성 불평등을 만드는 사회적·문화적 요인들이 변화되어야 한다는 광범위한 인식으로 확대되었다. 여기에는 3가지의 접근으로 구분된다.

1970년대: 발전에서의 여성(Women in Development, WID)

이 접근은 양성 불평등을 인식하고 발전 프로그램과 이슈에 여성을 포함해야

정보

- 세계의 가장 빈곤한 10억 인구 중 60%가 여성과 여아이다.
- 세계의 9억 6000만 성인 중 글을 읽을 수 없는 사람의 2/3가 여성이다.
- 초등학교에 다니지 못하는 대부분의 아동은 여아이다.
- 여성은 세계 의회 의원 중 평균 16%만을 차지한다.
- 여성은 모든 곳에서 남성보다 소득이 낮은데, 그 이유는 여성이 저임금 직업에 집중되어 있고 같은 일을 하더라도 낮은 임금을 받기 때문이다.
- 보수 없이 가족을 돌보는 전형적인 여성의 역할은 세계경제 기여도에 대해서는 인정받지 못하고 있다.
- 모든 성인 여성의 절반가량이 가까운 파트너에 의해 폭력 피해를 겪고 있다.
- 여성에 대한 조직적인 성폭력은 최근에 일어난 거의 모든 분쟁에서 나타나고 있으며, 테러의 수단으로도 이용되고 있다.
- 사하라사막 이남 아프리카에서 HIV 감염자 중 57%가 여성이며, 15~24세 사이의 젊은 여성들이 같은 나이의 남성들보다 최소 3배 더 감염될 가능성이 높다.
- 매년 예방 가능한 임신 및 분만 합병증으로 50만 명이 사망하고, 1800만 명이 만성 장애를 겪는다.

유엔개발계획(UNDP), 성 평등의 심각성(Taking Gender Equality Seriously), 2006

한다고 요구한다. 이 접근은 불평등을 야기시키는 근본적인 사회적·문화적·법적·경제적 요인에 대한 도전에 실패했다는 약점을 가진다.

1980년대: 여성과 발전(Women and Development, WAD)

이 모델은 남성과 여성 모두 계급과 부의 분배를 포함한 세계경제 구조에 의해 불리해진 것으로 인식했다. 이 사고에 따르면, 여성은 항상 발전 과정의 한 부분이었지만 여성 참여는 불리해서 평등기회를 악화시켰다. 이 상황에서 여성의 지위는 국제적 구조가 보다 공정해져야만 향상될 수 있다.

1980년대 후반과 1990년대: 젠더와 발전(Gender and Development, GAD)

이 접근은 페미니스트 사고에 기반하지만, 발전이 남성과 여성 모두에게 영향을 미친다고 고려한다. 여기서 발전은 정치적·사회적·경제적 요인에 의해 영향을 받는 복잡한 과정으로 인식되었다. 국가는 특정 발전 단계나 상황에 속해 있는 것이 아니고(실상은 이보다 더욱 복잡함) 중요한 것은 공동체 내 약자의 역량을 강화해 이들의 삶을 개선하고 향상시키는 것이다. 또한 정부는 여성의 사회 재생

그림 10.1 산모 사망률(10만 출산당 사망), 2008

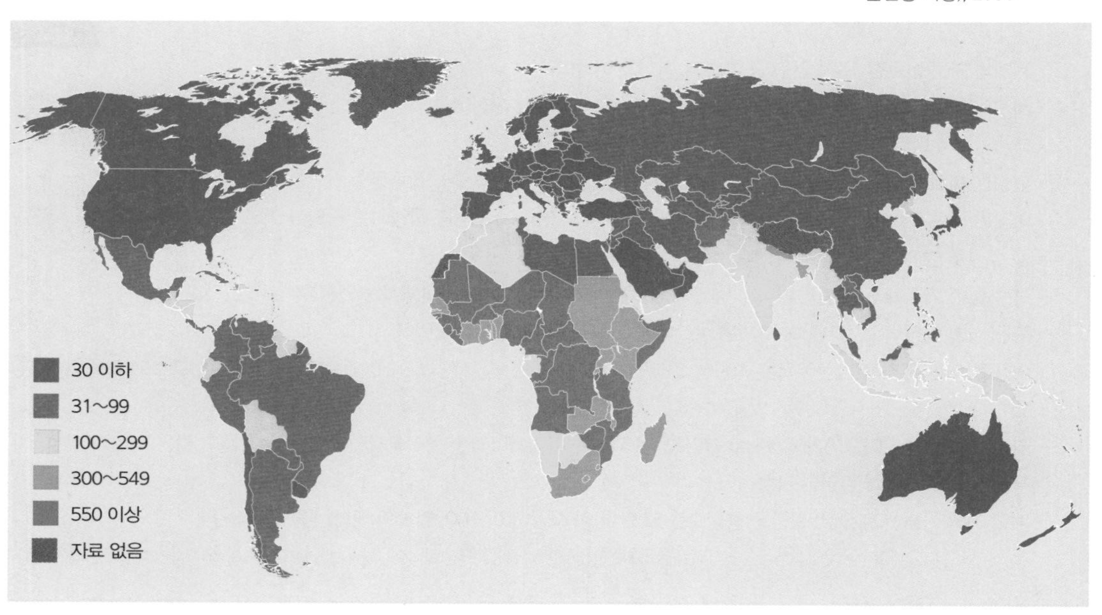

산 역할을 지원해야 한다.

2000년대

최근에는 인권에 기반한 접근과 여성 차별적인 법을 바꿀 필요에 초점을 맞추고 있다. 1979년 유엔총회에서 '여성에 대한 모든 형태의 차별 철폐에 관한 협약(CEDAW)' 채택은 점차 중요하게 드러나고 있다.

4. 양성 평등의 중요성

남성과 여성 사이의 불평등을 언급하는 것은 실제 경제를 이해하는 것이다. 여성이 동등하게 교육을 받을 수 있고, 점차 비즈니스와 경제적 의사결정에 충분히 참여할 수 있게 된다면 빈곤 극복에 큰 변화를 만들 수 있다. 여성 역량강화의 의미는 그들이 더 교육받을 수 있고, 더 건강하게 살 수 있다는 것이다. 재정적 자원을 이용할 수 있게 하고 취업 기회를 향상시키는 일은 가계 수입의 증대와 생활력

특집

소녀 교육의 여러 혜택

소녀 교육에 따른 장기적 혜택은 다음과 같다.

- 경제발전 향상: 수십 년간 기초교육의 확대와 경제발전 간의 관계에 대한 연구는 상당한 증거를 제시하며 소녀의 교육이 더욱 긍정적인 영향을 끼치는 것을 보여 준다. 여성의 교육수준을 남성과 동일한 수준으로 향상시키지 못한 국가들은 발전 노력의 비용을 증가시키고, 낮은 성장 및 수입 감소의 실패 대가를 지불한다.
- 후세대를 위한 교육: 교육받은 소녀가 엄마가 되면 자녀를 학교에 보낼 가능성이 높아지고, 그럼으로써 그들과 사회 모두에게 혜택이 이어지고 증가되며 세대 간 긍정적 영향을 미치게 된다.
- 보호: 교육받은 아동들은 인신매매나 노동 착취를 당할 가능성이 낮아지고, 학대나 폭력에 덜 취약하다. 그리고 소녀들이 이러한 폭력을 더 당하고 있기 때문에 교육은 그들의 보호를 위해 특별히 중요하다.
- 보다 건강한 가족: 교육을 많이 받은 여성의 아이일수록 보다 나은 영양상태를 보이고 병치레를 적게 하는 경향이 있다. 자녀의 건강과 영양에 대한 엄마의 교육적 노력이 매우 중요하며, 산모 교육으로 5세 미만의 아동 사망률은 매년 5~10% 감소한다.
- 임산부 사망률 감소: 교육을 받은 여성은 출산 중 사망 확률이 낮은 편이다. 학교 교육의 결과로 출생률을 줄인다는 의미는 매년 교육을 통해 여성 1,000명당 2명의 임산부 사망을 방지할 수 있다는 뜻이다.

UNICEF, 세계아동보고서(The State of the World's Children), 2004

을 높일 수 있게 한다. 또한 여성이 의사결정에 참여할 수 있는 자율성은 아동 영양상태 향상과 밀접한 연관이 있다. 유니세프(UNICEF)에 따르면 양성 평등에는 '이중배당'이라는 것이 있는데, 여성 자신의 삶의 향상뿐만 아니라 아이의 생존과 개발에도 영향을 미친다는 것이다. 교육을 받고 역량이 강화된 여성의 아이들은 또한 보다 건강하고 빈곤의 악순환에서 벗어날 수 있는 훨씬 나은 기회를 갖게 된다.

양성 평등과 여성의 역량강화가 새천년개발목표를 이루는 데 핵심적이고, 여러 분야에서 양성 평등에 대한 긍정적 경향들이 나타나지만 여전히 많은 우려가 남아 있다. 학교에 다니지 못하는 아동의 대부분은 여아이고, 개발도상국 여성 중 거의 2/3가 비공식적 분야에서 일하고 있다. 그 분야에서 여성들은 취업 기회가 불안하고 임금이 낮거나 무급의 가사노동을 하고 있다. 개발도상국에서 평등권 증진은 불공평하고, 일부 국가는 다른 국가보다 훨씬 두드러진 모습을 보인다. 문화와 종교가 그러한 발전을 막았던 사례들이 많으며, 세계 양성 평등을 위한 싸움은 길고 어려운 투쟁이 될 것이다.

'세계 성 평등을 위한 싸움은 길고도 힘든 투쟁이다.'

지속가능한 발전은 더 진전된 양성 평등 없이는 불가능하며, 국가, NGO, 유엔 그리고 여성의 삶의 향상을 주요 목표로 삼는 여러 기관이 실행한 성공적인 프로

특집

라이베리아 농촌지역의 소액대출은 여성의 역량을 강화

라이베리아 북부에 위치한 바르폴루주의 가마(Gharma) 지역 만델멜여성연합(Mandel-Mel Women's Union)은 소액금융대출 제도로 농업 프로젝트를 번창시키고 수천 달러의 수익을 만들어 냄에 따라 농업 생산이 점차 새로운 양상을 보이기 시작했다.

2009년 4월에 창립되어 25명의 지역 여성들로 구성된 이 연합은 마을저축대출협회(Village Savings and Loan Association)가 제공하는 소액대출 제도의 혜택을 최초로 받았다. 이 연합은 대출을 받아 10헥타르의 땅에서 파인애플, 카사바, 토란을 경작했는데, 생산성이 높아지면서 다른 작물도 도입하기를 바라고 있다.

이 프로젝트는 처음 마을저축대출협회를 통해, 유엔개발계획(United Nations Development Programme, UNDP)과 유엔자본개발기금(United Nations Capital Development Fund, UNCDF)이 공동으로 적립한 7,200달러의 소액대출로 시작해 현재까지 162,955달러의 기금을 누적시켰다.

마을저축대출협회에 의해 운영되는 소액대출 제도는 다양한 분야에서 운영되는 많은 현행 소액대출 계획 중 하나일 뿐이다. 모든 사례들이 만델멜여성연합의 파인애플 프로젝트와 같이 성공적이라고 할 수 없어도, 소액대출은 금융서비스를 지속가능하게 하고 라이베리아의 많은 저소득층 사람들의 생계를 향상시키는 데 도움을 준다.

유엔 라이베리아 뉴스, 2009년 12월 24일

젝트 사례들이 있다. 개발도상국의 여성 대부분은 보증된 안정적인 고용이 부족해 대출을 받을 수 없다. 이러한 문제를 극복하기 위해 많은 발전계획은 소액금융 대출 지원에 집중한다. 이는 아주 작은 액수라도 일반적으로 신용이 없는 가난한 사람들에게 대출을 해 주는 것이다. 이는 그들로 하여금 소규모 창업을 돕고 기업 활동을 장려해 주려는 목적이다. 상자글은 라이베리아에서 유엔으로부터 받은 기금으로 창업을 한 여성을 위한 소액대출 제도의 사례를 소개한다.

5. 양성 불평등에 대한 세계화의 영향

세계화는 양성 평등에 복합적인 영향을 주었다. 선진국에서의 세계화 영향 중에는 더 많은 여성이 일할 수 있는 기회를 갖고, 이전 세대와 달리 가족을 양육하고 보살피는 데 많은 시간을 쓸 수 없다는 점이 있다. 이러한 결과 중 하나는 개발도상국에서 온 여성을 값싼 노동력으로 활용하여 가족 부양의 부족한 부분을 채우는 것이고, 이는 다시 그 개발도상국 가족 부양의 공백을 만드는 도미노 효과를 일으킬 수 있다는 것이다.

페미니스트를 포함한 많은 관측자들은 세계경제의 성장으로 인한 다른 부정적

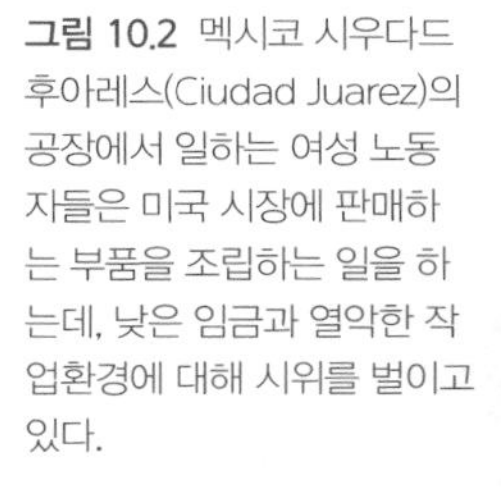

그림 10.2 멕시코 시우다드 후아레스(Ciudad Juarez)의 공장에서 일하는 여성 노동자들은 미국 시장에 판매하는 부품을 조립하는 일을 하는데, 낮은 임금과 열악한 작업환경에 대해 시위를 벌이고 있다.

증거

국제노동기구(ILO)에 의하면 세계적으로 최소 850개의 수출가공지구(EPZs)가 있는데, 그 숫자는 거의 1,000개에 가깝고 70개국에 약 2700만 명의 노동자들이 고용되어 있다고 한다. … 수출가공지구가 어디에 위치하느냐와 상관없이 노동자들은 놀라울 정도로 똑같은 이야기, 즉 스리랑카 14시간, 인도네시아 12시간, 남중국 16시간, 필리핀 12시간의 노동시간이 길다는 문제를 겪고 있다. 대다수의 노동자들은 여성이고 항상 젊은 층이며, 항상 하청업체나 재하청업체에서 일한다. … 운영방식은 군대식으로, 관리자는 자주 폭력적이고, 임금은 최저생계보장 이하이며 저숙련의 지루한 일을 한다. … 공포가 공단 전체에 돌고 있다. 정부는 외국 공장을 잃을까 봐 걱정하고, 공장은 유명업체 구매자를 잃을까 걱정한다. 그리고 노동자들은 그들의 불안정한 일자리를 잃을까 걱정한다.

나오미 클라인(Naomi Klein), 『노 로고(No logo)』, Knopf, 2000

증거

인도 방갈루루(Bangalore)의 한 소프트웨어 회사에서 일하는 비누타(Vinutha)는, "당신이 재정적으로 독립되었다면 다른 면에서도 독립입니다."라고 말한다. 그녀의 친구 락슈미(Lakshmi)도 동의한다. 락슈미는 본인이 원하는 아주 확실한 결혼관을 가지고 있다. 그녀는 계속 일을 할 것이고 성별에 상관없이 한 명 많게는 두 명까지 아이를 가질 것이다. 그리고 만일 남편이 본인에게 함부로 대한다면, 그녀는 '다른 남자를 찾을 것이다'.

『국제사회주의저널(International Socialism Journal)』, 2001년 가을

인 영향이 있다고 믿고 있다. 부유한 세계를 기반으로 하는 초국적기업들이 점점 더 가장 저렴한 노동력을 찾아 사업을 해외로 이전시키고 있다. 많은 개발도상국에서 여성의 낮은 지위는 여성을 가장 저렴한 노동력으로 이용할 수 있다는 것을 의미한다. 젊은 여성은 특히 착취에 취약한데, 직장 경험이 없고 직장에서 스스로 어떻게 방어해야 하는지를 알지 못하기 때문이다. 여성들의 장시간 노동은 그들이 정상적인 사회보호 구조로부터 차단되어 있고, 고분고분하고 민첩한 노동자로 정형화된 이미지를 갖고 있음을 의미한다. 특히 최근 산업화된 국가에서 여성들이 하는 대부분의 일은(가령 중국 경제특구나 멕시코의 마킬라도라) 엄격하게 조직화된 환경에서 반복적인 조립작업을 하는 것이다. 공장 밖에서의 삶 역시 장시간 노동과 대기업이 현지 생활에 미치는 침입적인 영향으로 인해 피해를 받는다.

초국적기업은 개발도상국에서 노동자 처우에 대해 강한 비판을 받아 왔으며, 많은 기업들이 이런 부정적 평판이 기업 이미지에 미치는 영향을 고려해 민감하

게 반응했다. 개발도상국에서 노동자의 권리, 특히 취약한 여성 노동자를 학대했다고 비난을 받아 온 유명 기업들은 많아서 긴 명단을 작성할 수 있다.

세계화에 대한 긍정적인 영향 또한 언급할 수 있다. 예를 들어 많은 여성들이 직장에서의 경험, 그리고 다른 여성들을 만나며 관계를 만드는 기회를 통해 이전의 고된 삶에서 해방되었다. 한 연구는 동남아시아 국가의 여성 공장 노동자들은 시골지역에 남아 있는 여성들보다 결혼에 대한 선택의 폭이 넓다는 것을 포함하여 보다 개인적인 자유를 얻었다는 결과를 제시한다.

양성 평등에 대한 세계화의 영향과 관련된 증거는 그 과정이 개발도상국의 수

증거

퍼다(Purdah) 극복하기

방글라데시에서 여성의 노동시장 참여는 비교적 새로운 현상이다. 이 무슬림 국가의 퍼다 또는 베일을 쓰는 분위기에서 여성을 위한 공공장소는 없다. 시골지역의 학교 교사들은 항상 남성이고, 도시 보건 분야에서는 여성 간호사를 고용하는데 이는 매우 작은 규모로 인구의 5% 미만이다.

방글라데시의 1억 3000만 인구의 절대다수는 농촌지역에 거주하고 농업을 수입원으로 삼는다. 따라서 의류 공장에서 90%가 여성으로 구성된 약 100만 명의 노동자를 고용하는 것은 과거에는 없던 새로운 일로, 많은 경제 전문가들이 이 새로운 발전현상을 높이 평가하는 것은 당연하다. 소액대출을 받아 금융시장에 들어가거나, NGO 혹은 공공 및 민간 단체에서 일자리를 찾거나, 가정부로 다른 나라로 이주하는 이 여성들은 유례없는 규모로 자신들의 베일을 벗고 집 밖으로 나서고 있다.

파리다 칸(Farida Khan), 『열린 민주주의(Open Democracy)』, 2004년 4월 14일

특집

발전에서 젠더에 초점을 맞추며 생기는 혜택

- 젠더 관계에서 긍정적인 변화와 여성을 더 존중하는 사회적 태도
- 공동체에서 여성의 의사결정 및 정치 참여의 증가
- 법적 권리에 대한 여성의 지식 증가
- 여아들이 학교에 다닐 수 있는 가능성 향상
- 여성에 대한 폭력 감소
- 가족계획, HIV 등 성병에 대해 남성과 여성 사이에 의사소통의 향상과 상호 지원
- 여성의 건강문제에 대한 남성의 지식 증가
- 육아, 노동과 생식(生殖) 건강 문제에 대해 남성과 여성 사이의 공동 역할과 책임에 대한 태도 변화

UNFPA, 『세계인구보고서(State of the World Population)』, 2005

백만 명의 삶을 변화시키며 영향을 미치기 때문에 지속적으로 검토되어야 할 것이다.

서로 다른 국가의 여성의 경험은 뚜렷한 대조를 보이기도 한다. 이는 끊임없이 일부는 좋은 쪽으로, 일부는 나쁜 쪽으로 변화를 겪고 있는 역동적인 이슈이다. 최근 양성 평등을 이루려는 세계적 발전은 제14장에서 새천년개발목표(MDGs)를 검토하여 더 많은 증거를 찾아볼 수 있다.

다음 두 가지 사례 연구는 서로 뚜렷한 대조를 보인다. 케냐의 사례는 여성이 두 성별 사이에 좀 더 평등한 관계로 도움을 받기 위해 사회 및 문화적 요인들이 극복되어야 하는 것을 보여 준다. 한편, 전통적인 일본 사회도 가부장적이지만 지난 30년간의 경제 및 사회 변화는 일본 여성이 사회에서 그들의 역할을 인식하는 방식에 깊은 영향을 주었다.

전통과 단절하기

케냐의 기본 통계

총인구	3990만 명
1인당 국민총소득	$770
임산부 사망 위험성	39명당 1명
피임용구 보급	46%
남성 대비 여성의 문자해득률	92%

케냐는 남편이 가정의 가장이고, 여성은 종종 자신의 삶에 영향을 미치는 사안들에 대해 결정을 못하는 전통적이고 가부장적인 사회 특성을 가지고 있다. 여성 중 재산이 있거나 자신들이 일하는 토지를 소유하고 있는 비율은 5%에 불과해, 이는 경제적 어려움의 주된 원인이며 남성 의존도를 높이게 된다.

전통과 문화는 자주 서로 결부되어 케냐 여성들의 삶을 매우 힘들게 만든다. 여성이 남편과의 성관계를 거부하기는 매우 어렵다. 일부 지역공동체에서는 남편이 사망하면 친인척이 미망인과 자녀의 상속권을 박탈해 그들이 생계수단 없이 살아가도록 방치한다. 미망인이 남편의 가족으로부터 재산을 되찾기 위해 결혼을 입증하는 것은 또 다른 문제이다. 강제 결혼 역시 일부 공동체에서는 관습이다. 남편 사망 시, 여성은 그의 형제나 가까운 친인척에게 상속될 수도 있다. 이런 새로운 결혼이나 성관계에 대한 여성의 동의는 필요 없다. 폭력은 많은 여성들의 삶에 흔한 일이다.

강제 결혼을 한 여성들은 결혼과 관련된 건강상의 위험에 노출된다. 이들은 HIV에 감염되어 결국 AIDS로 사망할 수도 있다. 인구 중 높은 HIV 감염률은 여성과 아동에 대한 성폭력이 바이러스를 전염시켜 질병과 죽음이라는 매우 위험한 결과로 이어진다는 것을 의미한다. 여성 성기절제 시술이 만연해 있는데, 전국적으로 케냐 여성의 50%가 이로 인해 고통받고 있다.

토지와 노동권에 대한 권리

케냐 농촌의 대다수 지역에서 토지에 대한 권리는 필요한 생존수단을 제공한다. 이는 안전을 보장하고 더 많은 투자와 생산성으로 이어질 수 있다. 공식적인 법률로 여성은 아버지나 사별한 남편으로부터 토지를 물려받을 권리가 있지만, 실제로 문화와 제도적 장벽으로 인해 권리를 주장하지 못하는 경우가 빈번하다. 결과적으로 여성은 갈수록 더 소외되고 극심한 빈곤으로 내몰린다. 여성을 가사로만 제한하는 것 또한 여성이 외부에서의 일처리에서 자신들의 권리를 인지하기 어렵게 만든다. 여성과 관련된 기관들 역시

케냐의 마라크웨트 구역에서 땔감을 가지고 집으로 돌아가는 여성

여성 소외를 강제해 문제를 악화시키는 전통문화에 익숙해져 있다.

이러한 가부장적인 사회에서 여성은 국가 거버넌스에 대한 통제를 거의 하지 못한다. 여성은 공공부문 인력의 30%만 차지하고, 220명의 선출 국회의원 중 22명만이 여성이다.

농촌 토지 관리

케냐 농촌지역 인구의 절반 이상이 여성이고, 그들은 주로 가족의 식량을 생산하는 일을 책임지고 있다. 그들은 일반적으로 식량 생산뿐만 아니라 연료용 땔감을 모으고 가정용수나 요리와 관련된 노동력의 80% 이상을 제공하고 있다. 토지 관리에 중점을 둔 케냐의 발전계획이 성공하려면 여성 참여의 중요성을 인식해야 한다. 여성들은 토양의 영양분이 고갈되고 생산량이 감소할 때 농사법을 바꾸거나 토양 보충을 위해 거름 주는 일 등 개선의 책임을 진다.

도시화는 많은 남성들이 도시로 떠나는 것을 의미하고, 농촌지역의 여성 집단이 묘목을 키우는 것부터 시작하여 상수도를 개선하거나 삼림벌채를 막는 프로젝트에 대다수 관여하게 된다. 농촌지역에서의 여성의 역할에 대한 중요성을 인식하고 교육과 프로젝트에 참여시켜 이들의 지위를 향상시키는 것은 대부분의 NGO들이 우선순위로 두고 있는 일이다.

사례 연구
일본

여성의 변화

일본의 기본 통계

총인구	1억 2720만 명
1인당 국민총소득	$37,870
산모 사망 위험성	12,000명당 1명
피임용구 보급	54%
여성의 중등학교 등록률	100%

삿포로
일본
도쿄
나고야
교토
히로시마
요코하마
오사카

1960년대 일본의 높은 경제성장률은 생활수준의 향상과 과학 및 기술의 혁신과 같은 급격한 변화를 가져왔다. 국가 부의 증대로 인해 기대수명이 연장되고, 출생률이 낮아졌으며, 교육수준이 향상되었다. 이는 가정생활뿐만 아니라 특히 여성의 삶에 영향을 미쳤다. 여성들은 경제 및 사회 활동에 훨씬 더 많이 참여하기 시작했지만, 여성은 집에 있어야 한다는 전통적 사고는 아직도 깊게 뿌리내리고 있다.

1990년대 중반 아시아 경제 위기에 일본 고용주들은, 특히 서비스 분야에서 비용 절감을 위한 보다 저렴한 노동력으로 여성을 고용했다. 그 결과 여성은 일본 노동시장에서 중요하게 자리 잡게 되었다. 1985년 노동인구에서 여성이 차지하는 비율은 35.9%였는데, 2008년에는 40.8%였다.

직장에 나가는 여성의 수는 늘었지만, 여성들은 여전히 과거에 해 오던 가정에서의 역할도 수행해야 했다. 정부에서 실시한 1995년 연구에 따르면, 전일제로 일하는 맞벌이 부부의 경우 여성은 하루 평균 3시간 이상 집안일을 하는 데 비해 남성은 26분만을 사용한다. 이와 더불어 대부분의 남성이 장시간 일을 하고, 탁아소 이용이 제한적이라는 점 때문에 많은 여성들에게 결혼은 매력적인 요소로 다가오지 않는다.

전통적인 여성 역할로부터 거리를 두고 있는 도쿄의 10대 여성들

이는 왜 지난 20년간 더 많은 젊은 여성들이 결혼을 하지 않는지를 설명해 준다. 30대 여성 4명 중 한 명, 그리고 40대 여성 10명 중 한 명이 미혼이며 그 숫자는 증가하고 있다. 일본에서 독신으로 살아간다는 것은 대개 자녀를 갖지 않을 것을 의미하는데, 이는 한부모가 되는 것이나 한부모의 자녀가 된다는 것은 여전히 일본 사회에서 사회적 낙인을 짊어지는 것이기 때문이다.

독신을 선택하는 여성이 점점 늘어난다는 것은 중요한 변화가 일어나고 있다는 징후이다. 2020년까지 일본 가구의 약 30%는 독신일 것이다. 정부 통계에 따르면, 도쿄에서는 그 수치가 40% 이상이다. 30대 초반 일본 남성의 약 43%가 미혼인 상태인데, 이는 1980년대보다 2배로 증가한 것이다.

이러한 불가피한 결과 중 하나는 여성이 아이를 갖는다고 하더라도 훨씬 나중에 갖는다는 것이다. 일본의 출생률은 선진국에서는 가장 낮은 나라로, 1990년 여성 1명당 1.54에서 2008년 1.29로 하락했다. 일본의 인구는 2010년 1억 2800만 명으로 절정에 달하고 그 뒤로는 2026년 1억 2000만, 그리고 2050년에는 1억 명으로 인구가 감소할 것으로 예상하고 있다. 일본의 높은 기대수명은 그 자체로 문제이다. 여성의 평균 기대수명은 86세이고, 남성은 79세이다. 점차 비용을 지불하는 노동자의 수가 적어지는 상황에서 연금수령 인구의 비율이 높아지고 수령 기간이 늘어나기 때문에 국민연금제도는 파산 직전의 위험에 처해 있다.

일부 일본 정치지도자들은 가정에서의 전통적인 역할을 거부하는 독신 여성들을 비난했다. 모리 요시로(森喜郎) 전 총리는 출산을 하지 않는 여성은 연금을 받지 말아야 한다고 주장했다. 그는 "복지는 마땅히 아이를 많이 낳은 여성들을 보살피고 보상하기 위한 것이다. 자유의 찬가를 노래하며 이기적인 노후의 삶을 사는, 그러면서 아이는 한 명도 낳지 않는 여성에게 세금을 사용해야 한다고 말하는 것은 어불성설이다."라고 말했다.

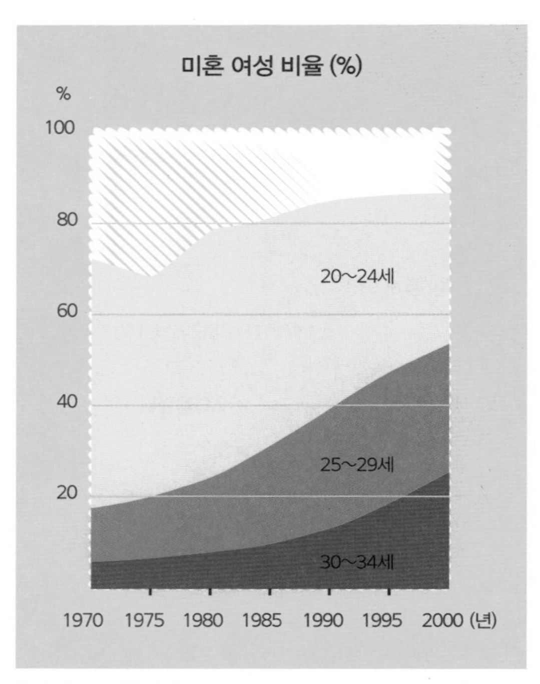

출처: 「국가생활백서(White Paper on National Lifestyle)」, 2002

이주 11

핵심내용

이주는 발전에 부정적인 영향을 미치는가?

- 대체로 이주는 발전수준의 지리적 불평등을 반영한다.
- 경제적·사회적·정치적·환경적 요인들이 이주를 야기한다.
- 어떤 경우 갈등으로 인한 이주도 발생한다. 갈등은 발전에 부정적 영향을 미친다.
- 국내 및 국제 이주는 이주가 발생하는 지역 발전을 촉진하기도 하고 방해하기도 한다.

인류의 이주 역사는 매우 오래되었다. 이주는 오늘날 인류의 문화와 사회를 형성한 주요 요인이다. 오스트레일리아, 캐나다, 뉴질랜드, 미국 등은 지난 몇 세기 동안의 연속적인 이주의 결과로 형성된 국가들이다. 이주는 단거리 이주와 장거리 이주, 국내 이주와 국제 이주, 자발적 이주와 강제적 이주 등으로 구분될 수 있다. 이주의 패턴과 이유는 매우 다양하며 각기 독특한 특성이 있다. 가장 일반적인 이주 형태는 국내에서 이루어지는 농촌으로부터 도시로의 이주인데, 이는 대개 개발도상국에서 뚜렷하게 나타난다. 이러한 도시화 현상은 수백만 명의 농촌 주민들이 자신의 삶을 개선하려는 목적에서 나타난다. 그 결과 개발도상국에서는 거대한 도시가 형성되지만 대규모 유입 인구에 필요한 도시 서비스는 충분하지 않다. 개발도상국 도시의 급속한 성장은 현대 인문지리학의 주요 이슈 중 하나이다.

- 오늘날 세계의 국내 이주 인구는 7억 4000만 명으로 추산된다. 이는 국제 이주보다 거의 4배나 많은 규모이다.
- 국제 이주 인구 중 약 1/3에 해당되는 7000만 명이 개발도상국에서 선진국으로 이주한다.

• 2억 명에 달하는 국제 이주 인구는 대체로 개발도상국 간에 또는 선진국 간에서 나타난다.

1. 사람들은 왜 이주를 하는가?

오늘날 가장 주요한 국제 이주 인구는 이주노동자들이다. 이들은 보다 높은 임금과 일자리의 기회가 있는 국가로 일시적으로 이동하는 사람들이다. 예를 들어, 쿠웨이트에는 약 30만 명에 달하는 방글라데시 및 필리핀 출신 여성 이주노동자들이 가사도우미로 일하고 있고, 사우디아라비아에서는 수많은 젊은 파키스탄 출신 남성 이주노동자들이 건설업에 고용되어 일하고 있다. 카타르, 바레인, 아랍에미리트연방 등 페르시아만 일대의 아랍 국가들은 상대적으로 부유하면서도 인구는 적기 때문에 세계에서 이주노동자를 가장 많이 고용하고 있는 지역이다. 이 지역 대부분의 국가는 이주노동자가 전체 노동인력의 최대 80%까지 차지하고 있다. 이러한 이주노동자들은 대개 필리핀, 인도네시아, 스리랑카, 네팔, 방글라데시 출신이다. 오늘날 필리핀 전체 인구의 약 10%에 해당되는 800만 명이 이주노동자로 생활하고 있다.

그림 11.1 세계의 외국 태생 인구와 지역별 이주민

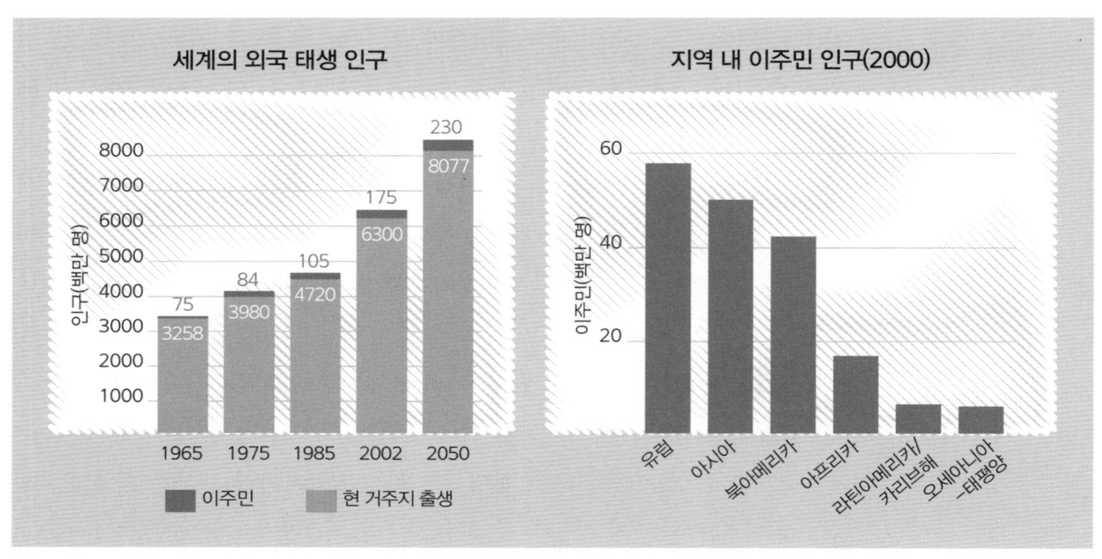

특집

'난민'-법적 정의

난민(refugee)은 난민 자격을 규정하고 있는 1951년 제네바협약의 정의를 충족하는 사람을 지칭하는 법적 용어이다. 제네바협약은 국제 난민을 규정하고 있으며, 이 규정은 제네바협약에 서명했던 모든 국가에 공통적으로 적용되는 사항이다.

제네바협약에 따르면, 어떤 사람이 난민으로 인정을 받기 위해서는 자신이 "인종, 종교, 국적 또는 특정 사회집단의 구성원 신분 또는 정치적 의견을 이유로 박해를 받을 우려가 있다는 충분한 이유가 있는 공포로 인하여 국적국 밖에 있는 자로서 그 국적국의 보호를 받을 수 없거나, 또는 그러한 공포로 인하여 그 국적국의 보호를 받는 것을 원하지 아니하는 자 및 이들 사건의 결과로서 상주국가 밖에 있는 무국적자로서 종전의 상주국가로 돌아갈 수 없거나, 또는 그러한 공포로 인하여 종전의 상주국가로 돌아가는 것을 원하지 아니하는 자"임을 제시할 수 있어야 한다.

이 정의는 다양한 세부 사항들로 나누어진다. 망명 신청에 성공하기 위해서는 모든 세부 사항이 자신에게 적용된다는 것을 입증해야 한다. 만약 일부의 규정이라도 자신에게 적용되지 않는다면 망명 신청은 통과되지 않을 것이다.

"충분한 이유가 있는 공포(well-founded fear)": 이것은 자신이 정말로 원래의 국적국이나 상주국가로 돌아가는 것을 진실로 두려워해야 한다는 것을 말하며, 이때의 공포는 해당 국가의 상황에 대해 알고 있는 일반적인 사람이라면 누구나 공통적으로 가지는 두려움을 뜻한다. 공포는 상황 속에서 이해되어야 한다.

"박해(persecution)": 제네바협약 자체는 박해를 정의하지 않지만, 대체로 박해란 한 개인의 삶이나 자유에 대한 위협 또는 여타의 심각한 인권 침해를 의미한다. 또한 보다 덜 심각하더라도 침해의 여지가 있는 요소들이 지속됨으로써 박해에 상응하는 정도까지 누적되는 경우도 이에 해당된다. 차별 그 자체가 반드시 박해에까지 이르지는 않는다. 그러나 만일 어떤 차별이 다른 사람으로 하여금 생계를 유지하거나 종교활동 및 교육과 같은 일반적 혜택을 누리기 힘들게 만들거나 누리지 못하게 만든다면, 이 차별은 박해에 이를 수도 있다.

"인종, 종교, 국적 또는 특정 사회집단의 구성원 신분 또는 정치적 의견을 이유로": 이는 '협약 이유(Convention Reasons)'라고도 불리는 내용으로서, 만일 어떤 사람이 박해를 받고 심하게 부당한 대우를 받는다고 할지라도 이런 이유 중 어느 하나라도 해당되지 않는다면 난민으로 간주되지 않는다.

"국적국 밖에 있는": 이는 매우 중요한 부분으로서, 국적국 내에 머무르고 있는 상태에서는 난민이 될 수 없음을 말한다. 제네바협약에 근거하여 난민으로 간주되려면, 반드시 본래의 국적국을 벗어나 다른 나라에서 망명을 신청해야 한다.

"돌아갈 수 없거나 또는 그러한 공포로 인하여 종전의 상주국가로 돌아가는 것을 원하지 아니하는": 이는 본래의 국적국으로부터 보호를 받을 **방도가 없어야** 함을 말한다. 가령 내전이나 소요사태가 발생한 경우 또는 국적국 정부가 당사자의 보호 요청을 거절한 경우 등과 같이 자신을 보호하는 것이 자신의 통제를 벗어난 상태에 있어야 한다. 만일 자신이 국적국의 보호를 받는 것을 **원하지 않는** 경우라면, 박해에 따른 '충분한 이유가 있는 공포'의 결과라고 간주되지 않는다. 만일 성공적으로 난민 자격을 얻기 위해서는, 자신에 대한 위험이 국적국 내의 어디에서든지 상존하므로 국적국에서는 어떠한 안전도 보장받지 못한다는 것을 납득시켜야 한다.

이즐링턴법률센터(Islington Law Centre), 2008

한편, 많은 사람들은 이라크, 아프가니스탄, 소말리아, 발칸 제국, 중앙아프리카 일대 등 세계의 곳곳에서 벌어지는 갈등 때문에 폭력을 피하기 위해 강제적으로 자국을 떠나고 있다. 난민을 수용하는 국가 내부에서는 생존의 위협에 대한 공포 때문에 이주해 온 사람들과 가난을 벗어나 보다 나은 삶을 위해 이주해 온(경제적 목적을 띤) 사람들 사이에 긴장이 조성되어 있다. 이들을 구별하는 것은 매우 어렵다. 그래서 최근에는 이른바 '망명 신청자(asylum seekers)'라는 용어로 이들을 포괄적으로 기술하곤 한다. 영국은 다른 국가들과 마찬가지로 망명 자격을 취득해서 영구 거주하는 것이 쉽지 않다. 앞의 특집은 영국에서 난민 자격을 신청하는 사람들을 위한 몇 가지 당부 사항을 포함하고 있다.

2. 이주에 관한 이론

이주 패턴은 복잡하지만, 이주가 왜 발생하는지에 관한 여러 이론이 제시되어 왔다. 이러한 이론들은 일반적 원리를 상당히 단순화한 것인데, 에르네스트 라벤슈타인(Ernest Ravenstein, 1889)의 이론처럼 오래전의 이론도 오늘날 상당한 설득력이 있다.

라벤슈타인은 흔히 초창기 이주 이론가로 잘 알려져 있다. 그는 잉글랜드와 웨일스의 인구조사 정보를 사용해서 소위 '이주의 법칙'을 제시한 바 있다. 그의 이론에 따르면 이주는 배출/흡인(push/pull) 과정에 의해 결정된다. 배출 과정은 어떤 장소에서 사람들을 다른 곳으로 밀어내는 불리한 조건을 가리키는데, 여기에는 압제적 법률, 박해, 높은 세금 등이 포함된다. 흡인 과정은 어떤 장소가 다른 곳으로부터 사람들을 유인하는 조건으로서 보다 나은 보건시설, 더 많은 취업기회 등이 포함된다.

라벤슈타인의 법칙에는 다음의 내용이 포함된다.

- 이주의 주요 원인은 보다 나은 외부의 경제적 기회이다.
- 이주의 규모는 거리가 증가함에 따라 감소한다.
- 이주는 한꺼번에 일어나기보다는 단계적으로 이루어진다.
- 성, 연령, 사회계급 등의 요인은 개인의 이주 역량에 영향을 끼친다.

라벤슈타인을 추종한 여러 이론가들은 대개 그의 이주 모델을 수정하여 제시했다. 스토퍼(Stouffer)는 개입 기회 이론을 제시하면서 두 지점 간의 이주 규모는 두

표 11.1 이주의 관찰과 설명

관찰	설명
대부분의 이주는 단거리에서 발생한다.	이주는 기술, 교통, 열악한 통신의 제약을 받는다. 사람들은 자기 주변 지역의 기회에 대해 더 잘 알고 있다.
이주는 단계적으로 일어난다.	보통 이주는 농촌에서 작은 도시로, 작은 도시에서 더 큰 도시로 일어난다. 사람들은 도시의 계층성에 영향을 받는다.
대도시에서는 인구의 유입뿐만 아니라 인구의 유출도 동시에 나타난다.	부유한 사람들은 도시를 벗어나 도시 주변지역으로 이주한 후 통근하며 생활한다.
장거리 이주자는 대도시로 이주할 가능성이 높다.	멀리 떨어진 곳의 사람들은 대도시 지역의 기회만 알고 있다.
도시 주민들은 농촌 거주자들에 비해 이주 경향이 약하다.	농촌지역에서는 기회가 거의 없기 때문이다.
단거리 이주 경향은 여성이 남성에 비해 강하다.	여기에는 결혼이나 여성의 낮은 사회적 지위가 영향을 끼친다.
이주는 기술의 발달로 더욱 늘어나고 있다.	교통, 통신의 발달과 정보 접근성의 향상에 따른 결과이다.

그림 11.2 코스타리카의 몬테베르데(Monteverde)에서 커피콩을 수확하고 있는 니카라과 출신의 이주노동자

지점 간의 거리보다는 인구 규모와 기회의 영향을 받는다고 주장했다. 1960년대의 중력 모델(gravity model)은 이주의 규모는 이주의 기원지와 목적지 간의 거리에 반비례하고 인구 규모에 정비례한다고 제시했다.

에버렛 리(Everett Lee)의 모델은 배출/흡인 메커니즘을 일부 수정 제시했는데,

이주가 발생하려면 그 이전에 개입장벽이 제거되어야 한다고 보았다. 이는 보다 행태적인 모델에 가깝다고 할 수 있는데, 이주의 기원지와 목적지의 속성에 대한 인식이 연령, 성, 혼인 여부 등 개인적 특징에 따라 다르다고 보았다.

리의 이론을 따르자면, 거리나 물리적·정치적 장벽과 같은 변수가 이주를 가로막을 수는 있지만, 연령, 성, 교육수준, 사회계급 등은 개인이 이러한 개입장벽에 어떻게 대응하는가에 영향을 주므로 결국 이주는 선택적인 과정이다.

국제 이주 패턴에 대한 이론 또한 배출/흡인 모델을 변용하고 있다.

- 신고전주의 경제이론에 따르면, 노동 공급은 적지만 수요가 많은 국가는 임금이 높기 때문에 노동 공급의 잉여가 나타나는 국가로부터 이주자들을 흡인한다.
- 분절노동시장(segmented labour-market) 이론은 이보다 복잡한데, '선진' 경제는 안정적이고 임금이 높은 1차 노동시장과 저임금의 2차 노동시장으로 분절되어 있기 때문에 대개 일정한 수준의 인구 유입을 필요로 한다고 본다. 이에 따르면, 전체 경제가 기능하는 데 꼭 필요하지만 노동조건이 열악해서 자국 인구가 기피하는 일자리를 채우기 위해 이주민이 유입, 고용된다.
- 세계체제론(world system theory)에 따르면 국제 이주는 글로벌 자본주의의 불가피한 결과이다. 부유한 국가의 산업 발전은 구조적 문제를 갖고 있기 때문에 이주는 핵심부에서 주변부를 향해 일어난다. 이주는 빈곤국가의 '배출' 요인 때문에 발생하며, 이는 선진국이 부유해진 과정의 결과이다. 가령 개발도상국에서는 상품작물을 재배하기 때문에 기존의 자급자족적 농민이 몰락한다.

최근에 발생한 대규모 이주는 중국의 사례에서 찾아볼 수 있다. 중국에서는 시골에 거주하는 많은 인구가 한창 번영 중인 도시로 일자리를 찾아 이주하고 있다(다음 중국의 사례 연구를 참조).

정치적 갈등이나 환경재해로 인해 발생한 난민의 이주는 이와는 성격이 다르다. 아프리카에서는 1970년대에 난민과 역내난민(Internally Displaced People, IDPs)이 70만 명에 불과했지만 오늘날은 700만 명에 달한다. 이렇게 난민이 크게 증가한 주요 원인은 정치적 갈등 때문이다. 원래 난민이란 일시적인 문제이며 비교적 단기간 내에 다시 원래의 집으로 돌아갈 수 있는 사람들을 가리킨다. 그러나 최근 들어 난민은 장기적인 이슈가 되어 가고 있다. 난민을 수용하는 정부는 비교적 단기적인 계획만을 갖고 있기 때문에, 유입된 난민이 해당 국가에 장기간 체류하면서 발생할 수 있는 사회적·환경적 문제에 대응하는 데 실패하고 있다.

1994년 르완다에서 많은 투치족(Tutsi) 난민이 발생하게 된 사례는 이 점을 잘 보여 주고 있다. 투치족에 대한 대량 학살로 인해 많은 난민이 주변 국가로 유입되었고, 이들이 미친 사회적·환경적 영향은 상당 기간 지속되었다. 수만 명의 난민들이 이들을 수용할 수 있는 시설이 미비한 상태임에도 불구하고 피난처를 찾고 있다.

대규모 국내 이주

중국의 기본 통계

총인구	13억 4570만 명
인구 성장률	0.8%
1인당 국민총소득	$3,620
기대수명	73세
도시 인구 비중	46%
연평균 도시 인구 성장률	3.5%

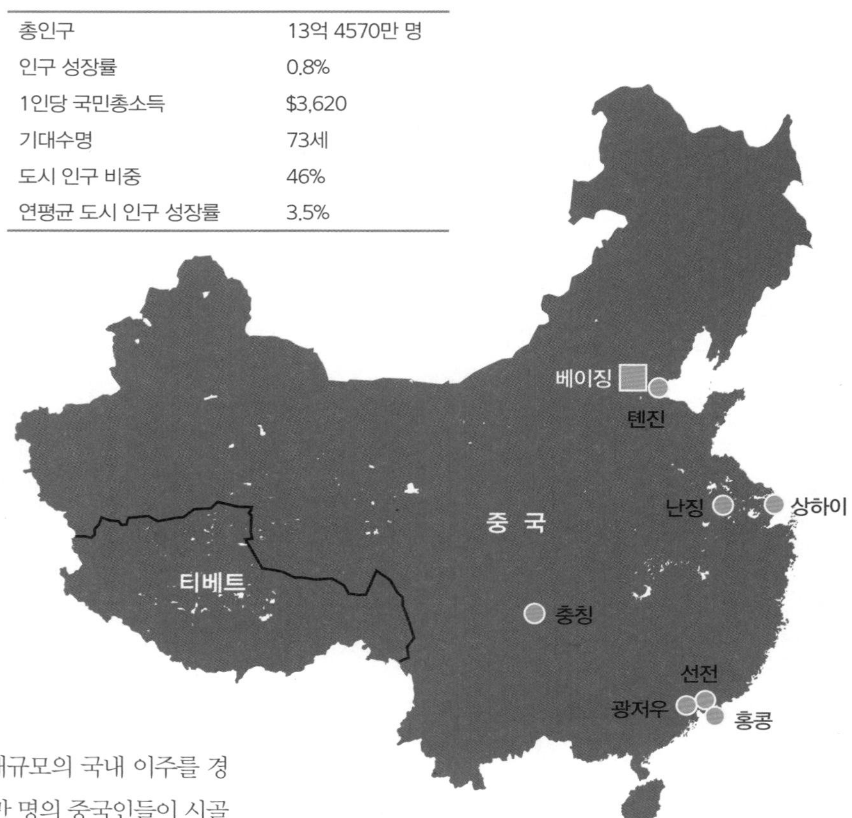

중국은 역사상 유례없는 대규모의 국내 이주를 경험하고 있다. 최근 2억 3000만 명의 중국인들이 시골을 떠나 도시로 이주했다. 이들은 흔히 '표류노동자(floating workers)'라고 불린다. 매년 1300만 명씩 표류노동자들이 늘어나고 있다. 많은 이주민들이 일자리를 찾아 집을 떠나고 있으며, 철도여객 운송은 이를 감당하지 못하고 있다. 1990년대 말 후난성(湖南省)에서는 1만 명이 화물열차를 타기 위해 몰려들었다가 52명이 인파에 밟혀 사망하는 사건이 발생했다. 춘절 등의 주요 명절 때에는 고향의 가족을 방문하려는 많은 노동자들로 인해 대중교통이 마비되곤 한다. 이러한 노동 흐름은 대체로 내륙지역에서 해안지역을 향해, 중부 및 서부에서 동부를 향해 나타난다.

이러한 대규모 이주의 발생 원인을 이해하는 것은 그리 어렵지 않다. 많은 농부와 농장 노동자들은 농기계의 도입 등 농경의 현대화로 인해 일자리를 잃게 되었다. 농촌의 1인당 소득은 도시의 20% 수준에 불과하다. 이주민이 많이 발생하는 지역에는 쓰촨(四川), 후난(湖南), 허난(河南), 안후이(安徽), 장시(江西) 등이 포함된다. 이들은 대개 베이징(北京), 상하이(上海), 선전(深圳) 등 해안의 대도시로 이동하며, 해안 대도시에 비해 일자리를 위한 경쟁이 덜 치열한 내륙의 도시로 이동하기도 한다.

이주민들은 대개 임금이 낮고 노동조건이 열악한 공장, 건설현장, 광산, 철도 및 도로 등에서 일한다. 여성들은 대부분 저임금의 제조업 또는 서비스업 직종에 고용된다. 이들의 평균 임금은 월 100달러 정도이며, 이 중 1/3을 고향의 가족에게 송금한다. 통계적으로 말해 이주노동자가 최소한 한 명이 있는 가정은 자동적으로 빈곤선(하루 1달러)을 넘어서게 되는 것이다.

중국에서는 중앙계획경제하에 농촌에서 식량을 생산해야 할 필요성으로 인해 오랫동안 이주에 제약이 있었다. 인구를 농촌 거주자와 도시 거주자로 이분화한 후 엄격한 인구등록 시스템을 유지해 왔다. 오직 도시 거주자로 등록된 사람들만이 도시에서 살 수 있었으며, 만약 도시 거주자로 등록되지 않은 농촌 출신의 이주민은 발각될 경우 감옥으로 갔다. '후커우(戶口)'는 공식적인 가구 등록(호적)을 지칭하는 용어로, 어떤 사람의 출신지가 원래 어디였는지를 기록한 것이다. 공식적인 허가를 받지 못한 이주노동자들은 어려운 생활을 보내야 한다. 이들은 교육수준이 낮고 사회적 역량이 부족해 도시 거주민들로부터 차별을 받는다. 이들의 임금은 다른 노동자보다 낮고, 주택, 의료, 자녀 교육 등 도시 거주민들이 받는 기초적인 사회 서비스를 받을 수 없다. 물론 어떤 도시에서는 이주민들에게 도시 거주 자격을 부여하는 데에 유연한 정책을 취하기도 하지만, 대개의 이주노동자들은 어려운 생활을 하고 있다.

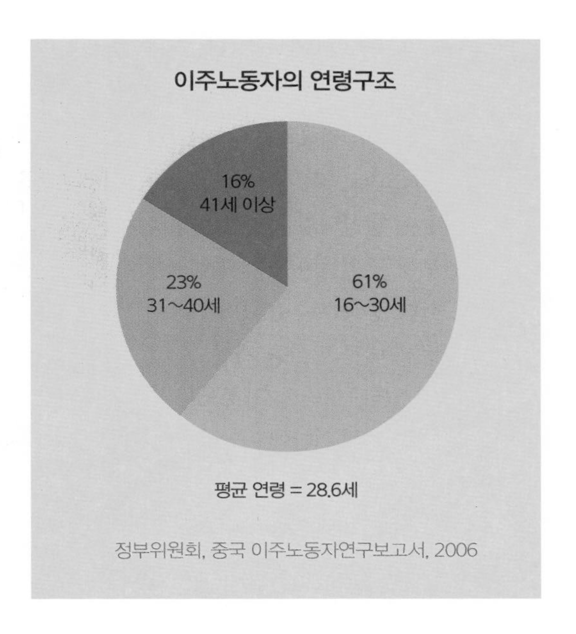

정부위원회, 중국 이주노동자연구보고서, 2006

광둥성(廣東省) 남부는 중국에서 산업이 급속히 성장하는 지역의 하나로 후커우 허가 시스템을 끝낼 계획에 있다. 왜냐하면 이 지역 인구 1억 1000만 명 중 1/3이 이주노동자들이기 때문이다. 이 지역은 경제성장률이 워낙 높기 때문에 공장의 인력 수요를 맞추기 위해 이주노동자들의 유입을 필요로 한다. 1000만 명으로 추산되는 이주민들이 주장강삼각주(珠江三角洲)에 집중되어 있으며, 여기에는 50만 명에 달

증거

"결국에는 후커우(戶口) 제도를 폐지하는 것이 도움이 될 것 같습니다. 하지만 시골 출신의 이주민들에 대한 뿌리 깊은 편견을 근절하는 것이 쉽지는 않을 것입니다. 어떤 사람들은 그들이 교육수준이 낮고 나쁜 습성이 있기 때문에 도시에서 살아서는 안 된다고 말하기까지 합니다."

런리(Ren Li), 충칭시 거주자

"도시에서 시골 출신의 이주민들은 눈으로 확연히 구별된다. 이들의 손과 얼굴은 햇빛에 더 그을려 있고, 행색이 초라하며, 누더기를 입고 다니기도 한다. 이들은 대개 이불과 소지품을 큰 비닐 백에 담은 후 끌고 다니며 도시를 어슬렁거린다. 오늘날 세계의 다른 가난한 국가에서도 이러한 모습을 찾아볼 수 있다."

제임스 팰로스(James Fallows), 『애틀랜틱(The Atlantic)』, 2009년 4월

하는 아동 노동도 포함되어 있다.

중국 정부는 이주노동자들의 인권과 노동조건의 개선이 필요하다는 점을 인식하고 있다. 그리고 많은 사람들은 이들의 생활수준이 향상되지 않는다면 장차 중국의 안보에 큰 위협이 될 것이라고 예상하기도 한다. 중국은 수출 확대를 통한 수입을 활용해 이들의 삶을 개선시키고자 노력하고 있다. 이러한 '표류노동자'는 중국 경제와 사회 기반에 이익과 불이익을 동시에 가져다주고 있다.

선전 경제특구에 있는 공장에서 장난감을 조립하고 있는 모습

2009년 2월 중국 정부는 경제 위기로 인해 2000만 명의 이주노동자들이 일자리를 잃었다고 발표했다. 한 달 전만 하더라도 불과 600만 명이었기 때문에, 한 달 사이에 무려 3배나 증가한 것이다. 어떤 시골에서는 도시로 떠났던 이주자들이 다시 돌아오기도 했다. 그러나 2010년에 들어 중국의 경제가 위기 이전 상태로 되돌아옴에 따라 이주노동자가 다시 늘어나고 있는 추세이다.

특집

이주노동자가 주는 이익

- 도시에 대규모 노동을 공급한다.
- 임금이 낮음에도 빈곤율을 낮추는 데 기여한다.
- 도시 거주를 허가받을 경우, 자신과 그 자녀들이 교육을 받을 수 있다.
- 시골에 남은 가족에게 보내는 송금이 증가한다. 이들이 가족에게 보내는 송금액은 연간 총 450억 달러에 달한다. 평균적으로 자기 소득의 80%를 가족에게 보낸다. 이 돈은 집을 짓는 데, 자녀를 교육시키는 데, 생필품이나 농기구를 구입하는 데 이용되는 등 농촌 경제의 유지에 중요한 역할을 한다.
- 이주노동자들은 역내 서비스 부문의 수요 증가에 기여한다.

이주노동자가 주는 불이익

- 이주노동자가 도시로 몰려들어 인구 과잉이 야기된다. 이들이 집중된 도시 외곽에서는 기초적인 보건 및 교육 시설에 접근할 수 없다.
- 도시 인구 증가로 수도, 전기, 위생시설 등 기초서비스에 대한 수요가 증가한다.
- 농촌지역에서 청장년층 인구가 감소하여 인구구조가 기형적으로 변화한다.
- 공안당국에 따르면 거주민 구성의 급속한 변화는 사회적 혼란과 범죄 증가를 야기한다.
- 이주노동자의 유입으로 산업활동이 계속 성장하여 환경 악화와 오염을 유발한다.

사례 연구
탄자니아/르완다

1994년 르완다의 난민 위기

탄자니아와 르완다의 기본 통계

	탄자니아	르완다
총인구	4370만 명	1000만 명
1인당 국민총소득	$500	$460
기대수명	56세	51세
유아 사망률	1,000명 출산당 68명	1,000명 출산당 70명
도시 인구 비중	26%	19%

나치의 '최종 해결책(final solution)' 이래 가장 체계적이고 조직화된 대량 학살이 1994년 르완다에서 자행되었다. 4월 6일 대량 학살이 시작된 후 7월 12일에 인도주의 구호 프로그램이 가동될 때까지 무려 80만 명이 살해당했다.

1993년부터 시작된 라디오의 '증오' 방송은 후투족(Hutu)과 투치족(Tutsi) 간의 공포와 증오에 불을 지르는 핵심 메커니즘이었다. 대량 학살의 시작은 하바리마나(Habyarimana) 대통령의 비행기 격추였다. 후투족은 이 사건이 투치족의 소행이라고 단정하고 무장을 한 후 불과 몇 시간 이내에 수천 명을 살해했다. 그러나 이 사건을 일으킨 것은 하바리마나 대통령의 부인이 이끄는 급진주의 후투족 세력이었음이 나중에 밝혀지게 되었다.

국제사회에서는 이 대량 학살을 중단시키기 위해 아무런 조치도 취하지 않았는데, 처음 3주 동안은 이 학살을 내전이라고 간주했기 때문이다. 미국은 르완다에서의 대량 학살이 시작되기 약 1년 전에 발생했던 소말리아 내전에 개입하려 했다가 실패한 경험이 있었다. 따라서 아프리카 내에서 발생하는 또 다른 내전에 개입하고 싶어 하지 않았던 것이다.

대량 학살이 르완다 전역으로 확대됨에 따라 국경 근처에 살고 있던 투치족은 국경을 넘어 인접한 이웃 국가로 탈출했다. 1994년 4월 이틀 동안 무려 25만 명의 르완다 난민이 국경을 넘었다. 이는 유엔고등난민판무관(UNHCR)이 목격해 온 역대 난민사태 중 가장 크고 신속한 이동이었다.

베나코 난민캠프의 성장과 영향

이 중 많은 난민들이 탄자니아의 북서쪽 끝에 위치한 작은 마을인 베나코(Benaco)에 도착했다. 이렇게 많은 사람들이 이처럼 작은 마을에 몰려들자 베나코의 지역 환경이 이를 감당할 수 없게 되었다. 난민 유입으로 지역 인구 규모가 환경수용력을 훨씬 넘어서

자, 국제 원조단체와 정부 관리들은 원래의 마을 주민들이 역내난민(IDPs)으로 전락할 수 있음을 우려했다. '환경수용력(인구부양력, 인구지지력)'이란 주어진 환경의 자원이 부양할 수 있는 최대 인구 규모를 뜻한다.

25만 명의 난민들이 이 지역으로 들어올 때 5만 개의 솥을 가져왔다. 이 솥들이 사용되기 시작하자 대기오염이 광범위하게 나타났다. 그리고 이를 위해 매일 1,000톤의 땔감이 사용되었는데, 이는 20헥타르의 삼림 면적에 육박하는 규모였다. 난민들이 이 지역에 처음 도착했을 때에는 땔감을 구하러 다녀오는데 도보로 1시간이 걸렸지만, 시간이 지남에 따라 나무가 사라지면서 땔감을 구해 오는 거리가 점차 멀어지게 되었다.

식생 파괴가 더욱 확산되자 정부는 인근 마을인 쿠술로(Kusulo)를 보호하기 위해 난민들에게 캠프에서 15km 떨어진 별도의 삼림지역에서 땔감을 채취하게 했다. 해당 삼림으로 이동할 때에는 차량을 제공했지만, 다시 캠프로 돌아올 때에는 땔감을 갖고 걸어야만 했다. 시간이 지남에 따라 이 삼림지역마저 나무들이 모두 사라져, 난민캠프가 환경에 미치는 영향은 급속히 확대되었다.

식량 원조의 일환으로 난민에게 옥수수와 콩이 제공되었다. 옥수수의 영양소가 소화되려면 6시간 동안 충분히 삶아야 했지만, 화덕의 효율성은 매우 낮았다. 이 때문에 땔감으로 더 많은 나무가 필요해졌고, 삼림 파괴의 속도는 훨씬 빨라지게 되었다.

난민캠프에 따른 환경수용력의 저하가 가장 뚜렷하게 드러나는 것은 식수 공급에서였다. 지역 내의 식수원 부족으로 인해 캠프에 체류하는 르완다 주민의 식수 공급은 1일 평균 5~6*l*로 제한되었다. 인근 마을 쿠술로에서는 원래 식수를 무료로 사용할 수 있었지만, 대수층(aquifer)을 베나코 캠프와 공유하게 됨에 따라 돈을 주고 식수를 구매하게 되었다. 캠프 옆에 작은 호수가 있었지만, 이 호수의 유량은 캠프와 마을이 필요로 하는 식수의 1/4 정도만 공급할 수 있었다. 또한 이 호수의 물이 베나코 캠프를 관통하는 도랑으로 흘러들면서, 마을 주민보다 난민에게 더 많은 물이 공급되었다. 한편, 대수층 아래에서 추가로 물을 퍼올리기 위해 시추작업이 이루어졌다. 그러나 베나코 캠프에서 우물을 사용한 지 6개월이 지나자 이마저도 말라 버렸다.

쿠술로 마을 주변의 토지가 갑작스러운 대규모 난민을 부양할 수 없다는 점이 명백해졌다. 이에 따라 난민을 몇 개의 소규모 그룹으로 나누어야 한다는 데 의견이 모아졌지만, 이마저도 2년이 지나도록 시행되지 않았다. 그 결과 베나코는 탄자니아에서 다르에스살람(Dar es Salaam) 다음으로 두 번째로 큰 도시가 되었다. 다음의 표는 베나코의 인구밀도를 도쿄, 멕시코시티와 비교한 것이다.

1996년 이후 대부분의 투치족이 르완다로 되돌아갔다. 르완다 정부가 직면한 상황은 가히 절망적이었다. 전쟁이 끝난 후 13만 명이 전범으로 재판받아 투옥되었다. 이러한 범죄는 대량 학살을 조직한 사람에서부터 실제 학살에 가담한 사람, 성폭력을 자행한 사람, 그리고 재산을 파괴한 사람까지 방대했다. 르완다의 사법체계는 이들 범죄를 모두 처리할 수 있는 준비도 되지 않았을 뿐만 아니라, 상당수의 판사와 변호사가 후투족에 의해 이미 학살당한 상태여서 상

베나코와 대도시의 인구밀도 비교

	인구	면적(헥타르)	인구밀도(명/헥타르)
베나코	159,879	586	273
도쿄	8,400,000	57,800	145
멕시코시티	10,300,000	150,000	69

황은 설상가상이었다.

이 범죄건수는 정상적인 사법 처리 과정에서라면 무려 25년이나 걸릴 만큼 많았다. 이는 국가적인 화해 과정을 다시 시작하기 불가능할 만큼 긴 기간이었다. 재판의 지체를 최소화하기 위해 최종적으로 채택된 해법은 가카카(Gacaca) 법정을 이용하는 것이었다.

가카카 법정, 개발에 참여한 사례

가카카는 전통적인 분쟁 해결 방식이다. 이는 '풀밭 위에서의 재판'이라는 뜻으로, 모든 가카카 청문회는 야외에서 열린다. 전통적으로 가구의 가장들이 판사가 되어 판결이나 중재를 맡아 공동체의 분쟁을 해결한다. 가카카 사법체계는 범죄자의 자백과 사과를 전제로 하는 공동체 기반의 실용적 접근이라고 할 수 있다.

공동체에서 대량 학살로 기소된 사람들의 재판을 처리하기 위한 르완다의 '유기적' 법률이 1996년에 제정되었다. 이 새로운 법률은 가카카와 국가의 공식 재판 모두에 적용되었다. 이 법률은 범죄의 심각성에 따라 범죄를 4가지로 범주화했다.

• 범주 1: 가장 심각한 범죄로 국가 또는 국제 재판의 대상이 된다. 유죄 판결 시 징역에서 사형에 이르기까지 어떤 처벌도 받을 수 있다. 이 범주에는 범죄 계획가, 조직자, 악명 높은 살인자, 종교인이나 경찰에게 피해를 입힌 자, 성폭력 범죄를 저지른 자 등이 해당된다.

• 범주 2~4: 보다 덜 심각한 범죄로 가카카를 통해 판결을 받을 수도 있다. 처벌 수위는 공동체 봉사에서 무기징역에 이르기까지 모두 포괄하지만 사형만큼은 제외된다.

어떤 수준의 참여인가?

용의자를 공동체로 다시 끌어들여 가카카 법정에서 자발적으로 진실을 말하게 하는 것은 화해의 희망을 싹트게 하는 것이다. 가카카의 긍정적인 속성은 가카카가 회복적 사법(restorative justice)의 모델을 특징으로 한다는 점에 있다. 르완다 전역에서 25만

르완다 가카카 법정에서 재판 중인 죄수

명의 공동체 구성원들이 가카카 법정에서 참여할 수 있도록 훈련을 받고 있다. 이 구성원에는 후투족과 투치족 모두 포함되어 있다.

가카카 법정은 얼마나 도움이 되는가?

가카카 법정은 가장 취약한 사람들에게 도움이 된다. 여성 가장이 수만 명에 달하고 국가 농업 생산의 70%를 여성이 담당하고 있기 때문에, 여성은 공동체의 생계와 안정에 압도적으로 중요한 책임을 맡고 있다. 여성들은 자신의 가족 구성원을 공격하거나 살해했던 사람들과 같은 공동체에서 살아야 하기 때문에, 판사 또는 증인으로서 용의자에 대한 처벌을 결정하거나 그 사람이 공동체로 재통합되는 것이 바람직한지를 결정할 책임을 갖고 있다. 가카카는 공동체에 기반을 두고 있기 때문에 여성들이 다양한 수준에서 참여할 수 있다. 따라서 여성들은 피해자로서의 정체성을 넘어 그 이상의 과정에 참여함으로써 자신의 역할을 다할 수 있다.

'쓴 알약은 때때로 치유하는 알약이다.'
–찰스 카티야마 (Charles Katiyama)

많은 여성들은 피고가 자백을 하고 범죄를 뉘우치는 것을 듣고자 한다. 르완다에서 화해란 한 사람은 자백을 하고 다른 한 사람은 이를 용서하는 행위를 지칭하기 때문에, 자백은 갱생으로 나아가기 위한 첫걸음이다. 또한 피해자의 대부분은 자기 가족이 어떻게 죽었는지를 알고 싶어 한다. 가해자들이 여성들에게 죽은 가족에 대해 그리고 그 시신이 어디에 있는지를 자백하면, 여성들은 죽은 가족의 장례를 경건하게 치를 수 있게 된다. 이것이 치유와 화해의 시작점이다.

르완다 여성들은 자신의 경제적 지위와 관련해서라도 가카카 법정의 성공에 큰 기대를 건다. 왜냐하면 그 결과에 따라 일부 여성들은 정부나 가해 당사자로부터 재산 파괴나 가장을 상실한 것에 대해 보상금을 받을 수 있기 때문이다.

가카카는 어떻게 시민사회의 성장과 발전을 이끌어 왔는가?

가카카 법정은 르완다 사회의 태도와 가치를 마음(heart)에 깊이 새기는 전통적인 방법으로서 오랫동안 존중·유지되어 왔다. 가카카는 가해자와 피해자 모두 치유의 과정을 시작할 수 있게 허락한다.

비록 가카카 법정이 대량 학살 이후 10년이 지나도록 시행되지 않았었지만, 많은 사람들은 이 법정이 유령처럼 배회하는 과거의 기억을 극복하는 데 도움이 되었다고 느끼고 있다. 피해자들은 가카카 법정에서 자신에게 가해진 범죄가 공동체에서 받아들여지지 않는다는 것을 눈으로 보게 된다. 또한 용의자들은 가카카 법정에서 자신이 사실을 그대로 실토하고 그에 합당한 처벌을 받는다면 다시 공동체로 돌아갈 수 있다는 것을 받아들인다.

이러한 시민사회의 성장은 르완다의 발전에 어떤 도움을 주어 왔는가?

르완다는 성 평등 영역에서 놀라운 진전을 이루었다. 대표적인 예로 르완다는 국회의원의 과반 이상을 여성이 차지하고 있는 세계 유일의 국가이다. 또한 외교부, 교육부, 시설부의 장관도 여성이다. 대량 학살 이후 경제발전의 측면을 보자면, 2008년 르완다의 국내총생산은 8% 성장률을 기록했다. 르완다는 동아프리카공동체(EAC)에 참여해서 자국의 개발 프로그램을 강화하고 지역 간 협력 확대를 모색하고 있다.

환경과 개발 12

핵심내용

개발은 필연적으로 환경 악화로 이어지는가?

- 환경 악화로 인해 위험에 처한 대부분이 가난한 사람들이지만, 이 문제의 근본적인 원인은 부유한 국가의 과소비이다.
- 환경적 측면에서 볼 때 현재의 세계 식량 생산방식은 지속가능하지 못하다.
- 지속가능한 경작방식으로 환경에 미치는 영향이 감소할 수 있지만, 이 방식이 오히려 식량 총 생산량에 악영향을 미칠 것이라는 논란도 존재한다.
- 기후 온난화가 환경을 황폐화시키고 다양한 생물의 생존을 위협할 것이라는 점에는 모두가 동의하고 있음에도 불구하고, 환경 변화의 원인인 탄소 배출을 제한하는 협약은 아직 없다.
- 생물의 다양성 유지는 인간에게 단순히 환경적 혜택을 제공할 뿐만 아니라 경제적 혜택도 제공한다.
- 천연자원에 대한 과도한 착취로 인해 그 지역에 장기적인 결과가 초래될 수 있다.

빈곤의 완화와 건강한 행성의 필요성을 동시에 주장하다 보면 때때로 모순된 상황에 마주하게 될 것이다. 대부분의 빈곤국가들은 매우 높은 인구 성장세를 보이면서도 환경적으로는 매우 취약한 상태이다. 이들이 이 문제를 해결하기 위해 활용 가능한 (재정적 · 정책적 · 행정적) 도구는 그리 많지 않으며, 이들이 처한 환경 속에서 살아남기 위한 발버둥은 오히려 삶의 질을 악화시키고 환경을 더욱 파괴할 뿐이다.

그렇다고 해서 인류가 초래한 환경 악화의 가장 큰 책임이 빈곤국가에 있는 것은 아니다. 가장 부유하고 가장 강력한 힘을 가진 국가들이야말로 지구의 천연자원을 착취한 대부분의 책임이 있다. 지구의 삼림자원, 광물자원, 수자원과 해양자원에 이르기까지 이 모든 자원들이 지난 50여 년간 걱정스러울 정도로 악화되었

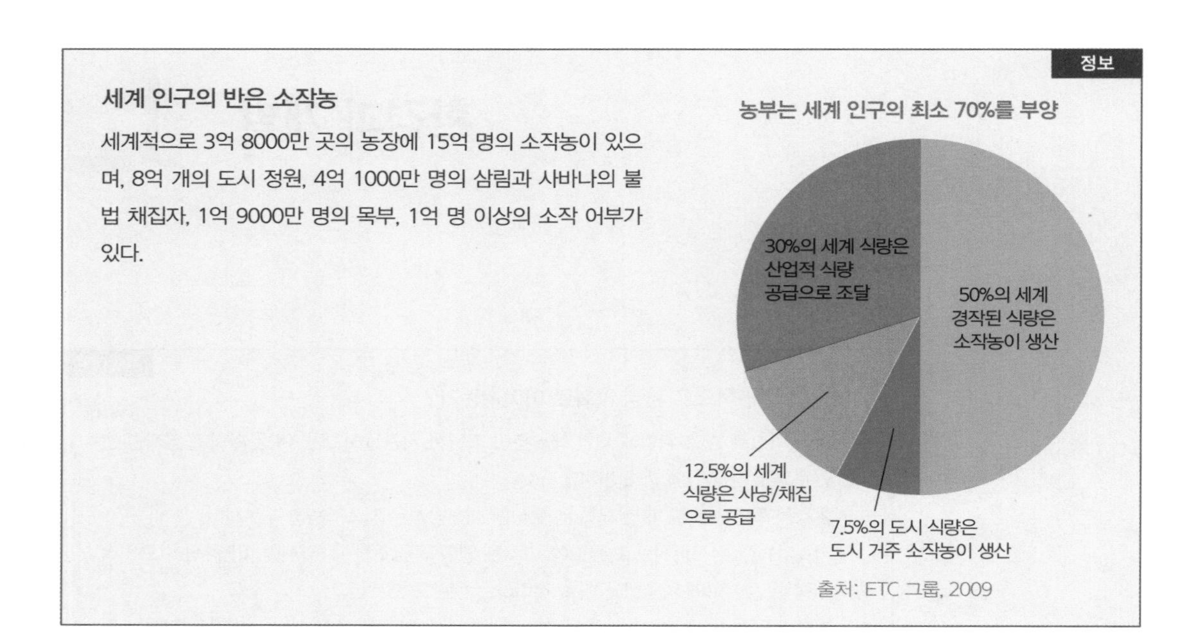

세계 인구의 반은 소작농

세계적으로 3억 8000만 곳의 농장에 15억 명의 소작농이 있으며, 8억 개의 도시 정원, 4억 1000만 명의 삼림과 사바나의 불법 채집자, 1억 9000만 명의 목부, 1억 명 이상의 소작 어부가 있다.

다. 기상 패턴의 변화가 초래하는 사태를 포함한 모든 환경적 위협이 개발도상국의 빈민에게 중대한 영향을 미치고 있으나, 이 상황은 문제의 근본 원인인 선진국의 행위를 가난한 자들이 대신해서 비용을 지출하고 있는 꼴이다.

세계 인구의 증가에 따른 식량 생산의 확대는 필연적으로 환경에 영향을 미칠 수밖에 없다. 그 결과로 개발도상국의 농촌에 거주하고 있던 가난한 농민들은 이제는 생산성이 거의 없는 경작한계지까지 쫓겨나고 있다.

이곳에서 이들은 어쩔 수 없이 적은 투자만으로, 생산성이 낮은 농업을 하며 근근이 살아가고 있다. 농지에 비료를 투자할 능력이 없고, 비료 없이는 자연적 농지 비옥도는 고갈되거나 '훼손'된다. '토양 훼손'이 계속되고 농지가 생산성을 잃으면 사람들은 기본적인 식량 수요를 맞추고자 이전보다 훨씬 척박할지라도 추가적으로 농지로 확보하려 할 것이며, 이는 다시 토양의 악화를 초래할 것이다. 과도한 경작과 삼림 제거는 토양 악화와 더불어 이러한 모든 활동의 불가피한 결과로 드러나는 문제를 더욱 복잡하게 한다.

세계 식량 생산은 앞으로 20년 동안 소비 수요를 충족시킬 것으로 예측되지만, 장기적 예측은 많은 국가, 특히 사하라사막 이남 아프리카에서는 식량의 안정적 확보가 지속적으로 악화될 것이라고 지적한다. 토지에 가해지는 압력은 더욱 강해지고, 지속가능한 토지 관리는 늘어나는 빈곤과 환경 악화의 악순환으로부터 벗어나는 데 필수적이다.

지속가능한 농업은 미래세대를 위해 토지 자체와 그 속에 내재된 천연자원을 보존 및 강화할 수 있는 농업형태를 의미한다. 대표적인 예로, 유기농 경작의 경우 여전히 세계 인구에게 공급할 정도로 충분한 식량을 생산할 수 있을 것인가에 대한 논란이 있지만, 환경적인 측면에서 보았을 때 지속가능한 기술을 활용한다. 유기농 경작에 관한 논쟁만으로도 책 한 권을 써낼 정도이지만, 유기농 경작 외에도 다양한 대안이 작물 재배에 필요한 투입요소를 줄이고, 자연적인 과정을 이용한 해충 관리를 위해 시도되고 있다.

- 보존경운(conservation tillage)은 최소한의 토양 경작으로 작물을 재배하는 방식이다. 작물의 그루나 잔해를 완전히 걷어내지 않고 대부분을 토양의 표면에 남겨 두어 쟁기질로 토양을 걷어내는 것을 피한다. 이후 새로운 작물은 이전 작물의 그루 속이나 소규모로 경운된 토양에 심는다.
- 혼합경작은 여러 작물을 혼합하여 재배하는 방식이다. 이 방식을 활용하면 몇 가지 이점을 얻을 수 있는데, 물과 빛을 최대한으로 활용할 수 있고, 농부에게 여러 가지 소득원천을 제공하며, 마지막으로 필요한 노동력을 연중 고르게 배분할 수 있다.
- 화학약품을 대신하여 자연 포식자나 고추, 마늘 같은 식물을 병해충 방지에 활용할 수 있다.
- 다년생 작물을 재배하면 비료 사용량이 줄어 토양이 보호되며, 주변으로부터 연중 토양을 보호하는 일종의 방어막 역할을 할 수 있다.
- 점적관수(點滴灌水, drip irrigation)는 증발에 의한 물의 손실을 줄이고 식물이 얻는 물의 양을 최대로 끌어올린다.
- 병충해 통합관리는 병해충의 생활주기나 자연과의 상호작용에 관한 정보를 활용하여 최적의 병해충 관리 방법을 마련하는 방식이다. 이는 작물 재배에 드는 비용을 감소시키고, 인간과 자연에 미칠 위협을 최소화한다.

보다 지속가능한 식량 생산방식을 마련하는 일은 장기적으로 건강한 자연환경을 만들기 위해서나 인류 자체의 생존을 위해서도 매우 중요하다. 하지만 이는 인류가 직면한 과제 중 하나일 뿐이다. 이외에도 기후변화, 수자원에 대한 접근성,

그림 12.1 쿠바 하바나(Havana)의 도시 유기농 정원, 오가노포니코(organoponico). 꽃들이 벌레를 불러들여, 작물에 피해를 주지 못하게 하는 역할을 한다.

생물다양성의 위기라는 쟁점이 있으며, 이 쟁점들은 인간 활동 그리고 그 활동이 환경에 미칠 영향과 아주 밀접히 관련되어 있다.

1. 기후변화

과학 분야에서 이산화탄소 배출의 증가가 지구에 미치는 영향에 관해 논란이 일고 있다. 일명 기후변화 부정자들은 지구온난화의 확산과 그 심각성 혹은 지구온난화와 인간 활동 간의 연결고리에 대해 의문을 품는다. 이들에 의한 기후변화 반대론은 대개 석유나 석탄 기업의 에너지 로비(energy lobby)나 '자유시장'을 주도하는 싱크탱크(thinktank)들과 연결되어 있는 경우가 많은데, 보통은 미국에서 발생한다.

2009년 11월 한 해커가 영국 이스트앵글리아(East Anglia) 대학교의 기후연구소로부터 불법적으로 얻어 낸 이메일과 여러 문서에서, 일부의 주장에 따르면 기후학자들이 자료를 삭제 혹은 조작하여 지구온난화가 실제보다 더 강력하게 보이도록 만들었다는 사실이 드러났다. 이 사례가 기후변화를 부정하는 사람들에게 힘을 실어 줄 것이라는 점에는 의심의 여지가 없으나, 기후변화와 관련하여 여

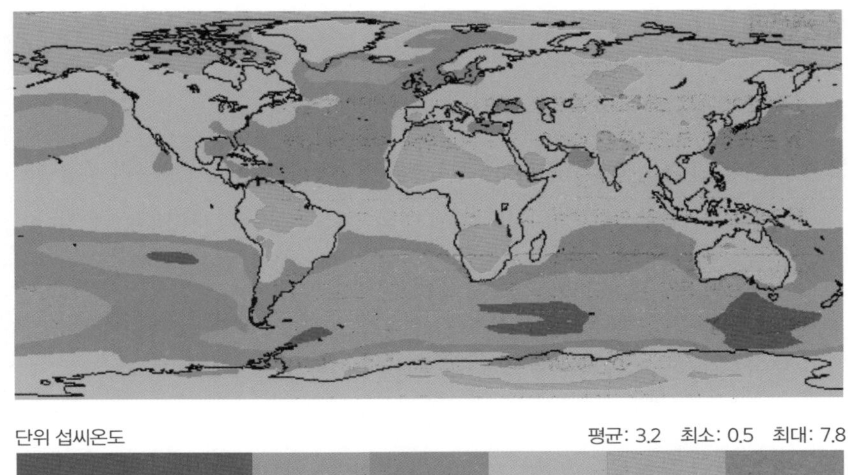

그림 12.2 1960~1990년의 기준에 비해 2070~2100년에 증가할 것으로 예측되는 기온 증가

전히 압도적으로 많은 과학자들이 지구온난화는 진행 중이며 주된 원인은 인간의 활동이라고 주장하고 있음을 잊어서는 안 된다. 일부에서는 기후변화야말로 인류가 당면한 가장 중대한 위협이라고 여긴다. 이 견해에 따르면 아마 기후변화보다 국가 간 불평등이나, 인류의 천연자원 착취방식을 더 잘 조명할 수 있는 이슈는 없을 것이다.

세계은행에서 발행하는 『세계개발보고서 2010(World Development Report 2010)』에 의하면, 인간이 유발하는 기후변화로 인해 단순히 생태계와 생물의 다양성만이 피해를 입을 뿐만 아니라 열대 및 아열대 전역에서 농업생산성이 악화되고, 건조 및 반건조 기후에서는 수자원의 양과 질이 저하되며, 열대 및 아열대 기후에서는 말라리아나 댕기열과 같은 매개체에 의한 전염병 유행이 증가하고 있다고 한다.

2. 오염자 부담은 실패

대기 중 이산화탄소의 농도를 증가시킨 주된 원인은 인간의 산업활동과 화석연료의 사용이다. 따라서 대기 중 이산화탄소의 농도는 수십 년 동안 축적된 배기가

스의 결과물이라 할 수 있다. 그렇기 때문에 단언컨대 지금의 높은 이산화탄소 농도를 만들어 낸 가장 큰 책임은 미국에 있다.

미국이 화석연료를 과소비하는 몇 가지 이유는 다음과 같다.

- 기본적으로 텍사스의 사례에서 보듯 미국 영토 안에 채굴이 용이한 상당량의 석유가 매장되어 있으며, 이로 인해 미국 경제의 상당 부분이 석유에 기반을 두고 있다.
- 미국 경제가 매우 산업화되어 있어 제조 및 처리 과정에서 화석연료의 사용량이 매우 높고, 심지어 농업에서도 이와 유사한 모습을 보인다.
- 석유 자체를 자국 문화의 일부로 여긴다. 예를 들면 전통적으로 연료소비량이 매우 큰 자동차를 권력의 상징물로 보는 경향이 있다.
- 에너지 로비와 자동차산업이 매우 강력한 권력을 갖고 있으며, 지속적으로 정부 정책에 영향을 끼치고 있다. 그 대표적인 결과물이 연료에 붙는 극히 낮은 수준의 세금이다. 지난 미국 대통령선거 기간 동안에도 석유기업들은 양쪽 주요 후보에게 직간접적으로 2억 5000만 달러 이상의 자금을 후원한 것으로 추정된다.
- 애리조나와 같은 남부 주에서는 여름철 높은 기온으로 인해 에어컨이 널리 사용되는 반면, 특히 알래스카와 같은 북부 주에서는 추운 기후로 인해 가정

그림 12.3 탄소 배출로 본 세계, 2000
출처: Worldmapper.org

* 이 지도에서 개별 국가의 크기는 2000년 현재 탄소 배출의 비율을 나타냄.

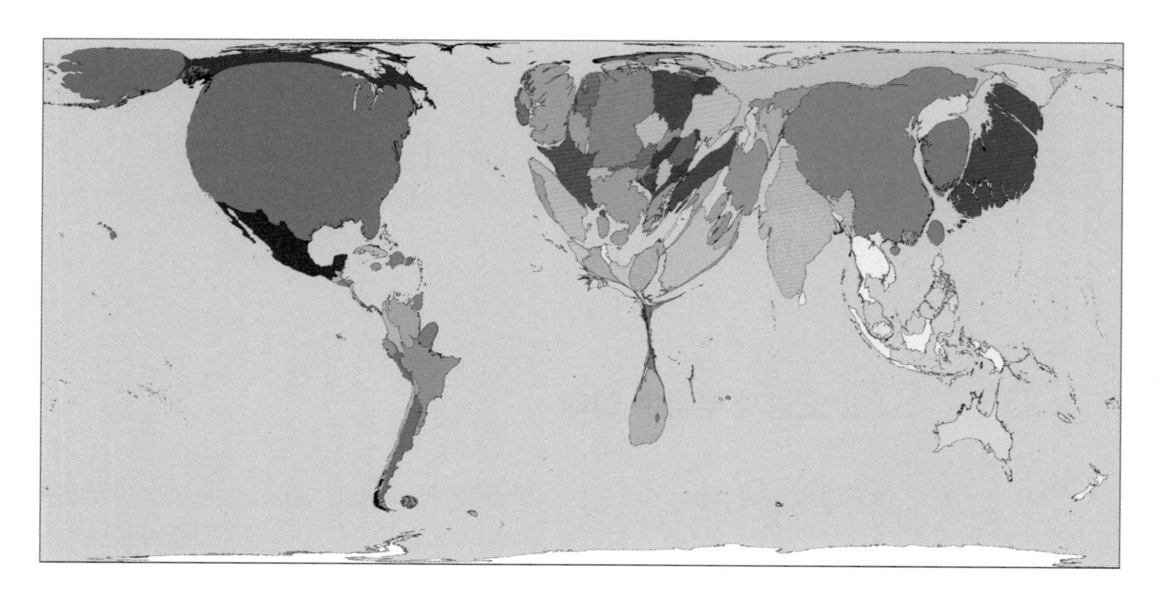

그림 12.4 이산화탄소 배출에 대해 역사적으로 가장 책임이 큰 20개 국가

* 미국 에너지부 소속인 이산화탄소정보분석센터(CDIAC)의 역사적 배출 원자료

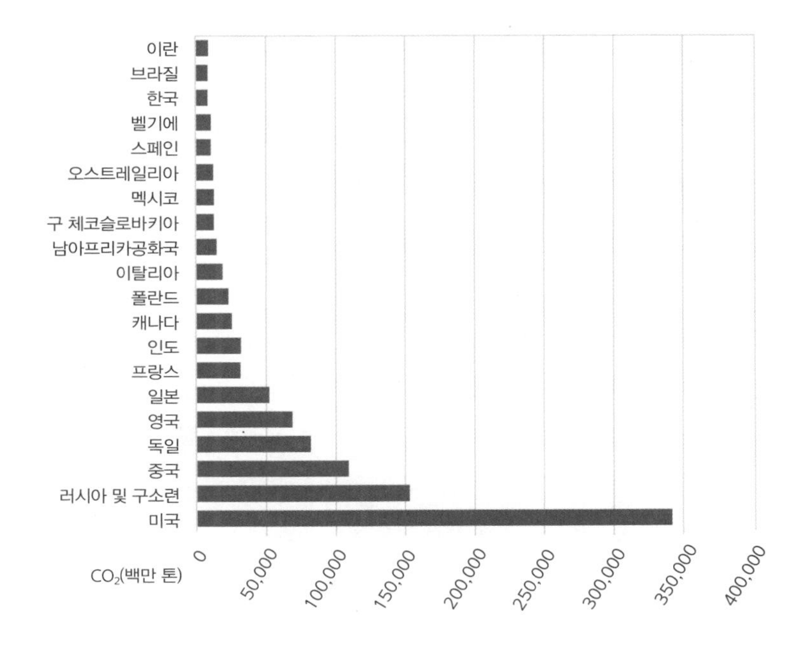

표 12.1 일부 국가와 지역의 1인당 에너지 사용 추정치
출처: 국제에너지기구(IEAA), 2008

국가/지역	1인당 에너지 사용(2008년 시간당 KW)
캐나다	96,000
미국	89,000
오스트레일리아	75,000
유럽연합	48,000
중국	19,000
남부 저개발국 평균	5,500
탄자니아	4,000
네팔	3,500

난방시설을 사용해야 한다. 즉 가정의 에너지 사용량이 매우 높다.

3. 해수면 상승

현재 기후변화가 미칠 영향에 대한 가장 핵심적 예측 중 하나는 해수면의 고도가 상승하여 전 세계의 해안 저지대와 도서지역에 사는 주민들이 위협에 처할 것이라는 점이다.

사실 해수면은 단 한 번도 일정하게 유지된 적이 없었고, 지질학적 기록을 거쳐 국지적으로나 국제적으로 상당한 수준의 변동이 지속되어 왔다. 일반적으로 국지적 해수면 상승은 자연적인 지반운동의 결과로 나타나는데, 영국 남서부의 리아스식 해안(rias coast)이나 스코틀랜드의 융기해안과 같은 독특한 모습의 지형을 형성한다. 물론 해안의 침식 및 퇴적 환경의 변화도 이러한 지형 형성과 관련이 있다.

사실 이보다 심각히 고려해야 할 사항은 이미 세계적으로 논란이 일고 있는 세계적 규모의 해수면 변동이다. 세계적 해수면 변동 역시 지반운동에 의해 발생할 수는 있으나 이는 지질시대라는 매우 장기적인 관점에서나 할 수 있는 얘기이고, 이보다 더 직접적으로 영향을 미치는 요인은 기후변화이다. 기후변화로 인해 상승한 기온은 다음과 같은 두 가지 방법으로 해수면을 상승시킨다.

• 열팽창: 기후변화로 인해 해수 온도가 상승함에 따라 부피가 증가함

• 육빙(陸氷)의 용해: 육지에 있던 빙하(glacier)와 빙상(ice sheet)이 녹고, 녹은 물이 바다로 흘러 들어가면 바다의 부피가 증가하게 된다. 해빙은 이미 상응하는 부피를 바다에서 차지하고 있기 때문에 용해가 발생해도 제한적인 영향을 줄 뿐 유의할 만한 정도의 상승을 만들어 내지는 못한다.

지난 100년 동안 세계의 해수면은 0.1~0.2m 정도로 상승했다. 하지만 현재의 예측에 따르면, 이런 식으로 가면 다가올 100년 동안은 훨씬 빠른 속도로 해수면이 상승할 것이며, 전 세계 해안 저지대 주민들에게 참혹한 결과를 선사할 것이다.

해수면 상승에 따른 대가는 남부 저개발국의 주민들이 치르게 될 것이다. 미국의 뉴욕과 같은 저지대에 위치한 북부의 도시들도 해수면 상승에 취약하기는 하지만, 이들은 미국의 부유함을 활용하여 해수면 상승과 씨름하는 여타 국가들보다 훨씬 수월히 대비할 수 있을 것이다. 간단한 예로, 뉴욕에서는 이미 이러한 취지에 맞는 대책팀이 출범했다. 이들에게는 남아 있는 해안 생태계와 자연 서식지를 보호하고, 해수면 상승에 직면한 해안 공동체의 회복을 증진시킬 수 있는 각종 방안을 가장 적절한 과학기술을 통해 평가하는 임무가 부여되었다.

하지만 소규모 도서 국가를 포함한 빈곤국가의 주민들에게 예상되는 미래는 다음에 제시된 태평양 연안 국가인 투발루(Tuvalu)의 사례 연구에서 보듯 훨씬 암울하다.

그림 12.5 해수면 상승 예측
출처: 연방과학원

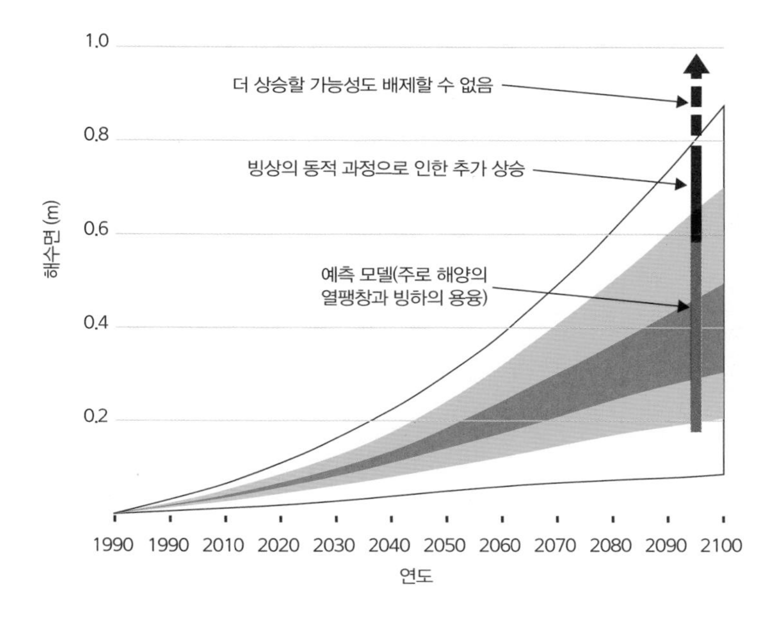

4. 생물다양성 유지의 중요성

오늘날 생물의 멸종이 과거의 그 어느 때보다 빠르게 일어나고 있다. 인간이 생태계에 미친 영향이 생물의 서식지를 감소시키며, 이로 인해 생물의 종이 급속도로 감소하고 있다는 것을 증명하는 과학적 증거들이 발견되고 있다.

사실 생물다양성(Biodiversity)은 다양한 이유에서 중요하다. 우선 생물다양성은 환경과 생태계가 건강함을 보여 주는 지표이다. 생태계의 일부 요소가 제거되어 균형이 무너지면 생태계의 생존능력 자체를 위협하는 결과가 되돌아올 수 있다. 다양한 식물들이 의약적 효능을 갖고 있으며, 이들을 이용하여 인류의 각종 질병을 치료할 수 있었다. 쑥(artemisia)을 활용한 말라리아 치료와 암 연구에 활용되는 태평양 연안의 주목나무(yew)가 대표적인 예이다.

일부 종의 경우 다른 종과 구별되는 고유의 문화적·예술적 가치를 갖는데, 이 가치가 오히려 이들 종의 장기적인 생존에 위협을 가하기도 한다. 코끼리와 코뿔소의 상아, 호랑이의 가죽은 몇몇 문화권에서 아주 높은 값어치가 매겨지며, 큰돈을 벌 수 있는 수단이다. 동물 사냥이 계속되어 그 수가 감소할수록 상아와 가죽의 가치는 점점 높아질 것이며, 이는 곧 동물 사냥의 수익성이 훨씬 높아지는 것을 의

정보

적어도 세계경제의 40%와 빈곤층 수요의 80%가 생물학적 자원으로부터 얻어진다. 여기서 그치지 않고 생명체의 다양성이 더 풍부해진다면 의학적 발견, 경제개발 및 기후변화라는 새로운 과제에 반응한 적절한 적응을 이루어낼 확률이 훨씬 커질 것이다.

생물다양성 회의(Convention on Biodiversity)

미한다. 아주 비상한 조치를 취하지 않는다면 결국에는 동물들이 멸종될 것이 너무 뻔하다.

사례 연구
투발루

한 국가의 종말

투발루의 기본 통계

총인구	10,530명
연평균 인구 성장률	0.5%
국토 면적	26km^2
유아 사망률	1,000명 출산당 29명
초등교육 등록 및 이수율	100%

투발루는 태평양의 오스트레일리아와 하와이 사이에 위치한 국가이다. 총 9개의 섬으로 구성되어 있으며, 각각의 섬들 모두 해발고도 4m에도 미치지 못한다.

해수면 상승이 투발루에 미친 영향

1) 사이클론의 위험성 증가

투발루는 늘 사이클론(cyclone)으로 인한 홍수에 매우 취약했다. 안타깝게도 최근에는 해수면의 고도가 상승함으로 인해 폭풍해일의 위험이 커져 섬 전체가 광범위한 피해를 입는 경우가 심각하게 증가하고 있다. 추산된 바에 따르면, 해수면 고도가 0.5m씩 상승할 때마다 수도 퐁가팔레(Fongafale)를 침수시킬 정도로 큰 규모의 해일이 닥칠 확률이 두 배씩 증가한다. 기후변화로 인한 지구 온도의 상승이 더 강력한 사이클론을 만들어 내는 경향을 보인다. 또한 해수 온도의 변화로 인해 투발루와 같은 섬 공동체에서 천연 방파제 역할을 하고 있는 전 세계의 산호초를 황폐화할 것으로 예상되어, 이 문제는 앞으로 더 빠른 속도로 악화될 것이다.

투발루의 푸나푸티(Funafuti)섬 산호 해변의 청소년들

2) 국토의 상실

0.5~1m 정도의 해수면 상승이 발생하면 연평균 1m 가까이 육지가 침식되는 것으로 추산된다. 투발루에서 가장 넓은 부분의 직경은 고작 400m 정도에 지나지 않는다. 하지만 기후변화가 이러한 침식의 유일한 원인은 아니며, 남태평양응용지구과학위원회는 산호초 붕괴의 영향과 건설 골재를 위한 토사유실 역

시 침수의 주된 원인이라고 강조했다.

3) 식량 안보

해수면 고도의 상승은 토양의 염류화를 야기하며, 이로 인해 현재 주민들이 재배하는 풀라카(pulaka: 토란의 일종) 등의 내염성이 약한 작물이 심각한 피해를 입을 것으로 보인다.

4) 건강

자국 내 식량 생산이 감소하면, 특히 수도에 거주하는 많은 투발루 국민들의 수입식품 의존율이 점차적으로 증가할 것이다. 수입식품은 지방 함량이 높아 당뇨와 같은 생활습관병의 발병을 높일 가능성이 크다.

5) 신선한 물

투발루는 제한적인 양의 신선한 담수를 보유하고 있으며, 이 물의 거의 대부분을 강수에 의존한다. 따라서 상대적으로 건조한 기간에는 섬 아래에 위치한 상대적으로 적은 양의 담수만을 이용할 수 있다. 해수면이 상승하고 폭풍해일의 강도가 점차 강해지면서 담수가 바닷물에 의해 염화되고, 주민들의 물 안보를 심각하게 악화시킬 것이다.

6) 이주

해수면 상승으로 인해 농사와 같은 전통적 경제활동이 타격을 받고 있고, 지금의 추세가 지속될 경우 국내 혹은 해외를 향한 이주가 증가할 것이다. 이미 투발루 주민의 40% 이상이 겨우 2.8km^2 규모의 수도 퐁가팔레에 거주하고 있다. 지금의 추세가 지속될 경우 야기될 가장 비관적인 결과는 모든 국민의 완전한 해외 이주이다. 이미 약 3,000명의 주민이 뉴질랜드(마오리어로 '아오테아로아')로 대피한 상태이기도 하다.

이안 프라이(Ian Fry)가 투발루 주민을 대표하여 탄소 배출에 대한 국제적 합의를 호소할 당시, 이 상황이 전 세계로 보도되었다. 이안 프라이는 코펜하겐 회의에 참여한 각국의 대표들로부터 기립박수를 받았다. 하지만 애석하게도 지속적인 협의를 약속한 것을 제외하고는 얻어 낸 성과가 없었고, 주요 산업국가의 협약 수준은 환경운동가들이 기대한 정도에 훨씬 못 미쳤다. 당시 대부분의 유럽 국가들은 자국의 탄소 배출량을 2020년까지 1990년을 기준으로 30% 감축하겠다고 약속했다. 이 협약이 국제사회를 재생에너지 생산에 관심을 갖게 하긴 했으나, 미국이 제시한 감축목표는 1990년 대비 4%에 불과했고, 중국의 경우 모든 중·장기적 감축안에 대해 이행하기를 꺼려했다.

마지막 협상에서 선진국들은 기온 상승 폭을 2℃ 이내에서 저지하는 것이 목표라고 발표했다. 코펜하겐 회의 이전에 기후학자들은 소규모 도서 국가들의 침수를 막기 위해서는 1.5℃ 혹은 이보다 더 낮은 수

증거

"산업화된 국가들이 문제를 야기하고 있지만, 그 영향으로 고통받는 것은 우리이다. … 산업화된 국가의 주민과 기업이 자신들의 행동에 대한 책임을 지는 것이 오직 한 가지의 공정한 방안이다. 이것이 바로 오염자 부담의 원칙이다. 당신이 오염시켰으면, 당신이 지불하라."

파나파세 넬리소니(Panapase Nelisoni), 투발루 정부, 『뉴인터내셔널리스트』, 2009년 1-2월호에서 인용

내 조국의 운명이 당신의 손에 달려 있습니다

이안 프라이, 투발루 협상단 수석대표, 2009년 12월 코펜하겐 기후변화회의 담화 내용

투발루의 전체 인구가 해발고도 2m 이하에서 거주하고 있습니다. 투발루 영토 전체에서 가장 높은 곳은 고작 해발 4m에 지나지 않습니다.

친애하는 의장님, 우리는 결코 우리 앞에 닥친 환경과 정치적 판단에 대해 무지한 사람들이 아닙니다. 이 문제에 관해 우리 스스로 적절한 판단을 내려 보지도 못한 채, 몇몇 미국 상원의원들이 결정하기만을 기다려야 하는 것으로 드러났습니다. 이 세계의 운명이 몇 명의 미국 상원의원들에 의해 결정되는 것은 현대사회의 모순입니다.

우리는 미국의 오바마 대통령이 최근에 노벨상을 수상하기 위해 노르웨이에 방문한 것을 잘 알고 있습니다. 적절했든, 그렇지 못했든 말입니다. 하지만 우리는 그가 진정 노벨상이라는 명예에 부응하고자 한다면, 인류가 당면한 가장 큰 위협인 기후변화, 또한 안보에 대한 가장 큰 위협인 기후변화에 대해 반드시 얘기해야 한다고 정중히 제안합니다. 그리하여 저는 이번 회의에서 올바른 판단을 통해 두 가지의 법적 구속력이 있는 합의라는 결과를 도출해 낼 수 있길 간절히 바랍니다.

친애하는 의장님, 기후변화는 단순히 투발루만의 문제가 아닙니다. 기후변화는 키리바시, 마셜 제도 등의 태평양 도서 국가, 몰디브, 아이티, 바하마, 그레나다, 상투메 등의 아프리카 서안 국가, 부탄, 라오스, 말리, 세네갈, 동티모르 등의 모든 저개발국, 그리고 그 밖에 전 세계 수백만 명의 사람들에게 엄청난 영향을 끼칠 것입니다.

투발루만이 아닙니다.

저는 지난 며칠간 전 세계로부터 이번 회의를 통해 이 문제에 대한 의미 있는 결론을 도출할 수 있을 것이라는 신뢰와 희망이 담긴 수많은 연락을 받았습니다. 친애하는 의장님, 나의 만족을 위한 자존적인 이야기를 하는 것이 아닙니다. 저는 지금까지 이 문제가 단순히 나만의 자존을 위한 일이 아니라고 생각했기 때문에 대중매체와의 인터뷰를 거절해 왔습니다. 저는 단지 투발루 정부의 환경부에 속해 있는 평범하고 변변찮은 직원 중 하나일 뿐입니다. 투발루의 흔한 공무원의 한 사람으로서 저는 이 문제에 대해 올바른 판단을 내릴 것을 간곡히 부탁드립니다. 당신이나 당신 정부를 당황스럽게 만들고자 하는 의도는 전혀 없습니다. 단지 이 문제에 대해 올바른 판단이 내려지길 원할 뿐입니다.

저는 이번 회의에서 법적 구속력을 갖는 조약의 체결이라는 선택지를 우선적으로 고려할 지도자들이 나타나길 확고하게 원합니다. 정말 간절하고 간곡히 부탁드립니다. 우리는 이미 이 사안을 6개월이나 상정해 놓고 있었습니다. 6개월입니다. 지난 이틀간의 회의가 전부가 아닙니다. 저는 오늘 아침에 일어나 눈물을 흘렸습니다. 이것은 다 큰 어른이 할 만한 일이 아닙니다. 내 조국의 운명이 당신의 손에 달려 있습니다.

치에서 기온 상승을 멈춰야 한다고 합의한 바 있다. 또한 평균적으로 2℃ 상승한 지구의 기온이 불균형하게 분포하여 아프리카에서는 3~4℃의 기온 상승이라는 재앙적인 결과를 야기할 수 있다.

사례 연구
아랄해

환경 비극

카자흐스탄과 우즈베키스탄의 기본 통계

	카자흐스탄	우즈베키스탄
총인구	1560만 명	2750만 명
1인당 국민총소득	$6,740	$1,100
빈곤선 이하 인구 비율	3%	46%
기대수명	65세	68세
성인 문자해득률	100%	99%

중앙아시아의 물 수요량은 이미 공급량을 초과한 상태이며, 현재 4800만 명 정도인 아랄해 인근 인구가 2025년에는 7500만 명까지 증가할 것으로 보여 상황은 더욱 심각해질 일만 남았다. 이 지역 인구의 60%가 농촌지역에 거주하며 관개농업을 실시하고 있는데, 대개 매우 비효율적인 급수시설을 이용한다. 현재 이 지역에서는 카자흐스탄, 우즈베키스탄, 키르기스스탄, 타지키스탄, 투르크메니스탄이 이용 가능한 수자원 확보를 위해 경쟁하는 중이다. 이것이 아랄해가 중요할 수밖에 없는 이유이다.

구소련이 해체되기 전인 1960년대에는 아무다리야강(Amu Dar'ya River)과 시르다리야강(Syr Dar'ya River) 유역은 광범위한 목화 생산이 가능할 정도였으며, 당시 아랄해는 세계에서 네 번째로 큰 내륙 수역이었다. 하지만 아랄해의 물을 끌어들여 건조한 농장에서 물 수요가 많은 목화를 재배한 이후 수량이 70% 이상 감소했다. 아랄해의 전체 규모는 1961년 당시 66,400km^{2}에서 2008년 10,400km^{2}까지 줄어들었다. 모래와 소금이 덮인 해저면이 드러나 과거의 항구가 바다로부터 수 킬로미터 떨어져 발이 묶여 버렸고, 곳곳에는 녹슨 어선들이 산재해 있다.

이 감소폭은 이 지역에서 강수량의 감소와 기온의 증가를 동반한 기후변화를 야기할 만큼 그 규모가 거대했다. 잔존하는 수자원은 점차 비정상적으로 염분이 증가하여 대부분의 어류와 아랄해 인근 동물들이 죽어 가고 있다. 음용수의 공급이 부족해졌고, 어업, 농업, 서비스업의 수만 개 일자리가 이미 사라진 상태이다. 관개 목화농업에 사용되는 비료와 살충제에 함유된 화학성분이 물이 증발하기 시작하면서 더욱 집약적으로 변했고, 많은 질환과 선천적 기형장애가 증가하고 있다.

1990년 이후 아랄해의 잔존 부분 중 카자흐스탄에 접한 북부해역과 카자흐스탄과 우즈베키스탄 간 국경에 접한 남부해역이 점차 줄어들었다. 두 해역 모두 원래의 해수면보다 20m 이상 얕아진 상태이다.

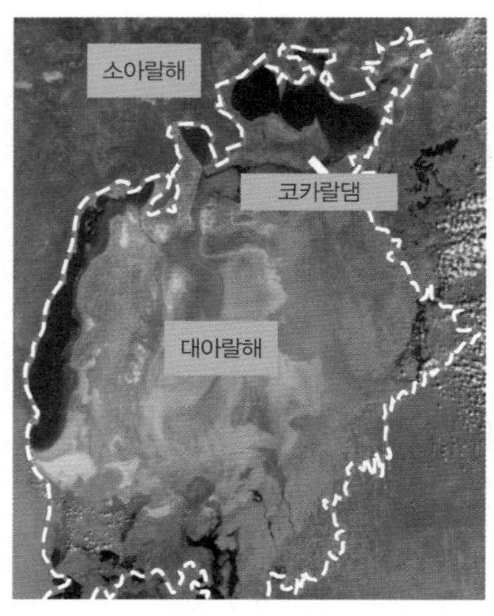

이 인공위성 이미지는 현재의 아랄해이고, 점선은 이전 수면의 범위를 나타낸다.

유엔 사무총장 반기문은 이 사태를 “분명 전 세계에서 가장 끔찍한 환경재난 중 하나”라고 설명했다.

그러나 최근 몇 년간의 감소량은 매우 경미하다. 2005년부터 2007년 사이 카자흐스탄 정부와 세계은행은 8600만 달러 규모의 자금을 북부해역 복원사업에 투자했다. 남쪽의 바다로 흘러 들어가는 물을 막기 위해 13km 길이의 코카랄(Kokaral) 댐을 건설하고 시르다리야강이 해양 분지로 흘러들도록 용량과 수로작업을 진행했다. 시르다리야강에 댐과 운하도 건설해 어장 호수를 복구하면서 어류의 부화장 역할을 하도록 했다.

북부해역의 수면은 이전의 13%까지 높아졌고, 염도 역시 과거의 2/3 정도 이상 감소했다. 세계은행에 의하면 개선된 수자원 공급체계를 통해 연안마을에 음용수가 공급되고, 7종의 어류가 다시 돌아왔다고 한다. 아랄해의 복구는 또한 지역 기후를 개선했다.

안타깝게도 남부해역의 경우 여전히 수량이 감소하고 있으며, 유럽우주기구(ESA)는 지금 같은 감소세가 계속되면 이 해역은 완전히 메마르게 될 것이라고 예측했다. 2009년에 남동부수역은 사라져 버렸고, 남서부수역은 과거 남부해역의 극 서쪽까지 밀려나 얇은 줄처럼 형성되었다. 물이 빠지는 것을 막기 위해 댐을 건설하고, 이 지역의 관개시설을 개선하면 남서부수역만은 구원받을 수 있다는 주장이 제기되지만, 아랄해의 이 지역에 대한 전망은 여전히 암울하다.

증거

아랄해는 증발하는 해수와 어업이 불가능한 소규모의 물만 남아 있는 인간에 의해 만들어진 재앙과의 전쟁 중이다. 그리고 놀랍게도 이것은 코카랄이라는 이름의 거대 댐 건설 사업이며, 환경적으로 전혀 신망이 없는 세계은행이 전쟁에서 승리하라며 지원해 준 자금으로 가능해진 사업이다.

국제적인 분노를 산 세계은행의 지원이 중단된 인도의 나르마다(Narmada) 댐과 같이 심각한 환경 파괴를 일으킨 많은 댐 건설 사례와는 달리, 코카랄 댐은 단순히 지역주민들이 어류와 일자리가 되돌아오길 기대하는 텅 빈 해저를 물로 채워 넣는 것이 목적이다.

전문가들마저도 2005년 완공 후 고작 일 년 만에 목표치였던 수심 42m에 도달하고, 순식간에 토종 어종이 다시 재빠르게 바다를 채워 가는 모습에 놀라워했다.

폴 로어너(Paul Lauener), 『뉴인터내셔널리스트』 437호, 2010년 11월

증거

“비록 농업과 관개가 중단되었고 이로 인한 사회적·경제적 재앙을 상상하겠지만, 바다가 되돌아오는 데에는 대략 50년이 걸릴 것입니다.”

주프 스토제스딕(Joop Stoutjesdik), 세계은행 관개사업부분 책임자, 2008년

사선 앞에 선 아프리카코끼리

증거

아프리카코끼리에 대해 40년 이상 연구한 영국인 더글러스 해밀턴(Douglas Hamilton)은 1970년대와 1980년대 대부분의 기간을 최초의 현대적 코끼리 개체수 조사를 위해 소규모 항공기를 조종하며 대륙을 오가는 데 보냈다. 그는 조사 데이터와 현장 취재기사를 통해 밀렵이 아프리카코끼리의 개체수에 심각한 타격을 입혀 1979년 130만 마리였던 것이 10년 후 60만 마리까지 감소했음을 파악했다. 상아 거래로 인해 발생하는 코끼리 학살과 황폐화를 알리기 위한 그의 사회운동은 케냐 정부가 국제 상아거래 금지를 표명하며 13톤가량의 비축량을 불태우는 결과를 이끌어 냈다. 이 수백만 달러어치의 희생은 코끼리 영역을 보유한 아프리카 37개국에 충격을 주었고, '야생 동식물의 국제거래에 관한 협약(Convention on International Trade in Endangered Species of Wild Fauna and Flora, CITES)'이 체결되어 1990년 이후로 효력을 갖는 전 세계적인 상아거래 금지 합의를 이끌어 냈다. 처음에는 상아에 대한 수요가 급감하여 상아 가격이 곤두박질쳤고, 케냐, 탄자니아, 짐바브웨에서 실시된 매우 강력한 밀렵 금지정책이 불법적인 사냥을 제어하는 데 큰 역할을 했다.
하지만 근래에는 여러 권력들이 한데 엉키기 시작하여, 아프리카 전역에서 코끼리 밀렵이 급증하고 있다. 이는 곧 코끼리를 멸종 위기로 몰고, 관광산업 위주의 경제체제 붕괴로 이어지고 있다. 과거에 유행했던 밀렵과는 달리 오늘날에는 휴대전화 연결망을 활용하고 있으며, 일부 밀렵꾼들은 범죄조직으로부터 야간투시경, GPS 탐지기, 위성전화 같은 고급장비를 지원받고 있다. 하지만 이 중에서도 가장 달라진 것은 세계 최대의 상아시장을 가진 중국이 아프리카 사업에 중점적으로 투자하고, 도로와 다양한 기반시설을 포함한 중국의 투자로 인해 아프리카 대륙 밖으로 수출하는 것이 가능해졌다는 점이다. 그뿐만 아니라 아프리카에 거주하는 10만 명 이상의 중국인 노동자들이 근본적으로 현지 수요에 불을 지피고 있다.

수전 해크(Susan Hack), 『콘데 나스트 트래블러(Condé Nast Traveller)』, 2010년 6월

1990년에 실시된 상아무역 금지조치 이후 CITES는 점차 규제 정도를 약화시켜 적정한 코끼리 수를 보유한 일부 국가들을 대상으로 정부가 비축하고 있는 상아의 경매나 동물보호 구역에서 자연사한 코끼리의 상아를 채집하는 것을 허가했다. 이 판매를 통해 얻는 수익은 보존과 교육을 위한 자금으로 투자된다. 하지만 다수의 과학자와 법률 집행관들은 이 완화정책이 상아 구입의 적법성에 대한 대중들의 혼란을 야기하고 국제 상아 밀매시장을 다시 부활시킬 것이라고 우려한다. 이에 반해 상아가 필요한 아프리카 국가들은 완전 금지정책은 구시대적 발상이며, 책임 있는 무역을 통해 상아를 지속가능한 자원으로 활용

할 수 있다고 주장한다.

2009년에 밀매된 상아가 260톤에 달한다는 CITES의 추정이 사실이라면, 이는 곧 그해 동안 무려 33,000마리 이상의 코끼리가 목숨을 잃었음을 의미한다. 이 추세가 지속되면 아프리카코끼리는 15년 내에 멸종하고 말 것이다. 아프리카의 모든 국가에서 코끼리 수는 무참히 줄어들고 있다. 2006년 차드에 서식하는 코끼리의 수는 3,885마리에 달했으나 2009년에는 그 수가 600마리 이하로 줄었다. 아마도 시에라리온, 세네갈, 라이베리아에는 남아 있는 코끼리가 없을 것이다. 밀렵꾼들은 너무도 뻔뻔하게 활동한다. 탄자니아의 셀루스 동물보호구역(Selous Game Reserve)의 사파리 오두막을 찾는 손님 중에는 총소리를 듣거나 훼손된 코끼리 시체를 발견하는 경우가 흔히 있다고 한다. 관광산업은 매년 24억 달러가량의 소득을 탄자니아 경제에 보태고 있으며, 코끼리는 이러한 관광객을 끌어모으는 가장 중요한 매력적 요소이다.

아프리카 국가 자체만으로 이 문제를 해결하는 것은 결코 쉬운 일이 아니다. 케냐는 2,800여 명의 전체 공원관리자 중 절반을 밀렵 방지 부대에 배정했으며, 코끼리와 코뿔소 사냥 방지를 위해 항공기와 헬리콥터까지 배치했지만 그 효과는 아주 미미한 수준이다. 밀렵꾼들은 자신과 가족을 부양하기 위해 분투하는 가난한 아프리카인인 경우가 대부분이지만, 중부와 남부 아프리카 전역에 존재하는 범죄조직으로부터 대금을 받고 장비를 공급받는다.

코끼리와 코뿔소를 보호하고자 할 경우 국가가 실시해야 하는 전방위적인 활동의 비용이 너무 비싸서 개발도상국은 엄두도 못 내는 경우가 많다. 이로 인해 보츠와나는 밀렵문제를 해결하기 위해 대안적 접근방법을 개발했다. 특정 수의 코끼리를 사냥할 수 있는 사냥면허를 판매하는 것이다. 판매되는 면허의 수는 코끼리 개체수를 조절하기 위해 조정되고 면허의 가격은 매우 비싸다. 부유한 외국인 관광객들이 이렇게 구성된 코끼리 사냥에 참여할 기회를 얻으며 면허를 판매하고 얻은 소득은 보츠와나의 야생동물 보존을 위해 사용될 수 있다.

케냐 암보셀리(Amboseli) 국립공원의 코끼리 가족

사례 연구
2012년 런던올림픽

올림픽, 지속가능한 행사?

올림픽 선수촌 조망

2005년 7월 런던은 파리, 모스코바, 마드리드, 싱가포르와의 격렬한 경쟁을 뚫고 2012년 올림픽 개최권을 따냈다. 개최가 확정된 직후 엄청난 환호가 런던을 가득 채웠으나, 올림픽 유치 경쟁의 승리를 모든 사람들이 동일한 열정으로 반긴 것은 아니었다. 올림픽이 전 세계를 대상으로 엄청난 긍정적 홍보효과를 가져오고 수천의 관광객이 올림픽을 위해 방문한다는 점은 의심할 여지 없이 분명하지만, 개최 비용이 비싸도 너무 비쌌다.

그럼에도 올림픽 유치가 결국 정부의 지원을 얻을 수 있었던 것은 이를 도시 재건을 강화할 방편으로 보았기 때문이다. 런던 동부의 바킹(Barking)과 대거넘(Dagenham) 자치구, 해크니(Hackney), 헤이버링(Havering), 뉴엄(Newham), 레드브리지(Redbridge), 타워햄리츠(Tower Hamlets), 월섬포리스트(Waltham Forest)가 유치 경쟁의 중심에 있다. 이미 약 64억 달러 규모의 다목적 도시재개발 사업을 계획한 뉴엄 자치구의 스트랫퍼드(Stratford)는 경제적으로 매우 낙후된 지역이며, 올림픽 선수촌은 그 인접한 지역에 조성될 예정이다.

지역 선정에 고려된 그 밖의 요인은, 특히 1960년대와 1970년대에 발생한 제조업의 쇠퇴 결과로 발생한 낙후지역의 재개발 활용성이었다. 게다가 새로운 국제운송의 허브 역할을 할 스트랫퍼드 국제역(2009년 11월 개통)까지 건설되어 유로스타(Eurostar)를 통해 파리, 브뤼셀까지 잇는 교통 서비스를 제공하고 있다.

지속가능성은 올림픽준비공사(Olympic Delivery

특집

지속가능한 스타디움?

올림픽 사업의 지속성에 관한 핵심적인 쟁점은 올림픽 스타디움의 앞날이다. 현재 올림픽 스타디움은 8만 석 규모의 경기장이 필요한 올림픽과 그보다 작고 다목적의 장소가 필요할 올림픽 이후의 런던을 동시에 고려한 디자인으로 여겨진다. 따라서 55,000개의 임시 좌석과 건물 구조물은 분해하여 재사용하기 쉽게 디자인되었다. 가벼운 지붕과 이를 덮은 장막은 재활용 및 재사용이 가능하고, 병원, 식당, 상점가가 일시적으로 설치되었다. 이 방식을 통해 일반적인 디자인의 스타디움과 비교했을 때보다 탄소발자국(carbon footprint)이 50%가량 감소할 것으로 보인다. 하지만 스타디움의 향후 활용방안은 여전히 논란거리이다.

건설 중인 올림픽 스타디움

올림픽 스타디움 내의 데이비드 베컴(David Beckham)과 올림픽 본부장 서배스천 코(Sebastian Coe)

Authority)가 모든 경기 준비에서 가장 중점적으로 강조한 내용이다. 이들은 다음과 같이 말했다.

"런던은 계획의 수립에서부터 지속성이라는 개념을 깊이 새긴 최초의 하계올림픽 유치 도시가 될 것이다. 우리는 새로운 기준을 확립하고자 하며, 환경과 공동체에 긍정적이고 지속적인 변화를 창조할 것이다. 2012 런던올림픽에 있어 '지속가능성'은 '환경(green)' 그 이상을 의미한다. 이 관념은 계획 수립에서부터 건설, 구입, 놀이, 사회화, 여행 등 모든 활동이 우리의 사고에 깊숙이 배어 있다."

올림픽이 지속가능할 수 있을까?

런던올림픽의 지속가능성 확립 계획은 다음의 5가지 핵심주제를 포함한다.

1. 기후변화: 온실가스 배출을 최소화하고, 보존시설들이 기후변화의 영향에 대처할 수 있도록 분명히 함.
2. 쓰레기: 프로젝트의 모든 단계에서 쓰레기의 양을 최소화, 대회기간 동안 매립되는 쓰레기가 없도록 함. 런던 동부 지역에 새로운 쓰레기 처리시설 개발을 적극 장려함.
3. 생물다양성: 대회로 인해 대회장 주변에 있는 야생동물과 그들의 서식지에 미치는 영향을 최소화, 가능한 지역을 선별하여 서식환경을 강화해 보존함. 올림픽 공원이 대표적 사례로 이곳은 이전에 주로 산업단지로 이용되어 심각하게 오염되어 있던 곳임.
4. 포용성: 모두가 접근할 수 있도록 장려, 영국과 런던의 다양성을 알리고, 새로운 일자리, 훈련, 사업 기회를 창출함.
5. 건강한 삶: 국가 전역에 걸쳐 모든 사람들이 스포츠를 배우고, 활동적이고 건강하며 지속가능한 삶을 살 수 있도록 영감을 줌.

여기까지 살펴보았을 때 2012 올림픽이 가장 지속가능한 대회로 열릴 수 있을까? 이 의문에 대해 대회가 끝나는 그 순간까지 길고 긴 논쟁이 계속될 것이다. 실제로 대회의 지속성에 대한 논쟁 중 다수가 대회가 남길 '유산'에 기반을 둔다. 2012년을 지나 지역 주민들이 느끼게 될 혜택이 바로 그것이다.

부합 사례

- 대회가 끝난 이후에도 오랜 기간 이용될 영구 시설은 단 한 곳만 새로 건설되고 있으며, 기존 건물 중 이용 가능한 것들이 활용된다.
- 모든 새로운 건물들은 환경에 미치는 영향이 감

소하는 기술을 활용하고 있다.

- 과거 산업시대에 오염된 약 80만m^3의 토양이 정화되거나, 올림픽 공원 조성과 토지 개선에 재사용되었다.
- 붕괴된 시설잔해 중 약 90%가 재사용 및 재활용을 위해 회수되었다.
- 공원 주변 5개 마을 개발로 인해 총 11,000채가량, 이 중 50%는 감당할 만한 적절한 가격의 주택이 조성되었고, 상업단지, 스포츠시설, 지역명소를 포함한 각종 시설들도 신설되었다.
- 올림픽 사업으로 인해 수천 개의 임시직과 12,000개의 정규직이 창출될 것으로 예상된다.
- 500개의 중소 사업체가 올림픽 개발위원회와의 납품계약을 따냈으며, 이들 중 열에 하나는 올림픽 공원 주변에 자리 잡고 있다.
- 올림픽 이후 200헥타르 규모의 공원이 생길 것이고, 이는 근 100년간 유럽에 생긴 공원 중 가장 크다.
- 프랑스와 닿는 철도교통 등 새로운 교통경로들을 이용할 수 있게 되었고, 런던 중부의 접근성이 개선되었다.
- 공원 내부의 습지가 다시 복구되었고, 토착식물이 심어져 리강(River Lea)과 그 일대가 정화되었다.
- 전 연령대와 공동체에 걸쳐 건강하고 운동하는 생활방식이 장려되었다.

반대 사례

- 초기 추정한 액수보다 비용이 상승하여, 런던 주민들이 애초에 추정한 것보다 훨씬 큰 지출을 해야 할 것이라는 우려가 있다. 몬트리올의 납세자들은 아직까지도 1976년 개최한 올림픽으로 발생한 부채를 갚고 있다.
- 올림픽 준비는 곧 올림픽 지구에 기존에 존재했던 모든 건물, 사업체, 나무들을 철거한다는 의미이기도 하다. 300개 이상의 업체가 재배치되어야만 했고, 그 결과 일부 직업이 사라졌다.
- 올림픽의 수익 증진과 기반시설 개선을 위해 강매된 일부 사업용 부동산이 만족성이 떨어진다는 논란을 일으키고 있다.
- 올림픽으로 인해 런던이 얻을 관광수익이 32억 달러에 이를 것이라는 예측이 아테네올림픽과 시드니올림픽의 사례와 같이 과장된 것이 아닌가 하는 비난을 받는다.
- 환경운동가들은 재개발로 인해 발생할 수 있는 잠재적 손실을 우려한다. 로워리밸리(Lower Lea Valley)의 대부분은 광범위한 수계망이 발달한 매우 중요한 야생동물 서식지이며, 이미 대도시권 주요 자연보호구역로 지정되어 있다.
- 공사 기간 동안 지역주민은 소음, 먼지, 시각적 오염으로 인한 피해를 입었으며, 심각한 교통체증에 시달려야 했다,
- 올림픽 기간 동안 발생할 수 있는 테러의 잠재적인 위협 때문에 강력한 공권력이 필요할 것이며, 공사 기간 동안 보안문제도 훨씬 강화되어야 할 것이다.

'지속가능한'을 정의하기

올림픽이 미칠 영향에 관한 주된 비판은 올림픽 입찰을 통해 도시를 복원하는 사업방식의 기저에는 하향식 경제논리가 뒷받침하고 있다는 것이다. 신경제재단(New Economy Foundation)의 조사에 따르면 그동안 올림픽으로 인해 발생하는 새로운 상업적 기회를 활용할 수 있었던 집단은 자문단이나 개발업자 혹은 대기업뿐이었다. 대다수의 계약이 규모가 너무 커 중소 규모의 지역 업체들은 경쟁이 불가능했다.

철저한 브랜드 규칙과 주요 초국적기업들이 따내는 스폰서십(sponsorship) 계약은 지역공동체가 올림픽에 대해 자신들이 가진 지리적 접근성을 활용하여 소득을 극대화하는 것을 막고 있다. 또한 지역주민들은 지난 5년간의 젠트리피케이션(gentrification)이 만들어 낸 터무니없는 주택시장 가격으로 인해 내쫓기고 있다.

올림픽이 지속가능한지 그렇지 못한지는 우리가 어떤 정의의 지속가능성을 처음으로 접하는가에 달려 있다. 수천 명의 단기적 이동이 발생하고 여러 개의 거대한 빌딩을 만들어 내는 행사가 자연에 이런 규모의 피해를 입히고 있는데도 과연 지속가능한 사업이라 말할 수 있을까? 또 이와 반대로 매우 궁핍한 지역의 잠재적인 성장이 지역공동체에 온갖 긍정적인 사회적·경제적 영향을 끼칠 수 있다는 데 동정심을 갖고 고려하는 것이 당연한 일 아닌가?

기술과 발전

핵심내용

발전 과정에서 기술의 역할은 무엇인가?

- 기술은 발전 과정에서 핵심적인 역할을 할 수 있다.
- 기술에 대한 접근성은 불균형적이다.
- 기술이 그 자체로 '좋은' 것은 아니며, 사용방법에 따라 사회에 '좋을' 수도 '나쁠' 수도 있다.
- 기술로 인해 부정적인 외부효과와 도덕적 딜레마가 발생할 수 있다.

'기술'이라는 용어는 발전과 관련된 많은 용어와 마찬가지로 다양한 의미와 용도를 함축하고 있어 구체적인 정의를 내리기 힘들다. 아마도 오늘날 쓰이는 가장 넓은 의미의 정의는 '환경에 대한 인간의 모든 적응방법'일 것이다. 따라서 이 정의를 활용하면 기술의 범위는 초기 인류의 기본적 도구였던 부싯돌에서부터 맹인에게 이식하여 시력을 회복시키는 마이크로칩까지 넓은 범위를 포함할 수 있다. 이때 분명한 한 가지 사실은 지구상의 모든 인류가 발전 정도와 관계없이 어떠한 형태로든 기술을 활용하여 살아왔다는 점이다.

앞서 말한 바와 같이 기술의 정의는 너무 넓은 범위를 포괄하기 때문에 보다 세분하여 구분할 필요가 있다. 가장 간편한 방법은 기술의 난이도와 이용 시 필요한 노동의 집약도에 따라 구분하는 것으로 다음의 그림에 잘 나타나 있다.

1. 기술적 격차

기술을 활용하기 위해서는 지식과 자본 두 가지가 모두 필요하다. 현재 이 두 장벽이 부유한 집단과 가난한 집단 사이에 기술적 격차를 만들고 있으며, 이는 국가 안으로든 밖으로든 마찬가지이다.

이러한 기술적 격차를 이해하는 데 필요한 핵심적 요소는 '특허권'의 발행이다. 특허권이란 기술의 개발자나 연구자에게 타인으로부터 자신이 개발한 발명이나 아이디어가 착취당하는 것을 막기 위해 제공되는 합법적인 방어책을 의미한다.

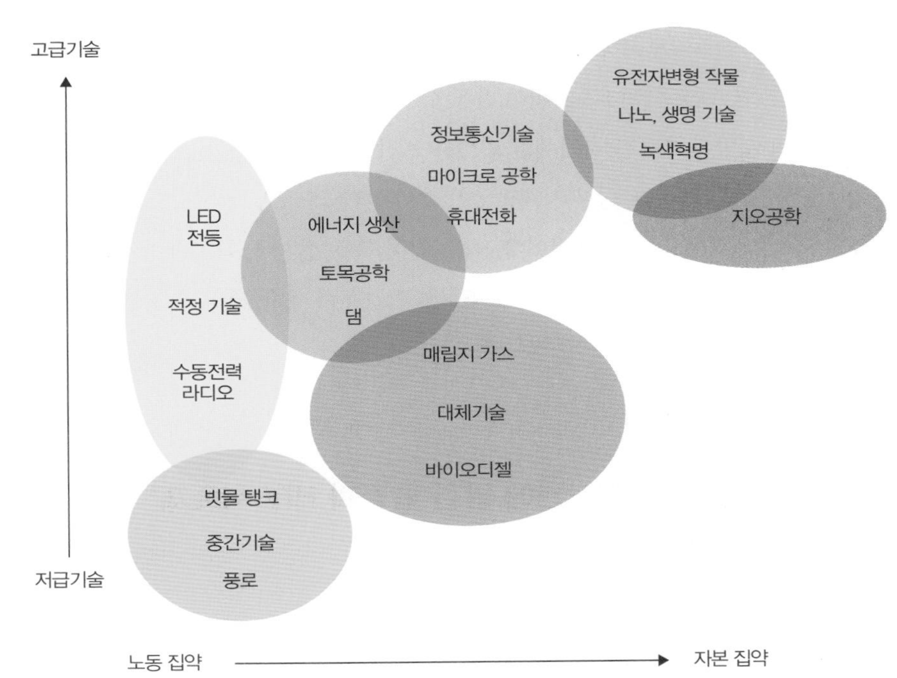

그림 13.1 기술의 종류와 이들이 필요로 하는 노동 또는 자본의 필요

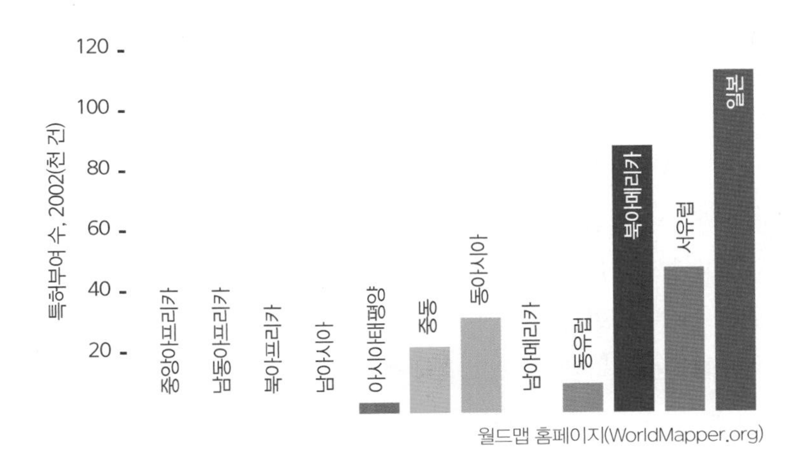

그림 13.2 세계 특허 분포

하지만 그래프에서 잘 알 수 있듯이, 특허권은 거의 전적으로 부유한 국가들만 이용할 수 있는 배타적 전유물이다. 일반적으로 새로운 기술 개발에는 많은 비용이 들며, 그 때문에 대부분의 개발도상국으로서는 기술을 개발할 형편이 못 된다는 현실이 이 격차가 발생하게 된 원인의 상당한 부분을 설명하고 있다. 하지만 특허권을 활용하여 타국의 기술을 받아들이는 것 역시 많은 비용이 들어, 다수 국가에서는 현실적으로 불가능하다. 심지어 남부 저개발국에서 새로운 기술이 개발되었을 때, 개발자가 자본이나 특허권에 대한 법적 지식이 부족하여 자신들의 연구결과와 그로 인한 혜택을 다른 사람이 착취하도록 내버려 두는 경우도 있다.

기술의 개발이 부유한 국가에만 과도하게 집중되어 있는 현 상황은 앞으로 기술 격차를 더 악화시켜, 남부 저개발국이 북부 선진국으로부터의 소위 '효율적' 기술 이전에 의지하도록 만들 것이다. 이로 인해 북부 선진국, 특히 많은 특허권을 가진 초국적기업들이 개발의 속도를 조절하고 경제적 혜택을 거두어들일 수 있는 강력한 권력을 갖게 될 것이 분명하다.

2. 무역관련 지적재산권에 관한 협정과 HIV 치료제

1995년 세계무역기구(WTO)의 가맹국들은 무역관련 지적재산권(Trade-Related Aspects of Intellectual Property Rights, TRIPs)에 관한 협정을 체결했다. 이 협정을 통해 특허 및 여러 형태의 지적재산권을 강화하기 위한 최소한의 기준이 도입되었다. 의약 분야의 경우 특허권이 출원일로부터 20년간 유지될 수 있게 하여, 제약회사가 비싼 가격을 매겨 의약 개발에 든 투자비용을 회수하고 수익을 창출할 수 있도록 했다.

하지만 이후 TRIPs 협정이 제약회사에 보장한 이 보호조치로 인해 주요 질병 퇴치에 활용되는 의약품에도 높은 가격이 부과되는 심각한 문제가 발생했다. 이에 따라 2001년 도하(Doha)에서 열린 WTO 회담에서 "TRIPs 협정은 가맹국이 공공보건을 수호하기 위해 실시하는 조치를 저지하지 않으며 또한 그러지 말아야 한다."라는 합의를 하기에 이르렀고, 각국 정부는 심각한 보건 비상사태를 일으킨 질병에 한해서는 로열티 지불 없이 의약품을 이용하는 강제면허(생산업체가 국가의 특허권 침해로 인한 처벌을 받지 않도록 보호)을 발행할 수 있도록 했다.

비록 이론적으로는 강제면허가 HIV 치료제에 보장된 특허권에 대한 법적 해결책을 제공했다고 볼 수 있으나, 이 협정에는 여전히 다음과 같은 문제점이 있다.

- 복제약품 제조업자들은 해당 강제면허에서 사전에 확정한 수량만 생산할 수 있다. 이로 인해 생산단가를 낮추기 위한 대규모 생산이 힘들다.
- 일부 거대 제약회사들은 강제면허의 발행으로 인해 예상치 못한 반향이 생길 수 있음을 경고하고 있다(다음의 태국 사례 참조).
- 면허는 '대부분 국내 시장'에 공급하기 위한 생산만 허가하도록 되어 있어, 기술력이 부족한 빈곤국가들이 해외에서 생산된 복제약품을 구하기는 힘들다.

3. 태국의 복제약품 이용

2002년에 태국에서는 약 3,000명의 환자만이 HIV 치료를 위해 매년 924달러가 드는 항레트로바이러스 치료제를 처방받을 수 있었다. 하지만 이후 태국 자체적으로 복제 항레트로바이러스 치료제를 생산할 수 있게 되자 가격은 1/18로 떨어졌고, 85,000명의 태국 국민이 약품을 처방받을 수 있었다.

그러나 특허 약품에 대한 사용료 지출을 중단하고 자체적으로 복제약품을 생산하겠다는 태국 정부의 결정은 결국 제약회사들의 불만을 사고 말았다. 세계 10위의 제약회사인 애벗(Abbott)은 자사의 7가지 최신 제품의 태국 판매를 거부했고, 의약연구 및 제조업 협회는 법적 조치를 취하겠다며 태국 정부를 위협했다. 미국 정부마저 태국을 중점적으로 지적재산권 침해행위를 감시하는 '우선 감시대상국'으로 올려놓았다.

분명히 복제약품에 전 세계를 고통스럽게 하는 HIV에 대항할 수 있는 엄청난 잠재력이 있음에도 불구하고, 매우 소수의 국가만이 태국의 사례를 따라 자체적으로 생산한 2세대 항레트로바이러스 치료제를 HIV 치료에 사용할 준비를 하고 있다.

HIV 치료제의 특허권 논란은 기술을 공급할지 붙들고 있을지 결정하려면 상당한 도덕적 고민이 동반되어야 함을 여실히 보여 준다. 이와 반대 사례로 첨단기술을 보유한 업체가 자사의 서비스를 공급하지 않는 것이 오히려 도덕적으로 올바른 선택이 된 경우도 있다. 최근에 일어난 인터넷 검열에 관한 논란을 예로 들면, 구글이 중국 정부의 검열정책을 거부하고 중국인 이용자가 자사의 홍콩 검색엔진으로 우회해서 사용하도록 한 바 있다. 이후에도 지속된 구글과 중국 정부 사이의 분쟁은 결국 무승부로 일단락된 것으로 보인다.

기술의 확산 정도를 잘 확인할 수 있는 한 가지 방법은 2000년 이래로 이용률이 400% 이상 상승한 세계의 인터넷 사용을 추적하는 것이다. 2010년 당시 전 세계

특집

만약 구글이 지난해 말 중국 정부와 합의한 내용을 그대로 이행한다면, 구글은 자신들이 중국 정부의 검색결과 검열을 막기 위해 최선을 다했다고 떳떳하게 밝힐 수 있을 것이다. 비록 중국에서 구글 검색 서비스는 사실상 폐쇄되는 지경에 이르겠지만, 음악 등 다른 분야의 서비스는 지속해서 운영될 것이며, 곧 구글이라는 기업이 중국인들의 뇌리에 남게 될 것이다.

중국 정부는 홍콩에서 전송된 검색결과는 방화벽을 통해 민감한 내용을 걸러 내지 않고 있기 때문에, 자국민이 검열되지 않은 검색결과를 확인하는 행위를 결코 허용할 수 없음을 분명히 했다.

구글의 한 관계자는 "우리는 중국인들로부터 구글의 문을 닫지 말아 달라는 내용이 담긴 수많은 메시지를 받았고, 우리의 원칙을 지키는 한에서 그렇게 해 보고자 안간힘을 다했습니다."라고 말했다.

BBC 뉴스, 2010년 7월

특집

'한 아이당 노트북 한 대' 목표는 중동과 동아프리카로

'100달러짜리 노트북 컴퓨터'를 지지하는 사람들이 모여 동아프리카의 모든 초등학교에 컴퓨터를 전달하겠다는 소망이 담긴 파트너십을 체결했다. '한 아이당 노트북 한 대(One Laptop per Child, OLPC)'와 동아프리카공동체(East African Community, EAC) 간의 파트너십은 2015년 한 해 동안 이 지역에 약 3000만 대의 노트북 컴퓨터를 전달하겠다는 것을 목표로 잡았다.

또한 OLPC는 유엔 기구와 함께 중동지역에 약 50만 대의 기기 전달을 목표로 하는 파트너십을 체결했음을 밝혔다. 일단 유엔 기구와 EAC 양쪽 모두 노트북 컴퓨터를 구매할 자금부터 모아야 한다. 이 두 기관은 현재 노트북 구입비용을 보조해 줄 기부자를 찾고 있다. 이 노트북 컴퓨터는 원가 절감의 노력에도 불구하고 200달러 이상의 가격으로 판매되고 있는 상태이다.

OLPC의 매트 켈러(Matt Keller)는 BBC 뉴스와 가진 인터뷰에서 EAC 파트너십에 대해 다음과 같이 말했다. "결국 가장 중요한 것은, 이 모든 것이 돈에 달려 있다는 사실입니다. 이상적으로 봤을 때 우리는 정부가 마음만 먹으면 모든 아이들에게 준비물을 제공할 수 있는 세상에 살고 있지만, 실은 그러지 못하고 있지요."

조너선 필더스(Jonathan Fildes), BBC 뉴스, 2010년 7월 29일

인구의 28% 이상이 인터넷을 사용한 것으로 추정된다. 여전히 아프리카에서는 11% 이하의 인구만이 인터넷을 사용할 수 있는 상황이지만, 지금의 성장속도만은 가히 전 세계의 그 어떤 것보다 빠르다고 할 만하다. 이 추세에 맞게 저렴한 가격의 태양력 노트북 컴퓨터를 농촌지역에 보급하여 아프리카 청년들의 교육을 도우려는 사업이 일부 원조단체에 의해 실행 중이다(BBC 뉴스 특집 참조).

그림 13.3 르완다 수도 키갈리(Kigali)의 아동들이 '한 아이당 노트북 한 대' 프로젝트로 공급된 컴퓨터를 사용하며 기뻐하고 있다.

표 13.1 세계 인터넷 사용 통계
출처: 인터넷 세계통계(Internet World Statistics), 2010

세계 지역	인구(백만 명), 2010년	인터넷 사용자(백만 명), 2000년 말	인터넷 사용자(백만 명), 2010년	보급률 (% 인구)	성장률, 2000~2010년(%)
아프리카	1,014	4.5	111	10.9	2,366
아시아	3,835	114.3	825	21.5	621
유럽	813	105.1	475	58.4	352
중동	212	3.3	63	29.8	1,810
북아메리카	344	108.1	266	77.4	146
라틴아메리카/카리브해	593	18.1	205	34.5	1,032
오세아니아/오스트레일리아	35	7.6	21	61.3	179
세계 전체	6,845	361	1,966	28.7	444

4. 기술적으로 도약하기

인터넷과 그 밖의 여러 첨단산업은 발전의 진행속도를 높일 수 있는 막대한 잠재력을 지녔다. 이러한 관점에서의 중요한 요소가 '기술적 도약'이라는 일련의 과정이며, 저개발국이 산업국가가 밟아 온 중간 단계를 거치지 않고 바로 현대기술을 받아들일 수 있는 경우를 뜻한다. 아마 이에 관해 가장 널리 알려진 사례는 개발도상국, 특히 고정된 유선전화마저도 없던 국가들이 휴대전화 기술을 도입하는 경우일 것이다. 현재 이 휴대전화 기술이 고립된 농촌지역의 발전 과정에 중대한 영향을 끼치고 있으며, 아프가니스탄이 이 기술적 도약의 혜택을 얻은 가장 대표적인 사례 중 하나이다.

5. 중간기술

기술적 도약이 막대한 혜택을 이끌어 낼 수 있는 것은 사실이지만 항상 실제적 효과가 따르는 것은 아니며, 특히 기술을 효율적으로 활용하기 위한 자원이 부족한 가장 발전이 이루어지지 않은 국가의 경우가 그렇다. 이러한 지역 역시 발전 과정에서 기술이 맡는 역할이 매우 크지만, 보다 더 효율적인 것은 중간기술(Intermediate technology)인 듯하다. 중간기술은 저개발지역에서 발견되는 자원 이용 및 조립, 유지 기술을 포함한다. 이 접근방식은 다음과 같은 다양한 이점을 가진다.

- 기본적 욕구에 집중함
- 저렴함(지역의 자원 활용)
- 지속가능함(지역주민이 고칠 수 있음)
- 지역공동체 역량강화
- 지역집단의 수요와 부합함

프랙티컬액션(Practical Action)은 중간기술 활용에 가장 전문적인 국제 NGO 중 하나이며, 이들이 수단의 다르푸르(Darfur)에서 실행한 작업이 이 점을 잘 보여 준다.

6. 기술은 트로이 목마인가?

점차 증가하고 있는 개발도상국의 기술 사용이 모든 사람으로부터 칭송받고 있는 것은 아니다. 발전을 촉진하는 과정에서 기술이 보여 주는 즉각적인 혜택은 매우 분명하며, 특히 의약품의 경우가 그렇다. 하지만 개발도상국에서 발생하는 현대기술의 조합이 미칠 보다 광범위한 영향은 여전히 불분명하며, 오히려 많은 국가에 남아 있는 전통적인 삶의 방식이나 문화가 위협받는 문제가 발생할 수 있다. 실제로 볼프강 작스(Wolfgang Sachs)를 비롯한 많은 이들이 이상적 발전에 대한 잘못된 해석이 지난 50년이 넘는 기간 동안 개발도상국에 기술을 도입하고자 하는 개발론자들의 열망을 잘못된 곳으로 인도해 왔다고 주장했다.

기술을 발전 과정의 핵심요소로 보는 시각이 점차 증가하고 있다. 기술의 효과적인 이전이 경제발전을 촉진하고 수백만 명을 먹여 살릴 수 있다는 점은 너무나도 분명하다. 하지만 이와 동일하게 초국적기업이 잠재적인 소득을 포기하지 않는 이상 기술 이전이 발생하는 일은 거의 없을 것이라는 점도 분명한 사실이다. 이 도덕적 딜레마를 풀어내는 것이 21세기의 국제개발을 위한 가장 핵심적인 쟁점이 될 것이다.

증거

물심양면으로 모든 에너지를 동원하여 선전하는 사회들의 모습에 자극받아, 발전 전략가들은 세계를 유심히 둘러보았으나, 이것이 무슨 영문인가? 보는 곳곳마다 필요 품품이 끔찍히 부족한 상태만 발견했다. 이들의 관점에서 많은 마을과 공동체가 가장 중요시하는 이웃, 조상, 신과의 관계 같은 것은 거의 흔적도 없는 것이었다. 이러한 이유로 제3세계 주민은 본인에게 능력, 자존감, 포부가 있든 없든 안중에 없이 단지 생존을 위해 분투하는 빈곤한 사람으로 인식되었다. 여러 세대 동안 발전 전략가들은 기술 전수를 통해 남부국가를 변화시키기 위해 노력했다. 경제적으로 이들은 뒤죽박죽의 결과를 얻었고, 오히려 문화적으로 전혀 의도치 않은 굉장한 성공을 거두었다. 많은 지역에 들이닥친 기계의 범람이 경제적으로는 주민에게 득이 될 수도 그렇지 못할 수도 있으나, 확실한 것은 전통적인 가치와 이상을 쓸어가 버렸다는 점이다. 이 빈자리는 기술문명의 기준에 따라 선정된 가치와 이상으로 대체되었다. 이는 이를 통해 혜택을 보는 제한된 사람에게만이 아니라, 강 건너 불구경하듯이 있던 훨씬 더 많은 사람에게도 해당되는 일이었다.

볼프강 작스, 『뉴인터내셔널리스트』, 1992년

사례 연구
아프가니스탄

가장 낙후된 지역까지 뻗어 나간 휴대전화

아프가니스탄의 기본 통계

총인구	2810만 명
1인당 국민총소득	$370
기대수명	44세
성인 문자해득률	28%
초등학교 등록/출석	61%

아프가니스탄은 전 세계에서 가장 빈곤한 개발도상국 중 하나로, 유엔이 발표한 인간개발지수(HDI) 순위에서도 169개국 중 155위를 기록했다. 현재 아프가니스탄은 발전을 위해 다음과 같은 과제에 직면하고 있다.

- 현재에도 진행 중인 분쟁: 아프가니스탄에서는 지난 40여 년 동안 거의 대부분 분쟁이 지속되었다.
- 고립: 아프가니스탄의 농촌 인구는 약 75%에 이르며, 이 중 다수가 산악지방이나 동떨어진 오지에서 살고 있다.
- 경제적 기반시설의 부족: 전체 인구 중 97%가 은행을 이용할 수 없으며, 자동입출금기가 국가 전체에 38개만이 설치되어 있다.
- 이주: 상당수의 아프가니스탄 인구가 이미 국내 혹은 해외로 이주했고, 고향으로 송금할 능력이 필요하다.
- 교육의 부족: 전체 아프가니스탄 인구 중 2/3 이상이 문맹이다. 따라서 기술의 효율적인 활용이 불가능한 경우가 흔하다.

2001년 탈레반(Taliban) 정권이 무너지고 유엔의 지원하에 차기 정부의 수립이 상당 정도 진행된 이후, 미국의 조언자들은 아프가니스탄의 국영 전화업체를 여러 개의 민간기업으로 대체할 것을 장려했다. 결과적으로 이 조치의 실행으로 인해 단독으로 4억 달러를 투자한 에미리트텔레커뮤니케이션(Emirates Telecommunication)을 비롯한 4개의 회사로부터 10억 달러 이상의 해외직접투자 자금이 들어왔다.

외부에서 들어온 투자자금으로 인해 아프가니스탄은 기존의 유선전화 기술을 넘어 자국의 휴대전화 기반시설을 발전시키는 것이 가능해졌다. 이는 상당한 영향을 미쳤는데, 전체 국토의 25%가 현재 무선전화 가능 지역이 되었고, 전체 인구 중 12%가량이 휴대전화를 소유하고 있다. 결과적으로 현재 75%의 인구가 최소한의 전화 서비스를 이용할 수 있게 된 것이다. 이러한 지리적 접근성의 향상뿐만 아니라 통화비용도 분당 2달러에서 분당 0.1달러까지 떨어져 아프가니스탄의 저소득층까지 이용할 수 있게 되었다. 현

18세 소녀 호리아(Horia)가 아프가니스탄 여성에게 제공된 직업훈련 프로그램에서 휴대폰을 수리하는 방법을 배우고 있다.

재 아프가니스탄의 휴대전화 신청자 수는 매월 15만 명에 이른다고 한다.

이 통신혁명은 다음과 같은 몇 가지 긍정적 효과를 만들고 있다.

- 휴대전화 업체가 쉽고 안전하게 돈을 거래할 수 있는 응용프로그램을 개발하자 은행과 소액대출 서비스의 이용이 상당 수준 증가했고, 12,000명 이상의 가입자가 이용하고 있다. 이용자들은 문자와 음성 서비스로 송금할 수 있어, 문맹인구도 생애 처음으로 은행 서비스를 이용할 수 있게 되었다.
- 가족들끼리 지속적으로 연락을 취할 수 있고, 고향을 떠나 일하는 가족으로부터 송금을 받을 수 있게 되었다.
- 농부들이 판매하러 가기 전에 미리 시장가격을 확인할 수 있다. 이 점이 중요한 이유는 과거에 농부들은 다른 시장에 가면 더 높은 가격으로 판매할 수 있다는 사실을 모른 채 가장 가까운 시장으로 나가 낮은 가격을 받고 물건을 판매해 왔기 때문이다.

하지만 휴대전화 산업의 성장 역시 다음과 같은 부작용을 낳는다.

- 휴대전화 사업으로의 집중은 광대역 주파수를 이용한 인터넷 이용의 확산속도가 감소할 듯하다.
- 탈레반 잔존세력이 조직원 간 연락과 사제폭발물을 이용한 테러에 휴대전화망을 폭넓게 활용하고 있다.
- 탈레반이 휴대전화 안테나 기둥을 '취약 표적(soft target)'으로 삼아 공격하고 있다.

사례 연구
수단

카랄라와 다르푸르의 연기가 적게 나는 난로

수단의 기본 통계(남수단 독립 이전)

총인구	4230만 명
1인당 국민총소득	$1,230
기대수명	58세
유아 사망률	1,000명 출산당 69명
성인 문자해득률	69%

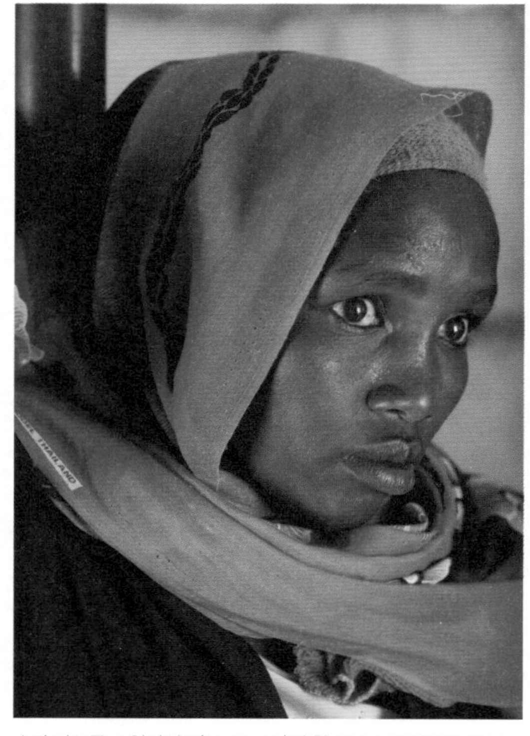
수단 다르푸르 알파시르(Al-Fashir)의 한 진료소를 방문한 여성

가정용 연료를 주로 장작을 태우는 것과 같은 바이오매스(biomass)에 의존하는 것은 환경을 악화시킬 뿐만 아니라, 연소 과정에서 발생하는 연기는 특히 여성과 아동에게 심각한 건강문제를 발생시킬 수 있다.

프랙티컬액션 수단(Practical Action Sudan)은 수단 최초로 가정의 실내 공기오염도 측정에 착수했고, 이를 위해 카살라(Kassala) 지역의 준도시 거주지역인 와우노우르(Wau Nour)의 가난한 가정 30곳을 표본으로 참여조사를 진행했다. 수단에서는 전통적으로 3개의 돌을 이용한 비효율적인 화덕에서 장작을 태워 음식을 조리한다. 이로 인해 실내 공기오염도 측정 결과 높은 수준의 미립자와 일산화탄소 농도를 보이는 것으로 드러났다.

이에 따라 회전기금(revolving fund)을 활용하여 많은 가정이 LPG 가스를 이용해 조리하도록 전환하는 프로젝트를 진행했고, 그 결과 실내 오염도가 80% 이상 감소했다. 여성개발협회(WDA)는 많은 협력자 및 주주들과 함께 이 사업의 확대전략을 수립했다. 재정적으로도 기여하고 있는 여성들이 관리하는 회전기금을 통해 오븐과 가스통을 구입할 수 있도록 했다. 카살라 지역의 가스업체들은 할부로 가스를 제공하기로 합의했다. 이에 따른 에너지 절약 비용을 계산해 보면 각 가정은 LPG 기구 비용을 최대 6개월에 걸쳐 상환할 수 있다.

현재 약 2,000가구가 장작에서 가스로 전환했고, 필요한 장비들을 모두 갖춘 상태이다. 가스충전소는 와우노우르와 카두글리(Kadugli)의 주거지역에 설치되어 쉽게 가스를 얻을 수 있다. 키스라(kisra: 수수로 만든 얇은 팬케이크, 수단의 주식)를 굽는 새로운 접시 용기도 이 지역에서 생산되고 있다. 안전한 사용방법은 민병대가 참여하여 교육하고, 아직까지 별다른 사고는 일어나지 않았다.

청정에너지인 가스기구 보급을 위해 설립된 회전기금에 가입한 가구의 수는 2007~2008년 사이 220가구에 이른다.

다르푸르 지역의 바이오매스 연료 이용가능 여건은 암울하다. 이미 황폐해진 자연환경과 메말라 가는 식생을 고려해 보면 새로운 에너지를 도입해야 할 필요성이 매우 높다. 이러한 상황에 부합해서 새로운 가스연료 도입사업이 착수되었고, 회전기금의 매출을 활용하여 알파시르 마을의 5,000가구에 가스 공급을 목표로 하고 있다.

프랙티컬액션(Practical Action)

새천년개발목표*

핵심내용

새천년개발목표는 얼마나 성공적이었나?

- 새천년개발목표는 거의 모든 지구공동체가 공감한 몇 가지 약속의 하나로 등장했다.
- 새천년개발목표 개개의 성공은 2000년에 설정한 구체적인 목표에 의해 측정된다.
- 일부 새천년개발목표는 다른 목표에 비해 달성하기 어렵기 때문에 목표별 달성 정도는 상이하다.
- 새천년개발목표의 달성은 이보다 달성이 더 시급한 다른 절박한 개발수요로부터의 관심을 분산시킨다.
- 새천년개발목표가 달성되지 못할 것에 대한 다양한 경쟁적 설명이 있고, 이러한 방식으로 구조화된 프로젝트를 시도하는 가치에 대한 비판도 있다.

이 장에서는 2000년 뉴욕에서 열린 유엔 새천년정상회의에서 선포되면서 시작된 새천년개발목표(Millennium Development Goals, MDGs)를 검토한다. 새천년개발목표는 극심한 빈곤을 타파할 목적으로 2015년까지 충족해야 할 지구공동체를 위한 구체적인 목표를 가지고 있다. 세계 정상이 채택한 새천년선언은 '모든 남성, 여성, 그리고 아이들에게 비참하고 인간성을 상실하게 하는 극심한 빈곤으로부터의 자유'를 약속했다.

새천년개발목표는 다음과 같다.

1. 극심한 빈곤과 기아 제거: 2015년까지 극심한 빈곤과 기아에서 살고 있는 인구를 반으로 줄이기

* 2015년 12월 31일로 새천년개발목표는 종료되고, 2016년부터 2030년까지 지속가능개발목표가 시작되었다. 최근 새천년개발목표 성과에 대한 논의가 이루어지고 있어, 이 내용을 번역자가 후반부에 추가하였다.

2. 보편적 초등교육 성취
3. 성 평등을 촉진하고 여성에게 권한 부여
4. 아동 사망률 감소
5. 모성보건 향상
6. HIV/AIDS, 말라리아 그리고 다른 질병과의 전쟁
7. 환경의 지속가능성 보장
8. 개발을 위한 국제협력의 발전

모든 구체적인 목표는 2000년이 아닌 1990년을 기초로 세워졌다.

1. 새천년개발목표 수립의 배경

국제사회는 1950년대와 1960년대 제2차 세계대전 전후 복구를 위한 경제성장과 식민 지배를 벗어난 개발도상국의 경제발전을 중요시했다. 이후 1970년대와 1980년대에 걸쳐 두 차례의 오일 쇼크와 식량위기를 경험하며 국제사회는 인간의 기본 욕구에 대한 중요성을 인식하기 시작했고, 1990년대 탈냉전 시대가 열리면서 국제개발협력은 이데올로기적 패러다임에서 벗어났다. 세계화가 진행되면서 경제개발 이외의 기본적인 삶의 중요성을 다루는 환경개발회의(1992년), 비엔나 세계인권회의(1993년), 세계여성회의(1995년) 등 다양한 분야에서의 국제적 논의를 반영하며 개발협력 패러다임을 경제개발 위주에서 사회발전 중심으로 변화시키게 되었다.

OECD 개발원조위원회(DAC)에서는 오랜 기간 제공된 원조에 비해 그 효과가 미비하여 다수의 공여국이 원조 피로를 느끼는 상황에서 그동안 독자적으로 제공하던 원조 지원을 좀 더 효율적이고 효과적으로 지원하고자 제한된 재원의 지원 효과를 증가시키는 방안을 모색했다. 이러한 배경에서 OECD 개발원조위원회는 1996년 '21세기 개발협력 전략'을 채택하며 국제개발협력 역사상 최초로 원조 지원에 대한 공여국 공동의 로드맵을 제시했다. 이 문서의 7대 국제개발 목표는 절대빈곤 비율을 반으로 줄이는 경제적 복지 측면과 더불어 교육, 양성 평등, 영유아와 산모 사망률 감소 및 보건 서비스 개선 등의 사회개발, 그리고 환경 훼손을 줄

이는 지속가능한 환경을 포함하고 있다.

새천년개발목표(MDGs)는 새천년정상회의에서 독자적으로 세운 목표가 아니라 1990년대에 개최되었던 주요 국제회의의 의제와 목표를 재구성하고 단순화한 것으로 2015년까지 달성하기로 결의한 모든 유엔 회원국들이 약속한 것이다. MDGs는 수립 과정에서 OECD 개발원조위원회의 21세기 개발협력 전략을 상당 부분 그대로 반영하고 여기에 참여국가 간 협력을 위한 파트너십 구축을 포함하여 8개의 목표(goal)를 제시하고 있다. 이들 목표는 다시 21개의 대상(target)과 이를 측정하기 위한 60개의 지표로 구성되어 있다. 2000년 MDGs 수립 당시는 18개의 세부목표를 설정했으나 2007년 유엔총회에서 총 21개가 되었다.

MDGs의 8개 목표 중 7개의 목표는 저개발국 또는 개발도상국에 해당하고, 여덟 번째 목표는 선진국에 적용되는데, 처음 7개의 목표는 측정 가능한 계량지표로 표시될 수 있는 하나 또는 그 이상의 대상을 갖고 있고 마지막 여덟 번째 목표는 질적 목표이다. 개발도상국에 해당하는 7개의 목표는 경제적 복지를 우선하여 극빈층 인구를 감소시키는 목표를 제시하고, 사회 발전을 위한 목표로 보편적 초등교육, 양성 평등, 아동 사망률 감소, 모성보건, 그리고 AIDS와 말라리아 및 기타 주요 질병의 확산 저지 및 감소와 치료 확대를 제시하고 있다. 환경 보전 측면에서는 안전한 식수 및 하수도 확대 그리고 지속가능한 환경 확보를 설정하고 있다. MDGs는 지금까지 개별 이슈로 취급되어 왔던 각각의 개발 분야(빈곤 퇴치, 교육, 여성, 보건, 환경, 파트너십 강화) 목표가 상호 유기적인 연관성을 갖는 것으로 인식하고 종합적이고 체계적인 개발계획의 수행을 추구한다는 데 의의가 있다. 또한 파트너십에 관한 목표 8은 개발사업에서 수원국의 주인의식, 개발주체들 간의 긴밀한 협력체계가 개발협력의 수단이자 최종 목표 중 하나임을 명시적으로 나타내고 있다.

2. 새천년개발목표

새천년개발목표 1 극심한 빈곤과 기아 제거

목표: 1990년과 2015년 사이 극심한 빈곤과 기아를 겪고 있는 인구를 반으로 줄이기

세계은행은 2009년 극심한 빈곤상태에서 사는 사람 수는 2008년 세계 경제위기 전에 기대한 것보다 많은 5500만 명에서 9000만 명 사이로 추정했다. 그 위기의 영향은 다양했고, 사하라사막 이남 아프리카와 남아시아의 일부 국가에서는 빈곤인구의 수와 빈곤율 모두 증가했다. 세계은행은 1990년 10억 8000만 명에 비해 2015년에는 9억 2000만 명이 2015년에 극심한 빈곤에서 생활할 것이라고 추정했다. 이 속도라면 극심한 소득 빈곤을 반으로 줄이려는 새천년개발목표는 성취될 것 같다.

빈곤 감소는 아시아에서 특히 성공적이었는데, 그 비율이 1990년 인구의 거의 55%가 2005년에는 17%로 떨어졌고, 2015년에는 5.9%가 될 것으로 기대된다. 빈곤상태에 사는 인구수 감소의 주요 요인은 중국의 급속한 경제발전으로, 1990년과 2005년 사이 4억 7500만 명이 극심한 빈곤에서 벗어나게 했고, 빈곤율을 반으로 줄였다. 인도는 극심한 빈곤자 수를 1억 8800만 명 감소시켜 빈곤율을 1990년 51%에서 2015년 24%로 기대한다. 새천년개발목표가 도달되면 좋은 성과이지만 거의 10억 인구가 아직 극심한 빈곤상태에 있다는 것을 기억해야 하고, 일부 빈곤 통계에 대해 회의적이어야 한다고 믿는 사람이 있다(아래 윌리엄 이스털리의 인

증거

'인도는 부유해지고 있기 때문에 빈곤해지고 있다!'

세계은행이 최근 세계 빈곤자 수를 40% 상향 조정한 것은 다음의 인용에 있는 모순으로 이어지는 터무니없는 절차에 기초하고 있다.

"긴 이야기를 줄여 말하면, 세계은행은 빈곤선을 결정하기 위해 포함하는 빈곤국 집단에서 부유한 인도를 축출하기로 결정해 빈곤선은 높아졌고, 인도 (그리고 세계의) 빈곤도 높아졌다. 이 모두는 인도가 부유하기 때문이다."

윌리엄 이스털리(William Easterly), 에이드워치(Aidwatch), 2010년 1월

용을 참조).

새천년개발목표 1의 두 번째 부분, 세계 인구 중 기아에 허덕이는 비율을 반으로 줄이기는 더욱 도달하기 어려울 것이다. 식품 가격이 2008년 국제시장에서 떨어졌지만, 더 나은 식품이 이용 가능해지거나 개발도상국 주민들이 지불해야 하는 가격으로 떨어지지는 않았다. 여기에는 빈약한 물류와 분배를 포함한 여러 가지 이유가 있다. 2009년 인도의 몬순 장마 기간에 약 130억 달러 가치의 식품이 저장을 잘 하지 못해 훼손되어, 인도 국회 앞에서 엄청난 소동이 벌어졌다. 또한 2009년에는 세계시장에서 밀과 쌀 가격의 급격한 상승을 보였다. 이는 세계 인구 중 영양결핍을 겪는 비율이 1990년대 초기 20%에서 2008년 16%로 서서히 안정적으로 감소하던 추이를 멈추게 했다. 영양결핍을 경험하는 아동의 수는 감소하지 않았고, 이들의 수를 반으로 감소시키는 목표는 2015년까지 달성되지 못할 것이다.

새천년개발목표 2 보편적 초등교육 성취

목표: 2015년까지 모든 아동은 초등교육을 마칠 수 있도록 책임지기

다른 새천년개발목표 또한 경제상황의 영향을 받는다. 모든 아동이 초등교육을 받도록 하는 세계적 열망은 경제위기의 결과 선진국으로부터의 원조 감소로 위축되었다. 2009년 연차보고서에 따르면 유네스코(UNESCO)가 지난 10년간 이룬 초등교육 확대에서의 진전은 특히 사하라사막 이남 아프리카에서 부유한 국가로부터의 원조 유입이 감소하며 교육재정이 줄어들어 원상태로 돌아갈 것이라고 경고했다. 그러나 2009년 한 해 동안 90%의 저소득·중소득 국가들은 보편적 초등교육에서 진전을 보였고, 사하라사막 이남 아프리카는 실제로 가장 큰 진전을 보였다. 그러나 진전율은 2015년까지 새천년개발목표를 달성하기에는 아직 너무 낮다.

'보편적 초등교육을 달성하기 위한 비용은 미국이 3개월 동안 아프가니스탄의 군사작전에서 사용한 비용보다 적다.'

전 세계적으로 학교에 다니지 않는 아동 수는 2000년 이후 3300만 명 감소했지만, 아직 추정컨대 7200만 명이 교육을 전혀 받지 않고 있다. 현재의 속도로는 5600만 명이 2015년에도 학교에 재학하지 않을 것으로, 전원 초등학교 재학의 목표는 충족되지 못할 것이다. 보편적 초등교육을 달성하는 데에는 일 년에 약 160

억 달러가 필요한데, 이는 미국이 2010년 3개월 동안 아프가니스탄에서 군사작전을 하는 데 사용한 액수보다 적다.

새천년 교육목표를 달성하기 위해서는 정부는 포괄적이어야 하고, 단순히 이미 학교에서 교육을 받고 있는 학생 수를 높이는 대신 소외계층이 교육을 받도록 해

그림 14.1 초등학교 순입학/출석 비율, 2003~2009
출처: 유니세프(UNICEF)

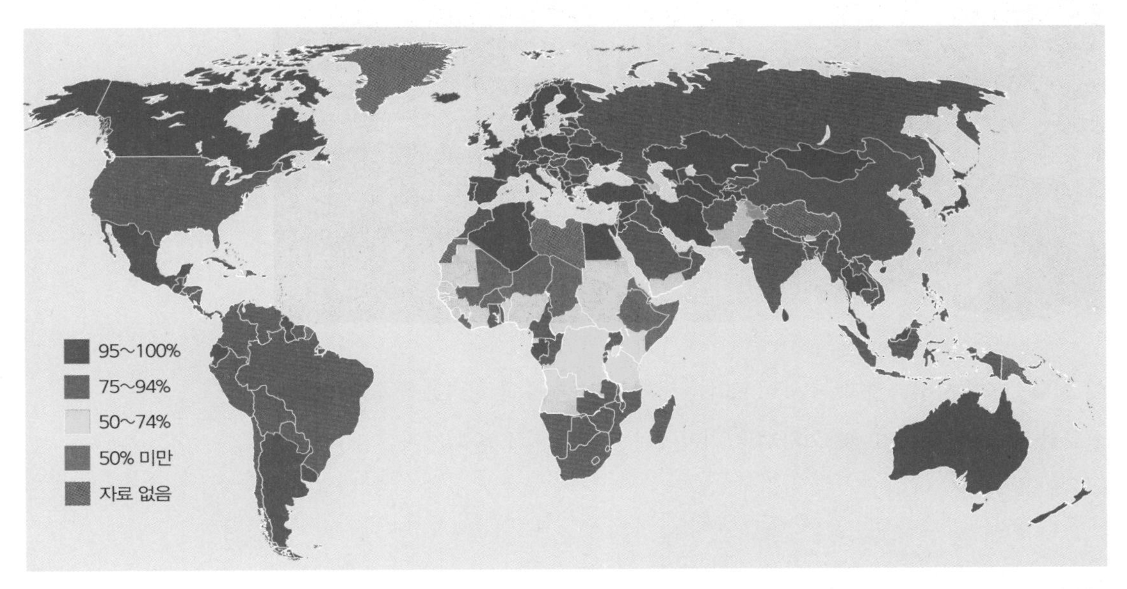

간략한 사례 연구

탄자니아의 교육 진전

탄자니아는 2002년 학교 등록금을 없애고 7~13세의 모든 아동에게 의무교육을 실시했다. 그 결과 초등학교 재학률이 2000년 59%에서 2010년 95.4%까지 높아졌다. 전체 초등학교 수는 2001년 11,873개교에서 2007년 15,624개교로 늘었다. 이렇게 빠른 진전은 탄자니아를 2015년까지 보편적 교육목표를 달성하도록 하겠지만, 실제 상황은 더 복잡하다.

교육에 대한 상당한 지원이 공여국으로부터 있었으며 정부도 교육에 대한 재정을 늘렸지만, 이러한 급속한 참여의 증가는 문제도 유발했다. 자원과 시설은 같은 속도로 늘어나지 않았고, 교사, 교재, 교실, 화장실은 부족했다. 국가 학생-교사 비율은 2000년 1:41에서 2010년 1:51로 높아졌다. 많은 교사들이 적은 자원으로 100명 이상의 학급을 관리해야 했다. 수적 증가에 대처하기 위해 더 많은 교사를 훈련시켜야 할 급박한 필요는 정부나 민간 지원의 대학에서 신규 교사가 받는 훈련 기간과 질에 대한 걱정을 높였다. 그 결과 늘어난 학생이 받는 교육의 질에 대한 걱정 또한 늘었다.

일부는 높은 재학률이 소외된 농촌지역에서는 유지되지 않았기 때문에 실제 재학률은 75% 정도에 근접한다고 주장했다. 입학 후 탈락률 또한 특히 문화적 기대감에 취약한 여학생들에게 높아, 초등학교를 졸업하는 학생의 절반만이 중등학교에 진학할 수 있는 수준이다. UNICEF는 이러한 모든 문제를 파악했지만 아직 아동들은 학교에 있는 것이 다른 곳보다 안전하고 더 좋기에 탄자니아의 보편적 교육에 대한 책임감을 높게 평가하고 있다.

그림 14.2 담배공장의 아동 노동에 반대하는 지역 NGO에 의해 설립된 방글라데시 북부의 학교 여학생들

야 한다. 11개 사하라사막 이남 아프리카 국가는 약 30%의 청년층이 4년 미만의 교육을 받으며, 부르키나파소와 소말리아에는 50%의 학교 중퇴자가 2년 미만의 교육만을 받았다.

새천년개발목표 3 성 평등을 촉진하고 여성에게 권한 부여

목표: 늦어도 2015년까지 모든 수준의 교육에서 성차별 제거하기

세 번째 새천년개발목표는 여성에 대한 차별을 줄이고, 여아와 남아 모두 학교에 갈 기회를 보장하는 것이다. 이 목표와 관련된 지표는 또한 더 많은 여성이 문자해득력을 가지고 공공정책과 의사결정에 폭넓게 참여하는 것을 보장하기 위한 진전을 측정하는 것이다. 성 평등과 여성의 권한을 부여하는 진전 없이 다른 어떤 새천년개발목표도 성취될 수 없을 것이다.

새천년개발목표 3을 향한 진전을 측정하는 지표는 다음과 같다.

- 남아에 비한 여아의 초등·중등·고등 교육 참여 비율
- 비농업 부문의 임금 고용에서 여성의 몫
- 의회에서 여성이 차지한 의석 비율

– 교육에서의 성별 차이

개발도상국에서 교육을 받을 기회는 여성들에게는 오래된 문제였다. 개발도상국에서 재학률의 성별 차이는 서서히 줄어들어, 100명의 남아당 1999년 92명의 여아가 2006년 95명으로 늘었다. 성 평등은 중국에서는 성취되었고 인도에서도 개선되고 있다. 그러나 아직 상당한 성차별은 지속되고 있다. 가장 큰 차이는 서아시아, 오세아니아, 사하라사막 이남 아프리카에서 나타나는데, 100명의 남아당 각각 91명, 89명, 89명의 여아가 초등학교에 다니고 있다. 또한 성차별은 교육수준이 높을수록 증가한다. 교육기회의 감소는 세계의 7억 7400만 명의 성인 문맹 중 64%가 여성이라는 것을 의미한다. 전 세계 성인의 문자해득률은 여성이 77%인데 남성은 87%이다.

– 여성과 취업

전 세계적으로 여성의 소득기회는 최근에 늘었지만, 이러한 혜택은 대다수 선진국에서 나타났다. 개발도상국에서는 대다수의 여성들이 아직 비공식 부문이나 무임금 가족노동으로 일을 하기 때문에 안정된 소득이 없다. 남아시아와 사하라사막 이남 아프리카에서는 이러한 형태의 노동이 여성 노동의 80% 이상을 차지한다. 같은 패턴이 사우디아라비아와 바레인 같은 많은 중동 국가에서도 나타난다. 여성의 낮은 취업수준은 종교적 이유도 중요하지만 대부분 전통문화로 설명할 수 있다.

– 정치적 참여

진정한 성 평등은 여성들이 자신과 가족에게 영향을 주는 의사결정 과정에 참여하는 기회를 통해서만 성취될 수 있을 것이다. 정치적 참여에서의 진전은 더디다. 전 세계적으로 여성은 국가 의회 전체에서 차지하는 의석이 1995년 11%보다는 늘어났지만 2010년 19%만을 차지하고 있다. 르완다는 주목할 만한 예외 국가로, 2008년 국회의원 선거에서 56%를 차지했다. 이러한 르완다의 높은 여성 참여는 1994년 인종학살 이후 수천만 명의 남성들이 국가를 탈출했거나 전쟁범죄로 투옥되어 여성이 전체 인구의 70%를 차지한 것으로 설명된다. 그 결과 르완다 노동력의 58%는 여성이고, 사업체의 41%도 여성이 소유하고 있다. 오직 북유럽 국

정보

성 평등과 권한 부여가 왜 그렇게 중요한가?

- 교육받은 여성은 높은 임금을 받고, 공동체 생활과 의사결정에 참여할 기회를 가질 수 있다. 이들은 늦게 결혼하고, 적은 수의 건강한 아이를 가져 그 아이가 학교에 다닐 가능성이 높게 나타난다.
- 아프리카에서는 5년간의 초등교육을 받은 어머니의 아이들은 5세 이상 생존할 가능성이 40% 높아진다.
- 전 세계적으로 여성은 1분마다 임신 또는 출산의 합병증으로 사망한다. 이러한 사망 중 99%는 개발도상국에서 발생한다.
- 폭력은 전 세계적으로 최소 1/3의 여성에게 영향을 미치고, 1/5의 여성은 일생 동안 강간 또는 강간 시도의 고통을 겪는다.
- 인도의 여아는 남아보다 무지로 인해 1~5세 사이에 사망하는 비율이 61% 높다.

영국 국제개발과, 2009

순위	국가	순위	국가	순위	국가
1	아이슬란드	8	레소토	15	영국
2	노르웨이	9	필리핀	16	스리랑카
3	핀란드	10	스위스	:	
4	스웨덴	11	스페인	94	일본
5	뉴질랜드	12	남아프리카공화국	:	
6	아일랜드	13	독일	104	한국
7	덴마크	14	벨기에	123	이란

표 14.1 세계 성차별 지수, 2010
출처: 세계경제포럼(World Economic Forum)

가들만이 정치에 참여하는 여성의 비율이 이렇게 높다.

성차별적 임신중절, 여아 살해, 열악한 식량과 약품 사정은 전 세계 인구 경향이 예측하는 것보다 실제 여성 인구가 6000만 명 적게 나타나게 했다. 이러한 이유만이 아니라, 성 평등과 권한 부여는 절박한 지구 차원의 우선순위이다. 그러나 더딘 경제활동 참여와 권한 부여의 진전은 새천년개발목표 3의 달성을 어렵게 할 것이다.

정보

전 세계 교육에서의 성별 차이는 93% 이상, 보건에서의 성별 차이는 96% 이상 줄었다. 반면, 성별 경제 참여율 차이는 60%만이, 정치 참여에서의 차이는 18%만이 줄었다.

사디아 자히디(Saadia Zahidi), 세계경제포럼, 2010

새천년개발목표 4 아동 사망률 감소

목표: 1990년과 2015년 사이 5세 미만 아동의 사망률을 2/3로 줄이기

5세 미만 사망률을 1990년 수준의 2/3로 감소시키는 것은 2015년까지 1,000명 출산당 35명을 줄여야 한다는 것을 의미한다. 5세 미만 유아 사망자는 1990년 1260만 명에서 2008년 880만 명으로 줄었고, 사망률로는 1,000명 출산당 100명에서 72명으로 줄어 28%의 감소를 보였다. 그러나 진전속도는 2015년 새천년개발목표를 달성하기에는 너무 더디다. 세계 전체 5세 미만 사망의 40%는 3개 국가에서 나타나는데, 나이지리아, 인도, 콩고민주공화국이다.

일부 진전도 있었다. 홍역은 영아를 영양결핍이나 쇠약 질병을 앓고 있는 경우 사망시킬 수 있다. 보츠와나, 말라위, 남아프리카공화국, 나미비아를 포함한 일부 국가들은 예방주사를 포함한 홍역퇴치 전략을 채택해, 2000년 이후 이 질병을 거의 제거했다. 세계적으로 홍역으로 인한 사망은 2000년에서 2005년 사이 60% 이상 감소했다. 가장 큰 감소는 아프리카에서 홍역으로 인한 사망이 506,000명에서 126,000명으로 감소한 것으로 추정된다.

정보

아동 사망의 주요 사실

- 매년 출생 후 4주 내에 사망하는 400만 명의 아기 중 거의 3/4은 여성이 임신과 출산 중 그리고 출산 후 적절히 양분을 섭취하고 임신 중 적합한 돌봄을 받으면 살릴 수 있을 것이다.
- 5세 미만 유아 사망의 대다수는 심각한 호흡기 질환(대다수 폐렴), 설사, 말라리아, 홍역, HIV/AIDS 그리고 신생아 질환에 기인하는데, 이는 모두 기존의 처치를 통해 피할 수 있는 질병이다.
- 영양결핍은 이러한 질병으로 인해 사망할 위험을 증가시키고, 모든 유아 사망의 반 이상은 저체중 유아에게서 발생한다.
- 매년 100만 명 이상의 말라리아로 인한 사망 중 90% 이상은 아프리카의 아동들이다.
- 공중보건은 아동 사망수를 감소시키는 데 절대적으로 중요하다. 영양, 성 평등, 교육 그리고 가구소득을 향상시키는 행동 또한 필요하다.
- 여아에 대한 차별과 가구 내 불평등한 음식과 자원의 배분은 아동 사망률, 특히 여아 사망률에 중요한 영향을 미친다.
- 빈곤은 아동 사망률 감소에 심각한 장애이다. 가난한 가정은 종종 자녀들을 위한 가장 기본적인 건강관리를 받을 수도 없다. 가난한 사람은 식량결핍과 안전하고 적절한 상하수도를 이용할 수 없어 가장 고통받는다.

UNICEF, 2009

그러나 현재의 진전속도로는 아동 사망률이 2015년 목표에 도달하기는 어렵다. 아동 사망률을 낮출 수 있는 방법은 말라리아 퇴치를 위한 살충 처리된 침대망, 상하수도 개선, 예방접종 프로그램 확대 등이 이용 가능하지만, 가장 높은 아동 사망률을 보이는 국가들은 일반적으로 진전이 가장 더디고 어떤 경우에는 더 악화되었다.

새천년개발목표 5 모성보건 향상

목표: 1990년과 2015년 사이 산모 사망률을 3/4으로 줄이기

대다수의 산모 사망은 예방할 수 있지만 매년 35만~50만 명의 여성이 임신과 출산 합병증으로 사망한다. 이러한 사망의 99%는 개발도상국에서, 이 중 반은 사하라사막 이남 아프리카에서 발생한다. 개발도상국에서는 산모 사망률이 1990년 10만 명 출산당 480명에서 2009년 440명으로 약간 감소했지만, 2015년까지 75% 감소의 새천년개발목표를 달성할 곳은 거의 없다. 일부 국가에서는 그 위험이 매우 높아, 아프가니스탄은 10만 명 출산당 1,400명의 사망을 보였다.

숙련된 보건 인력은 출산 시 여성 보호를 개선하고 합병증과 사망 위험을 줄이기 위해 절대적으로 중요하다. 사하라사막 이남 아프리카와 남아시아에서는 모든 출산의 반 미만만이 훈련받은 인력이 간호를 한다. 개발도상국에서 매우 젊은 산모는 산모 사망의 위험에 크게 노출되어 있고, 18세 미만의 산모에게서 태어난 아기는 그 이상의 산모에게서 태어난 아기에 비해 1년 내 사망할 위험이 60% 이상 높다.

전 세계적으로 2000년 이후 산모 사망률의 연평균 감소는 1% 미만으로, 이는 새천년개발목표에 도달하기 위해 필요한 연 5.5% 감소보다 훨씬 낮은 비율이다. 일부 국가는 다른 국가에 비해 진전을 보였는데, 사하라사막 이남 아프리카의 평균 감소는 0.1%였고 동아시아는 4.2%였다. 그러나 대다수 저소득 개발도상국에서 일관된 진전은 거의 나타나지 않는다. 국가 간 진전의 불균형은 최근 짐바브웨와 네팔에서의 변화에서 살필 수 있다. 산모 사망률 수준은 지도를 통해 국가 간 비교를 할 수 있다.

간략한 사례 연구

네팔의 무료 출산

무료 출산은 2009년 네팔에 도입되었다. 이는 영국 국제개발과(DFID)의 '5개년 안전한 산모 프로그램'의 재정 지원으로 가능했다. 산모 사망률은 네팔의 가장 큰 문제였고, 그 비율은 현재 10만 명 출산당 281명이다. 무료 출산이 도입되기 전까지 32%의 출산만을 보건 인력이 관장했다. 이는 네팔에서 신생아는 매 20분마다 한 명씩 사망하고, 출산과 관련한 여성의 사망은 매 4시간마다 발생하는 것을 의미했다. 무료 출산을 실시하는 것은 대다수의 출산이 보건 인력의 보살핌 아래에서 이루어진다는 것을 의미한다. 매년 225,000명의 여성이 혜택을 볼 것으로 기대한다.
무료 출산 도입은 네팔이 새천년개발목표 4와 5를 달성하는 데 상당한 도움이 되었다.

증거

"이 과감한 발의는 네팔 여성들에게, 특히 빈곤으로 여성들이 안전하지 않은 출산을 할 수밖에 없어 자신과 신생아의 생명을 위협하는 농촌지역에서는 가장 아름다운 새해 선물이다."

벨라 버드(Bella Bird), 네팔 DFID 센터장

간략한 사례 연구

짐바브웨의 붕괴

짐바브웨의 산모 사망률은 1990년 10만 명 출산당 300명 이상이었는데, 2008년 790명의 사망으로 급격히 증가했다. 이 기간 동안 짐바브웨는 정치적 혼란을 겪으며 내부 갈등과 국가 경제의 붕괴로 이어졌다. 장기집권의 로버트 무가베(Robert Mugabe) 대통령은 백인 농부를 축출하는 과정을 지켜보고 부패와 반대파에 대한 잔인한 억압의 주장 중에도 토지 소유권을 자신의 정치적 추종자에게 이전시켰다.
경제의 붕괴는 국가 내 보건 시스템을 위한 지출이 거의 없었음을 의미했고, 모성보건은 이러한 상황의 가장 큰 희생을 치렀다. 재원 부족은 약품 부족과 만성적인 인력 부족으로 이어졌다. 이 문제는 국가로부터 조산사들이 경제적 어려움과 폭력의 위험으로 인해 강제 퇴출되며 대량 이주로 이어지면서 악화되었다. 300만 명 이상의 짐바브웨인들이 1999년과 2009년 사이 국가를 떠났으며, 이들 중 상당수는 잃어서는 안 되는 전문가들이었다.
2009년 두 정치정당이 권력공유 협정을 맺으며 이루어진 정치적 안정은 일부 경제적 향상과 상황을 개선시키려는 계획을 가능하게 했다. 기초보건 간호사들이 조산사로 훈련을 받았고 재원이 나아졌지만, 짐바브웨는 새천년개발목표를 달성하지 못할 것이다. 비참한 경제와 정치적 불안은 인간개발지수에서 169개국 중 최하위를 차지하게 했다. 다음 하위 국가인 콩고민주공화국의 0.239에 비해 짐바브웨는 0.140을 차지했는데, 짐바브웨는 1990년 0.284의 점수를 가졌었다.

새천년개발목표 6 HIV/AIDS, 말라리아 그리고 다른 질병과의 전쟁

목표: 2015년까지 HIV와 AIDS 확산 막기

새천년개발목표 지표: 15~24세의 젊은 층에게 HIV 만연

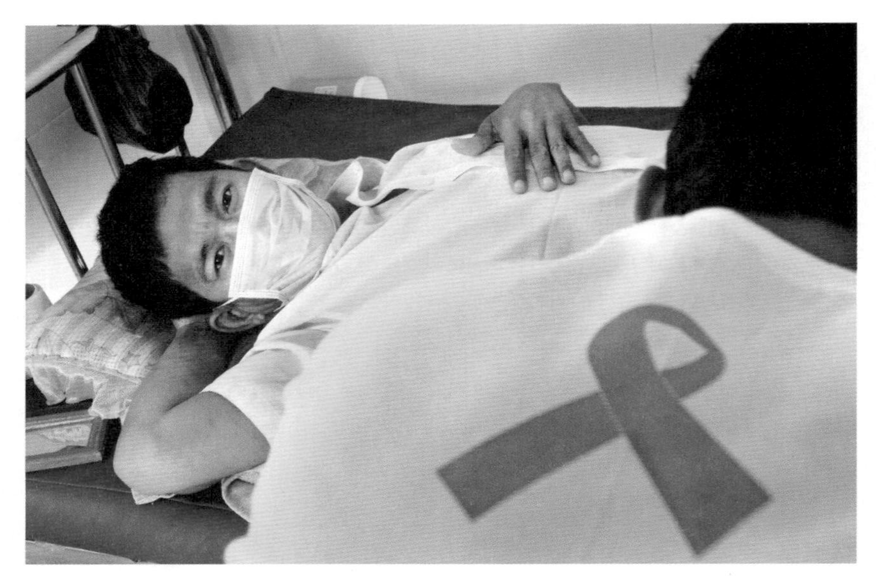

그림 14.3 캄보디아 타케오(Takeo)의 HIV에 감염된 남자가 AIDS 리본이 표시된 유니폼을 입은 간호사에게 검진받는 모습

HIV에 감염된 사람의 약 95%는 낮은 또는 중간 소득 국가에 살고 있고, 200만 명 이상이 2008년 AIDS 관련 질병으로 사망했다. 가장 최악의 영향을 받은 국가들의 평균수명은 이 전염병이 시작된 이래 20세가 감소했다. 1950년대 평균수명의 가장 큰 차이는 선진국과 개발도상국 간이었다. 이제는 그 차이가 최빈국(유엔의 용어로는 가장 미개발된 국가), 특히 AIDS로 황폐화된 국가와 나머지 국가 간이다. 짐바브웨, 잠비아, 레소토는 평균수명이 46세이다.

그러나 마침내 일부 성공의 신호가 나타난다. 새천년개발목표의 진전에 관한 2009년 UNDP 보고서에 따르면, 이 병이 시작된 이래 처음으로 2008년 AIDS로 인한 사망자 수가 감소했다. 점차 많은 사람들이 자신들을 살아남아 일할 수 있게 해 주는 항레트로바이러스(ARV) 약을 이용할 수 있게 되었다. 다음 표는 2010년 세계보건기구(WHO), UNICEF, 유엔에이즈프로그램(UNAIDS)의 '보편적 접근을 향해(Towards Universal Access)' 보고서의 내용인데, 항레트로바이러스 약 이용이 상당히 증가한 것을 보여 준다. 2009년 말 이 약은 필요로 하는 사람의 36%가 사용했고, 이전 연도보다 8% 증가했다.

2000년이 시작되며 항레트로바이러스 약의 비싼 가격은 오직 선진국의 일부만이 혜택을 보고 수백만의 HIV 환자들은 사용을 할 수 없게 했다. 이 약의 적용이 증가한 것은 인도와 중국 같은 개발도상국에서 대다수 생산된 상표등록을 하지 않은 값싼 약품을 사용하며 비용이 엄청나게 낮아지면서 가능했다. 상표등록을 하지 않은 약품 사용에 대한 일부 국가 간, 주요 제약회사 간 논쟁이 있었지만(제13장 참조), 가격 하락이 엄청나게 빠르게 이루어지며 항레트로바이러스 약의 가격은 이제 더 이상 HIV 치료에 가장 큰 장애는 아니다. 가장 큰 고민은 항레트로바이러스 약이 효과적으로 배분될 수 있도록 하는 진료체계를 갖추는 일이다. 8개 국가가 이제 항레트로바이러스 치료의 (약품을 필요로 하는 사람의 최소 80%가 이용할 수 있을 때라고 정의되는) 보편적 접근권 인증을 받았다. 이러한 국가는 보츠와나, 캄보디아, 크로아티아, 쿠바, 가이아나, 오만, 루마니아, 르완다이다.

항레트로바이러스 약 이용의 증가는 HIV에 감염된 사람의 운명에 엄청난 변화를 가져왔지만, 교육이 이 바이러스의 확산을 중지할 가장 효과적인 방법이라

표 14.2
WHO/UNICEF/UNAIDS, 2010, 보편적 접근을 향해

지역	항레트로바이러스 치료를 받은 사람(백만 명)		항레트로바이러스 치료를 필요로 하는 사람(백만 명)		항레트로바이러스 범위(%)	
	2009년 12월	2008년 12월	2009년 12월	2008년 12월	2009년 12월	2008년 12월
사하라사막 이남 아프리카	3.9	2.95	10.6	10.4	37	28
동부와 남부 아프리카	3.2	2.41	7.8	7.6	41	32
서부와 중앙 아프리카	0.71	0.53	2.9	2.8	25	19
라틴아메리카와 카리브해	0.48	0.44	0.95	0.92	50	48
라틴아메리카	0.43	0.4	0.84	0.81	51	49
카리브해	0.05	0.04	0.11	0.11	48	37
동부와 남동 아시아	0.74	0.57	2.4	2.3	31	25
동유럽과 중앙아시아	0.11	0.08	0.61	0.57	19	15
북부아프리카와 중동	0.01	0.009	0.1	0.09	11	10
모든 저·중소득 국가	5.25	4.05	14.6	14.3	36	28

정보

항레트로바이러스의 지출은 2005년 1억 1680만 달러에서 2008년 2억 220만 달러로 증가했지만, 조달된 양은 매월 620만에서 2210만으로 증가했다. 상표등록을 하지 않은 항레트로바이러스 약에 대한 지출 비중은 2005년 9.2%에서 2008년 76.4%로 증가했고, 상표등록을 하지 않은 조달된 양의 비중은 2005년 14.8%에서 2008년 89.3%로 증가했다. 2008년 상표등록을 하지 않은 항레트로바이러스 약의 최소 90%는 미국 대통령의 'AIDS 구조를 위한 긴급재원(PEPFAR)'의 8개 프로그램에서 제공되었고, 에티오피아, 아이티, 나미비아, 르완다, 탄자니아, 짐바브웨에서 사용된 약품은 99% 이상이 상표등록이 이루어지지 않은 약이다.

「미국의료협회저널(Journal of the American Medical Association)」, 2010년 7월

고 밝히고 있다. 진전은 실망스럽기도 하다. 2010년 이 질병에 대해 종합적인 지식을 가진 젊은 남성과 여성을 90%까지로 하겠다는 목표는 아직 갈 길이 멀다. 개발도상국의 15~24세 사이 이 질병에 대해 잘 아는 젊은 남성과 여성은 각각 31%, 19%에 불과하다. 만일 종합적인 성교육이 이루어진다면, 사람들의 태도와 실천에 효과적인 변화를 가져올 수 있을 것이다.

현재까지의 증거는 HIV와 AIDS의 확산을 중지시킨다는 새천년개발목표가 2015년까지 달성되지 못할 것으로 본다. 2020년까지 처치목표는 성취할 수 있으나, 이러한 진전을 유지하기 위해 필요한 프로그램의 재정이 잠재적 문제이다. WHO는 현재(2010년)의 프로그램을 지원하는 데 필요한 250억 달러에 100억 달러 정도가 부족한데, 이것이 HIV와 AIDS와의 전쟁에서 급변점이 될 것이라고 경고했다. 비록 HIV와 AIDS와의 전쟁을 위한 재정 지원은 다른 개발 분야보다 잘되고 있지만, 세계 금융위기는 개발 프로젝트를 위해 국가들에 재정 지원을 꺼리게 했다.

– 말라리아

빈곤국가의 말라리아 퇴치를 위한 WHO와 여러 계획은 재정 지원이 지속된다면 2015년의 목표는 성취될 것으로 희망적이다. 말라위에서의 말라리아 영향과 이 질병을 퇴치하기 위한 방책들은 제9장에 소개되어 있다.

새천년개발목표 7 환경의 지속가능성 보장

목표: 지속가능한 발전 원칙을 국가 정책 및 프로그램과 통합하고, 환경자원의 손실을 역전시키기

증거

"말라리아 퇴치 재정 지원 약속의 감소는 2002년 이후 이 지원으로 말라리아로부터의 보호 혜택을 받았던 국가들에서 다시 말라리아가 재발하는 위험으로 나타날 수도 있다. 이러한 국가를 대상으로 하는 지속적인 재정 지원은 중대한데, 지속되지 않는다면 2002년 이후 투자한 99억 달러도 헛수고가 될 것이다.

밥 스노(Bob Snow), 『란셋(The Lancet)』, 2010년 10월

간략한 사례 연구

수리남은 말라리아 새천년개발목표를 '이미 달성'

북반구 남아메리카에 위치한 수리남은 말라리아 감소의 2015 새천년개발목표를 이미 초과 달성했다. 새천년개발목표 6의 일부는 말라리아 발병을 멈추고 역전시키는 것으로, 수리남의 말라리아 발병률은 2001년과 2006년 사이 70% 감소했다. 말라리아에 대한 집중적 홍보는 2005년부터 시작되어 엄청난 결과를 만들어 냈다. 2007년에는 단 700건의 말라리아 발병이 있었다. 수리남의 전체 인구는 살충 처리된 침대망을 누구나 설치했고, 활발하게 감시활동을 벌였다.
"우리는 환자가 오길 기다리지 않고 우리가 그들을 찾아간다. 우리는 기동 팀이 있다."
이러한 방책은 고위험지역에 살충제 뿌리기, 종합적인 국민의식 홍보, 잠재적 전염병에 대비한 활발한 감시활동을 포함하고 있다. 말라리아가 집중적으로 발병하면 이 지역에 팀을 파견하여 말라리아 기생충에 대한 대량 검사를 실시한다.

과학과 개발 네트워크(Science and Development Network), 2007

진전을 측정하는 주요 지표는 삼림 파괴와 생물다양성 손실 비율, 기후변화에 영향을 주는 배출가스 규제에 대한 합의이다.

– 삼림 파괴

삼림 제거 속도는 환경 지속가능성의 중요한 지표이고 지난 10년간 이룩한 진전은 혼재되어 있다. 삼림 제거는 늦추어지고 있고 중요한 진전은 일부 국가에서 이루어졌지만, 전체적인 감소율은 아직도 매우 높다.

– 생물다양성

생물다양성 손실을 제한하자는 전 세계적 협약은 생물다양성을 보호하고, 보전하고, 향상시키기 위해 필요한 재원을 확보하기 어렵기 때문에 성취하기 힘들다. 현재 매년 공적개발원조(ODA)로 약 30억 달러가 식물과 동물은 풍부하지만 재정과 기술 자원이 빈약한 개발도상국을 돕기 위해 지원된다. 그러나 생물다양성 목표에 도달하기 위해서는 선진국으로부터 3000억 달러 정도가 필요한 것으로 추정한다. 생물다양성을 보존해야 할 필요에 대해서는 모든 국가들이 일반적으로 인정했지만 이를 위한 실천방안에 동의하는 것은 훨씬 힘들다. 2010년 10월 일본 나고야에서 있었던 생물다양성 정상회담은 '지구 구하기'의 마지막 기회였다고 많은 환경주의자들이 말한다. 그 결과는 전 세계적인 갈채를 받지는 못했지만 일부

특집

삼림 파괴 둔화

세계의 순삼림 감소율은 아마존의 벌목 감소와 중국의 대규모 식목과 더불어 지난 10년간 놀라울 정도로 둔화되었다. 그러나 유엔 식량농업국(FAO)에 따르면, 삼림은 일부 국가에서는 '급속한 속도'로 계속 제거되고 있다. FAO의 2010년 지구 삼림자원 평가에 따르면 삼림 피복의 감소는 아프리카와 남아메리카에서 가장 심각하고, 오스트레일리아 또한 최근의 가뭄으로 엄청난 손실을 보았다.

이 보고서의 협력관이었던 FAO 선임 임원은 '좋은 뉴스'라고 말했다. "삼림 제거 속도가 전 세계적으로 감소했다고 말할 수 있는 것은 이번이 처음이고, 순속도를 보면 확실히 감소했다. 그러나 일부 국가에서의 상황은 아직 위급하다."

지난 10년간 삼림은 1990년대 1600만 헥타르에 비해 매년 1300만 헥타르가 없어지거나 다른 용도로 변환되었다. 그러나 새로운 삼림이 매년 700만 헥타르 이상으로 심어지고 있다. 따라서 2000년 이후 연간 순손실은 1990년대 830만 헥타르에 비해 520만 헥타르로 줄었다. 전 지구적으로 삼림은 지구 지표면의 31%를 덮고 있다.

리처드 블랙(Richard Black), BBC 뉴스

는 만족해했다.

– 기후변화

세계 경제위기로 인한 산업활동의 침체는 부유한 국가의 이산화탄소 배출을 2009년 7% 감소시켰다. 그러나 이러한 감소는 인도와 중국의 이산화탄소 배출 증가로 상쇄되어, 전체 배출은 1992년 이후 증가가 없었던 첫 해인 지난해와 같은 수준으로 유지될 것으로 보인다.

부유한 국가들은 '교토의정서'에 서명하지 않은 미국을 제외하고 1990년 수준보다 2012년까지 법적으로 배출을 5.2% 줄여야 한다. 경제 침체는 이들 국가가 목표수준보다 훨씬 낮은 10%를 줄이는 데 도움을 주었다. 비록 중국과 인도의 배출이 늘고 있지만, 산업화된 국가에서 1인당 배출하는 이산화탄소 양보다 상당히 낮은 수준이다. 네덜란드의 1인당 배출 10톤, 미국의 17톤에 비해 인도는 배출이 1인당 1.4톤, 중국은 6톤이다. 사하라사막 이남 아프리카는 배출이 1인당 0.3톤에 불과하다.

2009년 코펜하겐 기후변화회의는 중요한 협정을 도출하는 데 실패했고, 이어진 2010년 멕시코 칸쿤에서 도출한 협정은 자발적으로 구속력이 없다. 따라서 비록 전 세계의 배출은 안정되었다 하더라도 부유한 국가들의 산업활동이 정상화되면 배출량은 다시 증가할 것이다.

특집

일본 나고야시에서 유엔 생물다양성 정상회의에 참석한 193개 부유·빈곤 국가의 대표들은 세계의 위협받는 생태계를 어떻게 가장 잘 보호할 수 있는가에 대해 거의 2주간 긴박하게 토론한 후 마침내 지난 토요일 자연의 파괴를 막고 세계 생물다양성의 더 이상의 손실을 중단하는 '효과적이고 긴급한 행동'을 서약하는 '역사적 지구 협정'에 도달했다. 대다수는 유엔이 지구의 다양한 환경문제를 해결하는 데 도움을 주기 위해 앞장설 수 있다는 희망을 제시했다며 20개의 합의에 대해 낙관적이었다. 그러나 1992년 리우데자네이루의 지구정상회의에서 시작한 유엔의 생물다양성 합의를 비준하지 않은 나라의 하나인 미국은 예상한 대로 서명을 하지 않았다. 이는 여러 방식으로 이 합의를 '제한'할 것으로 보인다.

가장 중요한 성취 중 하나는, 예를 들어 아마존 유역에서 발견되는 생물종, 그리고 개발도상국에 분포하는 다른 귀중한 매장자원의 지식과 혜택을 공유한다는 협정이다. 브라질은 다른 자연적으로 혜택을 받은 국가와 함께 지난 18년 동안 힘있는 국가와 기업들이 약품, 화장품 등을 만들기 위해 야생식물과 같은 풍부한 유전자를 착취하고 이로부터 엄청난 이윤을 불공평하게 자신들만이 차지하는 재량권을 더 이상 주지 말아야 한다고 주장했다.

유럽연합은 부유한 국가를 설득해 마침내 접근권과 혜택 협정(Access and Benefits Protocol)에 동의하게 함으로써 이 오랜 대립을 화해시킬 수 있었다. 이는 법적으로 구속력이 있어 자신들의 영토 내 유전자 자원을 가진 국가들은 이 자연자산의 상업적 개발로 엄청난 이윤이 생기면 이를 최소한 적절하게 나누어 혜택을 공유하게 하는 것이다. 지금까지는 잘되고 있는데, 이 협정의 세부적인 내용은 아직 더 구체화되어야 한다. 이 협정은 기업과 국가에 다른 사람들의 자원을 자유롭게 채취하기 위해 얼마만큼의 비용을 지불해야 하는가는 '나중에 협상'하기로 했다. 이 협정의 장점이 비평가들이 지적하는 파렴치한 생물종-해적행위를 연장하기 위한 책략일 수 있는 불필요한 지연전략으로 사라지지 않기를 기대한다.

「파이낸셜익스프레스(Financial Express)」, 2010년 10월

목표: 2015년까지 안전한 음용수와 기본적 위생시설을 지속가능하게 사용할 수 없는 사람 비율을 반으로 줄이기

추정컨대 아주 기본적인 화장실조차 없는 사람이 26억 명 정도이고, 어떤 형태로든 처리된 음용수를 마실 수 없는 사람이 8억 8400만 명에 달한다. 이에 따른 직접적인 결과는 다음과 같다.

- 매년 160만 명이 안전한 음용수와 기본적 위생시설을 사용할 수 없어 (콜레라를 포함한) 설사병으로 죽는다. 이들의 90%는 5세 미만이고, 거의 대다수는 개발도상국에서 발생한다.
- 매년 수만 명을 사망시키는 수인성 질병인 주혈흡충증(schistosomiasis)에 1억 6000만 명이 감염된다. 수백만 명의 시력 손실이나 장애를 일으키는 트라코마(trachoma)의 위험에 노출된 사람은 5000만 명이나 된다.

안전한 음용수를 이용할 수 있도록 하는 것은 지난 수십 년간 많은 국가와 NGO

간략한 사례 연구

아프가니스탄의 상하수도

환경의 지속가능성을 성취하는 것이 일부 국가에게는 다른 국가에 비해 더욱 힘들 수 있다. 아프가니스탄은 지난 40년간 지속되는 내전 속에 있었고, 가까운 미래에 개선될 여지도 보이지 않는다.

아프가니스탄은 열악하고 힘든 환경이지만 수십 년의 내전이 이 상황을 더욱 악화시켰다. 깨끗한 음용수와 쓰레기 처리가 가장 큰 문제였다. 아프가니스탄인의 80% 이상이 오염된 물을 마시는 것으로 추정된다. 카불은 500만 명 이상이 살고 있는 세계에서 가장 빠르게 성장하는 도시 중 하나이지만, 이 도시에는 35개의 공중화장실만이 있고, 음용수는 마을 펌프를 이용해야만 얻을 수 있다. 카불시는 하루에 2000톤의 고체 쓰레기를 발생시키는데 이 중 400톤밖에는 처리할 수 없다.

급격한 인구 성장으로 인해 농촌지역에 식량을 재배할 토지가 부족하고, 주변 토지들은 압박을 받고 있다. 삼림 제거, 토양 침식, 물 확보를 위한 갈등, 그리고 기후변화의 영향은 불가피한 환경 악화의 요인들이다. 격렬하고 오랜 내전 아래 이러한 문제와 많은 사람의 개인 안전에 가해지는 위협에 대처하는 것은 거의 불가능해 보인다.

증거

"우리의 소득은 턱없이 부족하다. 20년 전과 비교해, 우리는 더 가난하다. 우리가 처치할 수 없는 새로운 작물 병이 생겼고, 목부와 농부 간 갈등이 발생했으며, 사람들이 삼림을 땔감으로 자르고 있다."라고 마을 노인 사이칼(Saikal)이 말했다.

「가디언」, 2010년 9월 14일

특집

칸다르(Kandahar)와 헤라트(Herat)에는 쓰레기폐기장이 도시 위 마른 강 계곡에 위치하고 있는데, 큰비가 오면 수백 톤의 쓰레기가 강을 따라 다시 도시로 씻겨 내려갈 것 같다. 카불의 한 쓰레기폐기장도 도시의 상류, 음용수를 채취하는 우물 가까이에 있다.

도시지역의 음용수는 하수로 오염되어 박테리아가 엄청나게 포함되어 있다. 이는 공중보건, 특히 콜레라에 가장 취약한 아이들에게 위협이다. 내전으로 피해를 보고 정기적인 유지 관리가 되지 않은 카불의 물 공급체계는 누수와 불법 이용으로 공급량의 60%를 잃고 있다. 헤라트에는 150개의 공중수도 중 10%만이 정상으로 작동한다.

유엔환경프로그램(UNEP), 2003

지원의 개발 프로그램의 목표였고, 세계적으로 상당한 진전이 있었다. 세계 인구의 약 87%, 개발도상국 지역의 84%가 이제 물을 개선된 수원으로부터 얻는다. 사하라사막 이남 아프리카는 안전한 음용수를 이용할 수 없는 8억 8400만 명의 1/3을 차지한다. 안전한 물 공급의 새천년개발목표는 비록 모든 개별 국가 차원에서는 이루어지지 못하더라도 전반적으로는 달성될 수 있을 것이다.

그림 14.4 물 기르는 일은 부르키나파소 남동부 가랑고(Garango) 근처의 마을에 펌프가 설치된 후 이전보다 즐거운 일이 되었다.

그러나 인간의 기본적인 위생 필요를 충족하는 것은 훨씬 더 어려운 문제이다. WHO는 2008년 26억 명이 안전한 화장실을 사용하지 못하고, 11억 명이 선택의 여지도 없이 야외에서 배변을 하고 있다고 추정했다. 현재 추정하기로는 세계적으로 새천년개발목표의 위생목표는 수십억 명을 배제시킬 것으로, 2015년에 기본적 위생시설을 갖추지 못한 사람은 27억 명이 될 것이다. 이 상황은 남아시아, 동아시아, 사하라사막 이남 아프리카에서 최악이다.

개발도상국 내에는 도시와 농촌지역 간 불평등이 큰데, 농촌지역에는 10명 중 7명이 현대식 위생시설 없이 생활하고, 오직 45%만이 화장실을 사용한다. 도시지역도 급격한 인구 성장으로 인해 안전한 위생시설 없이 생활하는 사람의 수가 늘고 있다. 불가피하게 가장 가난한 사람이 가장 악영향을 받는다. 위생시설을 개선하는 혜택은 분명하다. WHO는, 새천년개발목표를 달성한다는 것은 47만 명의 사망을 피하고 추가로 매년 3억 2000만의 생산적인 노동일수가 생긴다고 추정한다. 새천년개발목표는 가정의 위생시설에 초점을 맞추는데, 학교의 위생시설을 개선하는 것은 아동, 특히 여아들을 학교에 다니도록 하는 데 도움을 줄 것이다. UNICEF는 사업우선 대상국가의 학교 중 37%만이 적절한 위생시설을 갖추고 있다고 추정한다. 적절한 위생시설을 제공하는 것은 중요하다. 예를 들어 하수관로는 값비싼 공학적 해법이다. 상수도 시설이 없거나 제한적인 가장 빈곤한 지역에서는 구덩이 변소와 같은 아주 기본적인 시설을 갖추는 것이 아마 보다 적절한 방법이다. 안전한 음용수와 기본적 위생시설의 새천년개발목표를 달성하지 못할 국가로는 아프가니스탄이 사례가 된다.

새천년개발목표 8 개발을 위한 국제협력의 발전

국제협력을 통해 저개발국의 수요를 다루는 목표는 몇 가지 목적을 가진다.

- 무역과 금융 체계의 개선
- 부채문제 처리
- 개발도상국에 값싼 약품을 이용 가능하게 하기 위한 제약회사와의 협의
- 기술 사용의 확산

무역 논의는 선진국이 농업에 보조금을 지불하고, 그 지불이 세계무역 흐름을 왜곡시키는 효과의 문제를 해결하는 데 진전을 보지 못했다. 선진국의 농업보조액은 2006년의 공적원조(1040억 달러)보다 3.5배 이상 되는 액수(3720억 달러)였다. 또한 초국적기업이 개발도상국에 지불해야 하는 세금을 회피하지 못하도록 하는 방법에서도 진전이 없었다.

2008년에 시작된 세계 금융위기는 부유한 국가들이 원조 책무를 지키지 못하게 했고, 세계시장에서 일부 생필품의 가격을 크게 하락시켜 예측할 수 있듯이 최빈국에게 가장 큰 타격을 주었다. 2009년 유럽연합 국가들의 원조는 국민총소득(GNI)의 0.42%로 2015년까지의 목표인 0.7%에는 훨씬 못 미쳤다. 그러나 유럽연합은 아직 가장 대규모의 공여국으로 전 세계 원조의 반 이상을 차지한다. 개발도상국으로의 전체 공적개발원조는 2009년의 목표보다 200억 달러가 부족했다.

그러나 부채문제는 일부 진전이 있었는데, 30개국 이상이 악성채무빈국(HIPC) 계획으로 부채 탕감을 받았다. 이 계획으로 탕감된 자금은 교육과 보건 서비스와 같은 기본적인 서비스의 재원으로 성공적으로 투입되었다. 개발도상국에 일부 값싼 상표등록이 되지 않은 약품의 생산과 판매를 허용하는 협정도 도움이 되었다. 국제협력 도출의 진전은 불균등하지만, 충분한 의지만 있다면 2015년 새천년개발목표는 달성할 수 있을 것이다.

특집

새천년개발목표에 대한 몇 가지 관점

색스(Jeffrey Sachs)

새천년개발목표의 구성과 관련하여 미국 경제학자 제프리 색스는 탈빈곤 프로젝트의 결과가 좋지 않은 책임은 서구 자본에 있다고 말한다. "부유한 국가들은 자신들이 끝까지 하지 못할 약속을 했고, 이제 전체적으로 잘못되었다고 말하고 싶다."라고 색스 교수는 말한다. 유엔은 약정한 재원과 실제 전달된 액수의 차이는 가장 가난한 아프리카 대륙의 160억 달러를 포함하여 한 해에만 200억 달러로 추정한다.
부유한 선진 8개국은 공적개발원조로 국내총생산의 0.7%를 지출하기로 했으나 훨씬 뒤처진 0.34%이다. 색스 교수는 만일 부유한 국가들이 군비 지출을 줄이고 개발에 더 사용한다면 그 목표는 '현실적으로 가능'할 수 있다고 했다.

이스털리(Bill Easterly)

원조 회의론자인 빌 이스털리 교수는 새천년개발목표는 성공적인 재원 조성이었고, 이후 빈곤 세계를 위한 그 자금의 대다수는 쓸데없이 낭비되었다고 말했다. "왜 새천년개발목표를 위해 더 많은 노력을 낭비하는가?"라며 이스털리 교수는 문제를 제기했다. "(새천년개발목표는) 세계적인 의식을 높인 면에서는 성공적이지만, 이 의식을 설정한 목적을 위해 사용한 면에서는 실패로 역사에 길이 남을 것이다."

콜리어(Paul Collier)

『빈곤의 경제학(The Bottom Billion)』의 저자이며 옥스퍼드대학교 경제학 교수인 폴 콜리어는 좌파와 우파 모두 원조의 중요성을 과장했다고 말한다. "원조는 좋거나 좋지 않은 방식이나 그 자체가 변혁적이지 않다. 우리가 원조를 더 했다면 아프리카를 변화시킬 수 있었을 것이라는 것은 잘못된 생각이다. '이제 빈곤을 끝내자'와 같은 문구의 시대는 끝났다. 우리는 이러한 단순사고를 넘어 복잡성을 인식해야 한다."

해외발전연구소

영국의 원조 분야에서 유명한 연구소인 해외발전연구소(Overseas Development Institute)는, 새천년개발목표는 절대적 실패보다 상대적 진전으로 판단되어야 한다고 말했다. "새천년개발목표의 문제는 이들을 목표로 동의해 놓고 방법과 혼동하고 있다."라고 해외발전연구소 멜러미드(Melamed)는 말한다. "이들은 개발의 청사진이 아니라 정치적 협상이었다. 이것이 새천년개발목표가 어떻게 잘못 사용되었는지를 보여 주는 것이다."

대니얼 호덴(Daniel Howden), 『인디펜던트(The Independent)』, 2010년, 9월 20일

3. 새천년개발목표의 성과*

최종 2015년 새천년개발목표 보고서는 전례가 없는 노력으로 수백만 명의 생명

* 원서에는 없는 번역자가 추가한 내용임.

을 구하고 많은 사람들의 상황을 개선하며 상당한 성과를 거두었다고 평가한다. 2015년 기준 지난 15년간의 성과를 보면 달성은 절대 빈곤 및 기아 종식과 보편적 초등교육 달성에서 나타나고, '부분 달성'은 성 평등과 여성역량 강화, AIDS 등의 질병 퇴치, 지속가능한 환경 보장, 그리고 지구적 개발 파트너십 구축에서 나타난다. 반면 '달성 미달'은 아동 사망률 감소와 모성보건 증진의 2개 분야에서 나타나고 있어 절반의 성공으로 평가받으며, 남겨진 과제는 2016년부터 시작된 지속가능개발목표'로 넘겨주게 되었다.

개발도상국 대상 2015년 새천년개발목표의 전체적인 성과가 기대보다 낮게 부분적으로만 성공을 거둔 배경을 언급할 필요가 있다. 우선, 자연재해와 경제공황과 같은 국제적인 환경을 들 수 있다. 아이티, 필리핀 등에서의 대규모 자연재해는 긴급구조 재원 투입을 필요로 했고, 2000년대 중반의 세계적인 경제위기는 아일랜드 등 주요 공여국들의 원조 감소로 이어지며 새천년개발목표를 위한 용도의 재원 감소로 이어졌다. 둘째, 새천년개발목표의 이행수단은 공여국의 원조정책에 의존하는 비중이 높아 목표 달성이 계획보다 낮게 이루어졌다고 볼 수 있다.

2015년 현재 빈곤 관련 지표는 개선되었으나 우선적으로 시급한 것은 아직 8억 명 이상의 사람들이 여전히 극심한 빈곤상태에 살고 있으며 기아로 고통받고 있는 현실이다. 여기에 빈곤층과 부유층 사이, 그리고 농촌과 도시 지역 가구 간에 존재하는 큰 격차 또한 해결해야 할 과제일 것이다. 개발도상국에서는 빈곤한 가구의 아동들이 학교에 다니지 않는 정도가 4배 많고, 5세 이하 사망률은 2배 이상이다. 농촌지역에서는 56%만이 출산 때 보건 인력의 보조를 받는 데 비해 도시지역은 78%이다. 농촌인구의 약 16%만이 개량된 음용수를 사용하지 못하는 반면, 도시지역은 4% 정도이다. 농촌에 사는 인구의 50%는 개량된 하수처리시설이 없는 반면, 도시지역은 18%이다. 성별 불평등은 지속적인 진전이 있음에도 불구하고 동등한 성별 참여는 아직 갈 길이 멀다.

새천년개발목표의 성과에 대한 비판도 제기된다. 비판의 일부는 새천년개발목표를 세계은행과 IMF 처방과 연계한 것은 실수이고, 그 결과 빈곤의 정의가 너무 협소하고 인간의 권리에 대해 관심을 기울이지 않게 되었다. 다른 비판은 새천년개발목표의 추구는 더 효과적인 자원 이용을 방해했다고 본다. 주요 새천년개발목표 달성의 진전을 이루었다는 증거를 제시할 수 있는 개발도상국은 주요 원조

기관이 좋게 봐 주어서인 듯하다. 원조 공여자는 단기적으로는 가난한 사람과 이들의 생활수준 개선에 효과가 없는 경제성장을 추구하는 자신들만의 목표가 있는 듯하다. 이러한 면에서 새천년개발목표의 대다수는 성취할 수 없을 것이다.

새천년개발목표는 절반의 성공으로 그쳤지만 국제개발협력의 역사에서 큰 의미를 가진다. 우선, 시간적 목표와 정량적 목표치, 그리고 측정을 위한 지표를 제시하며 결과 중심의 문화를 시작했다는 면에서 찾을 수 있다. 개발협력의 '결과 중심' 문화는 많은 이해관계자가 무조건적으로 막연한 기간 동안 지원을 하는 것이 아니라, 객관적 목표를 정해진 기간 내 달성하기 위해서는 계획을 수립한 후 체계적인 지원으로 이어지도록 유도했다. 또한 목표 달성을 위해 원조사업 이행 이전에 현재 상황과 수준을 객관적으로 파악하기 위한 기초선 조사를 시행하고, 이행 과정에서 시행착오를 줄이면서 더 나은 결과를 도출하기 위해 중간 점검을 하는 제도 또한 정착시키며 사업 수행이 보다 성실하게 이행되도록 했다. 또한 결과 중심 제도는 사업 완료 후 성과 평가를 통해 교훈을 도출하여 후속 사업에 반영하는 과정의 변화를 가져오게 했다. 새천년개발목표의 가장 중요한 의의는 개발도상국 정부의 국가발전목표 수립을 위한 기준점이 되었으며, 공여국은 개발도상국 정부

표 14.2 새천년개발목표의 대표 지표의 변화와 성과

목표	대표 지표	성과
1. 절대 빈곤 및 기아 종식	1일 1.25달러 미만 생활 인구 비율 47%(1990년) → 14%(2015년)	달성(1990년 대비 15년까지 50% 이상 감소)
2. 보편적 초등교육 달성	초등학교 입학률 79.8%(1991년) → 91%(2015년)	거의 달성(입학률에 비해 졸업률은 하락, 100% 달성은 실패)
3. 성 평등과 여성역량 강화	초등학교 등록 성비 (여/남) 0.87(1990년) → 0.97(2012년)	부분 달성(초·중·고 교육 남녀 성비 불균형 해소 달성, 국회 여성 의석 비율 20%로 실패)
6. AIDS, 말라리아, 기타 질병 퇴치	인구 100명당 AIDS 발병률(새로 발병한 확률) 0.1(1990년) → 0.06(2010년)	부분 달성
7. 지속가능한 환경 보장	깨끗한 음용수 공급 76%(1990년) → 91%(2010년)	부분 달성
8. 전 지구적 개발 파트너십 구축	공적개발원조액 810억 달러(2000년) → 1350달러(2015년)	부분 달성
4. 아동 사망률 감소	최빈국 5세 이하 유아 사망률 90/1,000출생(1990년) → 43/1,000출생(2015년)	달성 미달
5. 모성보건 증진	산모 사망자 수(10만 명 출산 기준) 380명(1990년) → 330(2000년) → 210(2015년)	달성 미달

그림 14.5 학교에서 돌아오는 여학생과 물을 길러 가는 아이의 대조
출처: 유엔, 새천년개발목표 보고서, 2015

개발목표의 중점 분야를 존중하여 개발 사업을 계획하고, 공동의 노력을 위한 파트너십을 기반으로 원조 규모를 증가시키고자 했다는 면에서 긍정적 효과를 가져왔다. 새천년개발목표는 개발과 공적개발원조에 대한 국제사회의 관심을 끌어내며 원조피로(aid fatigue)를 느끼고 있던 국제사회에 개발협력의 중요성을 다시 불러들여, 개발도상국의 개발과 발전이 개별국가의 숙제가 아닌 국제사회 모두가 해결해야 할 문제임을 부각시켰다는 면에서 의의가 있다.

새천년개발목표는 결과가 무엇이든 개발 과정과 걱정스러울 정도로 진전이 없었던 주요 지역에 초점을 맞추도록 했다. 최소한 이런 이유로 새천년개발목표는 많은 사람들이 일부 성공이라고 판단하는데, 확실한 것은 모든 사람이 그렇게 판단하지 않는다는 것이다.

새로운 에볼라 발생은 보건과 발전에 많은 교훈을 준다

지난 40년간 아프리카 적도 지역에 간헐적으로 발생한 에볼라 바이러스(Ebola virus)는 주로 농촌지역에서 몇 주 또는 몇 달만 활동하면서도 평균 수백 명을 죽음으로 몰아넣었다. 1976년과 2012년 사이 에볼라는 2,400명을 감염시켜 1,600명을 죽게 했다. 2013년 12월 시에라리온과 라이베리아 경계의 기니 농촌지역에서 새로운 에볼라가 발생했다. 이 질병은 2014년 3월에 공식적으로 확인되었는데, 이때는 이미 다른 국가로 확산된 후였다. 이 최근의 발발은 에볼라 바이러스가 발견된 이후 가장 심각하고 광범위하게 오랫동안 지속되어 이전의 모든 경우를 합친 것보다 많은 수천 명이 감염되었고, 1년이 넘도록 일부 국가에서 지속되고 있다. WHO에 따르면 사망자 수는 2015년 5월 현재 27,000명 이상이 확실하거나 의심이 가고, 11,000명이 사망한 것으로 보고되었다. UNICEF는 5,000명 이상의 아동이 감염되었고, 16,000명의 아동이 자신을 돌보는 아버지나 어머니 또는 모두를 잃었다.

빠르고 강렬한 질병 전이는 아프리카 너머까지도 위험을 제기했다

2014년 에볼라는 이전의 발발과는 달리 도시지역으로 확산되어 빠르고 강렬하게 기니, 라이베리아, 시에라리온으로 전이되었다. 질병의 빠른 전이는 질병에 대한 무지, 빈약한 보건 기반시설, 도시 중심으로의 급격한 전파, 높은 인구 이동성과 문화적 믿음과 행동 등 여러 가지 요인에 기인한다. 이 질병은 항공여행자에 의해 외국으로 이전된 것을 처음으로 잠재적 지구 차원의 위험으로 등장했다. 2014년 말 에볼라는 국제적인 관심 대상의 공중보건 비상사태로 선언되었다.

질병 발생은 보건을 넘어 개발의 여러 측면에도 영향을 주었다

에볼라의 영향은 학교 폐쇄, 보건상태 개선의 후퇴 그리고 경제 쇠락 등으로 나타났다. UNICEF에 따르면, 전이가 높게 나타난 3개국의 500만 아동들이 학교가 문을 닫아 몇 달 동안 교육을 받지 못했다. 에볼라 감염에 대한 두려움은 다른 환자들마저도 보건 서비스를 회피하게 해 다른 피해를 키웠다. 시에라리온은 2014년 5월에서 9월 사이 말라리아 처치를 받은 5세 이하 아동 수가 39% 감소했다. 라이베리아는 2014년 5월에서 8월 사이 보건 인력과 함께 출산한 산모의 비율은 2013년 52%에서 37%로 감소했다.

세계은행에 따르면 높은 전이를 보이는 국가들은 2014년 전체 5억 달러의 재정적 피해를 받았는데, 이는 이들 국가의 국내총생산 5%에 달한다. 2015년 생산 손실은 국내총생산의 12%에 달한다고 추정되었다. 여기에 농업 생산 감소, 잠재적 식량 불안, 임금 감소, 국제기업의 투자계획 중단 등의 여러 손실 또한 겪어야 했다.

에볼라 발생은 미래 전염병 중단을 위한 교훈을 준다

에볼라 위기는 기본적 보건 서비스와 초기 발견 능력, 종합적 보고 그리고 공중보건의 긴급대응 체계가 부족한 국가의 취약성을 보여 주었다. 기본적 보건 준비가 없는 국가에서의 질병 발생이나 재발생 또는 기후변화와 같은 다른 사건들은 더욱 큰 위기로 이어질 수 있다. 에볼라 발생이 보여 준 것처럼 효과적인 미래 대응은 개발의 많은 측면에서의 개선이 후퇴하지 않도록 하기 위해 국가와 세계 차원에서의 준비를 필요로 한다.

유엔, 새천년개발목표 보고서 2015, 2015

지속가능개발목표*

핵심내용

지속가능개발목표는 어떤 가능성을 가지고 있는가?

- 지속가능개발목표는 2016년부터 새천년개발목표를 이어 적용되고 있다.
- 지속가능개발목표는 개발도상국뿐 아니라 선진국도 함께 목표 달성에 포함되어 있다.
- 지속가능개발목표는 새천년개발목표에 비해 포괄적인 목표를 담고 있다.
- 지속가능개발목표는 전 세계의 국가들이 참여하는 포괄적 성격을 가짐에도 한계를 유념해 추구할 필요가 있다.

1. 새천년개발목표 이후 포스트-2015 개발 어젠다에 대한 논의

새천년개발목표(MDGs)는 2015년을 목표 연도로 절반의 성공을 거두었고, 지속가능개발목표(SDGs)가 그 뒤를 이어 적용되고 있다. 지속가능개발목표는 새천년개발목표가 종료되는 2015년을 앞두고 후속 개발에 대한 논의는 2010년부터 유엔 사무총장 주도, 그리고 2012년의 Rio+20 유엔정상회의를 준비하는 유엔지속가능개발위원회(UNCSD) 주도의 두 트랙으로 진행되다가 2014년 9월 뉴욕에서 개최된 제69차 유엔총회에서 포스트-2015 개발 어젠다 초안으로 통합되었다.

유엔 사무총장 주도의 포스트-2015 개발 어젠다는 2010년 9월에 개최된 제65차 유엔총회에서 이를 촉구하는 결의문을 채택했고, 유엔개발프로그램(UNDP)은 포스트-2015에 관한 논의가 필요하다는 점을 강조하며 2011년 『인간개발보고

* 이 장은 지속가능개발목표를 소개하기 위해 원저에 없는 내용을 추가한 것으로서, 2017년 권상철·박경환의 논문 "새천년개발목표(MDGs)에서 지속가능개발목표(SDGs)로의 이행: 그 기회와 한계"(한국지역지리학회지, 23권 1호, 62-88)의 내용을 일부 발췌하여 수정한 것임.

서』의 부제목을 '지속가능성과 형평성: 모두에게 더 나은 미래를 위하여'로 정하며 지속가능한 개발을 중심으로 전개할 것임을 예고했다. 이러한 방향에서 2012년 1월 유엔 사무총장은 유엔 내부에 실무팀을 구성했다. 그리고 이 실무팀은 6개월의 작업 기간을 거쳐 2012년 6월 『우리가 모두를 위해 원하는 미래의 실현』이라는 보고서를 발간했다. 이 보고서는 미래사회에 대한 비전은 인권, 평등, 지속가능성이라는 3가지 핵심가치의 토대 위에서 그려져야 한다고 보았고, MDGs가 달성하려고 했던 목표는 이제 포괄적 사회발전, 포괄적 경제발전, 환경 지속가능성, 평화 및 안보라는 4가지 차원에서 새롭게 조직되어야 한다는 내용을 포함하고 있다. 한편, 유엔 사무총장은 2012년 6월 영국 총리와 인도네시아 대통령 등 주요 국가의 대표, 분야별 전문가, 국제단체 대표를 포함하는 총 27명으로 구성된 '포스트-2015 유엔 개발 어젠다를 위한 고위급조사단'을 구성하였다. 이 위원회의 임무는 위의 실무팀 보고서에 대한 다양한 의견을 수렴하고 이를 보다 체계화하여 포스트-2015의 어젠다를 수립하는 것이었다.

고위급조사단은 약 1년에 걸쳐 세계 여러 지역을 순회하면서 다양한 현지의 의견을 수렴하는 공청회를 개최했고, 2013년 5월에 최종보고서인 『새로운 글로벌 파트너십: 지속가능한 개발을 통한 빈곤 종식과 경제 전환』을 유엔 사무총장에게 제출했다. 이 보고서의 핵심내용은 두 가지이다. 첫째는 포스트-2015 개발 어젠다는 다음의 5가지에 핵심적인 가치를 두어야 한다는 것이다.

1. 누구도 뒤처져서는 안 됨: 민족집단, 젠더, 지리, 장애, 인종 등의 지위와 무관하게 모든 사람들의 기본적인 경제적 기회와 인권이 보장되어야 한다.
2. 지속가능한 발전이 핵심임: 인류를 위협하는 기후변화와 환경 파괴를 늦추기 위해 즉각적인 행동에 나섬으로써 생산과 소비 패턴을 지속가능하게 변혁해야 한다.
3. 일자리 창출과 다 함께 성장하는 경제로의 전환: 혁신, 기술, 기업의 잠재력을 동원하여 빈곤 근절과 지속가능한 발전을 위한 경제적 전환을 이룩해야 하며, 특히 청년층에 대한 각별한 관심과 환경에 대한 존중이 필요하다.
4. 모든 사람을 위한 평화 구축과 효과적이고 개방적이며 책임감 있는 제도 마련: 평화와 굿 거버넌스에 대한 인식을 토대로 폭력, 갈등, 억압으로부터 자유로운 사회를 만들어 모든 사람들이 안녕해야 한다.

5. 새로운 글로벌 파트너십 형성: 인류애의 공유와 호혜성을 기반으로 한 새로운 연대, 협력, 상호책임의 글로벌 파트너십을 구축해야 한다.

위의 5가지 내용을 몇 가지 키워드로 요약하자면, 빈곤의 완전한 종식, 환경적 지속가능성, 경제적 지속가능성, 평화와 안보, 글로벌 파트너십이라고 할 수 있다. 빈곤, 경제, 평화와 안보, 글로벌 파트너십은 이미 MDGs에서 강조·추구되었던 내용으로서, 사실상 고위급조사단이 포스트-2015 개발 어젠다에서 가장 강조하는 부분은 '지속가능성'과 관련되어 있음을 알 수 있다.

포스트-2015 개발 어젠다는 12개의 목표와 54개의 세부 목표로 구성되었는데, 고위급조사단은 이를 규정적인 것이라기보다는 예시적인 것이라고 밝힘으로써 이후에 계속 추가·보완될 수 있는 여지를 남겨 두었다. 이 중 12개의 목표에는 (1) 빈곤 종식, (2) 여성 권익 향상과 성 평등의 달성, (3) 양질의 교육과 평생교육 제공, (4) 건강한 삶의 보장, (5) 식량안보와 충분한 영양 공급의 보장, (6) 식수와 위생에 대한 보편적 접근 달성, (7) 지속가능한 에너지의 보장, (8) 일자리 창출, 지속가능한 생계, 공평한 성장 달성, (9) 자연자원 및 자산의 지속가능한 관리, (10) 굿거버넌스와 효과적인 제도의 보장, (11) 안정되고 평화로운 사회 보장, (12) 능력 발휘가 가능한 글로벌 환경 조성과 장기 금융 촉진 등 12가지가 포함되어 있었다. 여기에서 알 수 있는 바와 같이 지속가능한 에너지, 일자리 창출 및 지속가능한 경제적 성장, 자연자원의 지속가능한 관리 등은 MDGs에 제시되지 못했던 새로운 목표로서 '지속가능성'이라는 키워드를 중심으로 설정된 것이었다.

'지속가능성'에 토대를 둔 고위급조사단의 보고서를 토대로 유엔은 '모두를 위한 존엄한 삶'이라는 제목의 보고서를 채택했다. 이 보고서는 포스트-2015의 핵심 어젠다는 모든 사람들이 인간으로서의 존엄성이 보장된 삶을 누릴 수 있는 세계를 건설하는 것이며, 이런 노력에서 "지속가능한 개발은 … 우리의 글로벌 지도원리이자 운영기준이 되어야만 한다."라고 유엔 회의에서 공식적으로 명시한 데 의의가 있다. 이 보고서는 최종적으로 (1) 빈곤 근절, (2) 배제와 불평등 억제, (3) 여성·여아 인권 향상, (4) 양질의 교육과 평생학습 기회 제공, (5) 의료 개선, (6) 기후변화 대응, (7) 환경적 도전에 대한 대응, (8) 포용적이고 지속가능한 성장과 일자리 창출, (9) 기아와 영양실조 근절, (10) 인구학적 도전에 대한 대응, (11) 이주민의 긍정적 효과 강화, (12) 도시화의 도전에 대한 대응, (13) 안정적 제도와 법률을 통한 평화롭고 효과적인 거버넌스 구축, (14) 새로운 글로벌 파트너십의 촉진 등 14가지로 구성된 내용을 주요 목표로 제시했다.

유엔지속가능개발위원회(UNCSD) 주도의 포스트-2015 개발 어젠다는 2012년 6월 브라질의 리우데자네이루에서 1992년 유엔 지구정상회의의 20주년 기념으로 개최된 '리우+20 회의'에서 '우리가 원하는 미래'라는 결의문에 잘 나타나 있다. 이는 크게 3가지로, 첫째는 1992년 리우 회의의 기본 원칙을 재확인하는 것이었고, 둘째는 녹색경제의 발전을 지속가능한 개발과 빈곤 퇴치라는 맥락에서 재조명하는 것이었으며, 셋째는 지속가능한 개발을 실현하기 위한 제도적 프레임을 조정, 구축하는 것과 관련되어 있다. 특히 셋째와 관련하여 이 결의문은 '지속가능개발목표(sustainable development goals, SDGs)'라는 용어를 처음 사용했고 이 목표가 "행동-지향적이고, 소통하기에 간결하고 쉬우며, 수적으로 많지 않고, 열망을 담고 있어야 하며, 본질적으로 글로벌해야 하고, 모든 국가에 적용될 수 있는 보편성을 갖추어야 한다."라고 명시했다. 또한 이 어젠다에는 SDGs가 "포스트-2015 개발 어젠다 수립 프로세스와 함께 조정되어 일관성 있게 추진되어야 한다."라는 사항도 적시함으로써 향후 중요한 키워드가 되어야 한다는 점을 부각시켰다.

2012년 리우+20 회의 결과 세계 주요 정상들은 유엔환경프로그램(UNEP)을 강화하기로 했고, 각국의 고위급 대표단이 구성하는 고위급정치포럼(High-Level Political Forum)을 구성하기로 했다. 그리고 이 결과에 따라 유엔총회의 결정으로 공개작업그룹(OWG)이 2013년 1월 22일에 구성되었다. 공개작업그룹은 33명의 대표들로 아프리카 그룹(7명), 아시아-태평양 지역 그룹(7명), 라틴아메리카-카리브해 지역(7명), 서부 유럽 및 북아메리카(5명), 동유럽(7명)의 5개로 구성되어 있다. 공개작업그룹에는 아프리카, 아시아-태평양, 라틴아메리카 지역 등 그 이전에 비해 개발도상국 대표들이 상당히 참가하고 있기 때문에 개발도상국의 목소리와 실정을 반영하려는 노력이 반영되었다. 공개작업그룹은 2013년 3월 14~15일 제1차 전체회의를 개최한 후, 2014년 6월 14일까지 총 13차례에 걸쳐 포스트-2015 어젠다와 개발목표를 설정하는 회의를 개최했다. 그리고 2014년 8월 12일 『지속가능목표를 위한 공개작업그룹 제안서』를 작성·완료했고, 이 문건은 포스트-2015 개발 어젠다 초안으로서 2014년 9월에 개최된 제69차 유엔총회에 제출되었다.

이 제안서의 서문은 리우+20 회의의 결과인 '우리가 원하는 미래'가 SDGs라는 개념적 기반을 제시하고 있고, 그 핵심적인 목표가 빈곤 퇴치, 지속가능한 소비 및 생산, 경제·사회적 발전의 기반이 되는 자연자원의 보호와 관리임을 명시하고 있다. 그리고 이 보고서는 포스트-2015 어젠다의 명칭을 '지속가능개발목표(Sustainable Development Goals)'임을 재확인했고, 이를 달성하기 위한 17개의 목표를 제시했다. 여기에는 (1) 빈곤 종식, (2) 식량 및 영양 개선, (3) 건강과 의료, (4) 양질의 교육기회 증진, (5) 성 평등 및 여성역량 강화, (6) 식수와 위생시설 개선 및 관리, (7) 지속가능한 에너지, (8) 지속가능한 경제성장과 일자리, (9) 안정적인 인프라 구축과 산업화, (10) 지역 간 불평등 완화, (11) 지속가능한 도시와 거주지, (12) 지속가능한 소비 및 생산 패턴, (13) 기후변화 대처, (14) 지속가능한 해양자원 사용 (15) 육지 생태계 보존, 사막화 방지, 생물다양성 유지, (16) 평화적이고 포용적인 사회제도 구축, (17) 이행수단 및 글로벌 파트너십이 포함되어 있다. 이는 2013년 고위급 조사단의 보고서 『새로운 글로벌 파트너십』이 제시했던 12개 목표 중 11개를 반영한 것이고, 유엔 사무총장의 보고서인 『모두를 위한 존엄한 삶』이 제시했던 14개 목표 중 12개가 반영된 것이다. 이는 공개작업그룹의 보고서가 다양한 프로세스를 통해 진행되어 왔던 포스트-2015 논의를 총체적으로 정리했다는 점을 함의한다.

2. 새천년개발목표에서 지속가능개발목표로

MDGs는 유엔이 경제협력개발기구-개발원조위원회(OECD DAC) 회원국을 중심으로 하여 역사상 최초로 만들어 낸 공여국 공동의 원조 로드맵이라는 의미를 지닌다. MDGs는 정치적·외교적 목적과 국제 이해관계를 토대로 양자 간 원조가 이루어지는 것을 최대한 지양하는 대신, 과거 식민지배국으로서의 역사적 책임과 오늘날 국제사회를 구성하는 선진국으로서의 인도주의적 윤리를 반영하려는 노력이 담겨 있다. 결과 측면에서 MDGs는 절대 빈곤 및 기아 종식, 보편 초등교육 달성, 전염병 및 질병 퇴치 등에서 상당한 진전을 거두었지만, 아동 사망률 감소, 모성보건 증진 등에서는 목표 달성이 미진했다. 또한 지역적으로도 동아시아와 아메리카 지역에서는 많은 진전이 있었지만, 남아시아와 사하라사막 이남 아프리카 지역은 상대적으로 많은 진전을 보이지 못했다.

2015년부터 새롭게 시작된 SDGs는 빈곤과 기아를 포함한 많은 글로벌 문제들을 경제적·사회적·환경적 지속가능성이라는 포괄적인 틀에서 달성하겠다는 프레임을 기반으로 하고 있다. 또한 MDGs가 개발도상국만을 대상으로 했던 반면, SDGs는 중간소득 국가도 포함한 세계 여러 지역에서의 빈곤과 불평등까지도 개선하겠다는 의지를 담고 있다. 또한 재원의 측면에서도 과거에 OECD DAC 국가들의 공적개발원조(ODA)에 주로 의존했던 것과 달리, 민간재원의 대폭적인 확충, 개발협력에 대한 기업의 투자 독려, 투자와 교역을 통한 재원 확충 및 원조 등 상당한 변화를 반영하고 있다.

MDGs와 SDGs의 상대적 특징을 비교하면, 우선 목표 측면에서 MDGs는 휴머니즘에 바탕을 둔 인간개발(human development)을 기본 개념으로 하되 경제적 개발에 초점을 두었다면, SDGs는 지속가능성이라는 개념을 중심으로 사회적·경제적·환경적 측면을 포괄적으로 고려하는 차이가 있다. 둘째, 핵심목표는 양자 모두 '빈곤 퇴치'를 우선시한다는 측면에서 공통적이지만, SDGs는 세계화에 따른 국가·지역 내 그리고 국가·지역 간 불평등을 매우 중요하게 고려하고 있다는 면에서 차이가 있다. 셋째, MDGs는 최빈국을 중심으로 하는 개발도상국 지원에 초점을 두고 있다면, SDGs는 이에 대한 지원과 아울러 선진국 및 다른 개발도상국

그림 15.1 지속가능개발목표(SDGs)

주요 영역	MDGs	SDGs
기아 및 빈곤 퇴치	(1) 절대 빈곤 및 기아 퇴치	(1) 모든 형태의 빈곤 종식 (2) 기아 종식, 식량안보 달성, 영양상태 개선, 지속가능한 농업
교육기회 향상	(2) 보편적 초등교육 달성	(4) 포괄적이고 평등한 양질의 교육 보장, 모든 연령층을 위한 평생교육 기회 증진
여성 인권 보장	(3) 양성 평등 및 여성의 인권 향상	(5) 양성 평등 달성과 여성 인권 향상
건강·보건 증진	(4) 아동 사망률 감소 (5) 모성보건 증진 (6) HIV/AIDS, 말라리아, 각종 질병 퇴치	(3) 모든 연령층의 건강 및 복지 증진 (6) 식수 및 위생 접근성 보장과 지속가능한 관리 (7) 값비싸지 않고, 안정적이고, 지속가능하며 현대적인 에너지에 대한 접근성 보장
지속가능한 개발	(7) 지속가능한 환경 보장	(8) 포괄적이고 지속가능한 경제성장, 생산적인 완전 고용, 양질의 일자리 촉진 (9) 회복력을 갖춘 인프라 구축, 포용적이며 지속가능한 산업화, 혁신의 추구 (10) 국가 내 및 국가 간 불평등 개선 (11) 도시 및 인류 주거를 포용적이고 안전하고 회복력이 있고 지속가능하게 만들기 (12) 지속가능한 소비 및 생산 패턴의 보장 (13) 기후변화에 대한 즉각적인 대응 (14) 지속가능한 개발을 위한 해양 및 해저 자원의 보전 및 사용 (15) 육지 생태계의 보전·복원, 지속가능한 이용, 산림의 지속가능한 이용, 사막화 방지, 토양 유실 중단 및 토양 복원, 생물 종 손실 중단
글로벌 파트너십 구축	(8) 개발을 위한 글로벌 파트너십 구축	(16) 지속가능한 개발을 위해 평화롭고 포용적인 사회 증진, 모두에게 정의로운 사회 실현, 신뢰할 만하며 포용적인 모든 수준의 제도 구축 (17) 지속가능한 개발을 위한 실행수단의 강화 및 글로벌 파트너십의 재활성화

* 각 목표의 순서는 UNDP에서 제시한 순서를 따름

표 15.1 MDGs와 SDGs의 주요 영역 비교

내부에서의 빈곤과 불평등까지도 포함하고 있다는 점에서 차이가 있다. 넷째, 목표 달성을 위한 국제사회의 재원 마련에서 MDGs는 공적자금에 의존하는 반면, SDGs는 기업을 포함한 민간재원을 대폭 끌어들일 뿐만 아니라 이른바 '무역을 통한 원조' 개념하에 투자와 교역으로 재원을 확대한다는 점이 특징적이다. 다섯째, 수행 주체에서 MDGs는 공여국의 양자 간 원조가 주요 흐름을 이루고 있었기 때문에 DAC와 같은 선진국 정부의 목소리가 강했지만, SDGs는 수원국의 입장을 대폭 반영할 뿐만 아니라 학계나 NGO 등 시민사회 영역의 다양한 주체들이 참여한다는 측면에서 '글로벌 거버넌스'를 강조한다.

표 15.2 MDGs와 SDGs의 상대적 특징

	MDGs	SDGs
목적	인간개발 및 경제적 개발	포괄적인 지속가능한 개발
핵심목표	빈곤 퇴치	빈곤 퇴치와 불평등 완화
주요 대상	개발도상국	개발도상국을 포함한 모든 국가
재원	ODA 중심	당사국 기금 , ODA, 민간재원 (투자, 교역 등)
수행주체	공여국과 수원국 관계 중심	다양한 주체 참여를 통한 글로벌 거버넌스 강조
기본 철학적 토대	인간중심주의	지구에 대한 감수성 (환경-인식적 태도)
기업의 참여	기업의 참여기회 제한적	기업의 참여기회 대폭 확대

3. 지속가능개발목표의 가능성

MDGs에 대한 비판적 성찰과 함의

MDGs의 성과는 1980~1990년대의 경제성장 중심의 개발 패러다임을 사회발전의 패러다임으로 전환시키고, 8대 목표와 '목표-세부목표-이행지표'의 단순하고 이해하기 쉬운 국제규범 수립과 국제적 합의를 도출해 역사상 가장 빠른 빈곤 감축 성과를 달성한 것에서 찾을 수 있다. 그러나 지난 15년간의 노력은 지구 차원의 문제를 일부 해결했으나 몇 가지 한계 또한 드러냈다. 첫째, MDGs는 많은 유엔 회원국 정상들이 개발과 관련한 최상위 국제규범으로 목표를 합의해 도출했으나, 시민사회 및 전문가 참여는 부족했다. 또한 목표 수립 과정에서 광범위한 의견 수렴 과정 없이 유엔 등 주요 국제기구의 고위 리더십과 일부 관료와 소수의 전문가들만이 제한적으로 참여했기 때문에 하향적이고 획일적인 기준이 되었다. 따라서 초기에 MDGs의 정당성 확보에 어려움을 겪었고, 개발도상국 정부와 시민사회의 참여와 주인의식을 형성하는 데 어려움이 있었다. 이는 국제개발협력 어젠다 수립에서 MDGs에 공여국 정부의 이해관계가 일차적으로 반영될 수밖에 없음을 의미할 뿐만 아니라, 목표를 달성하는 과정에서 시민사회 및 전문가 집단의 뚜렷한 지원을 이끌어 내는 데 근본적인 한계가 있었음을 의미한다.

둘째, MDGs는 일반 대중들이 이해하기 쉽게 간단히 8가지로 제시하여 누구나 이해할 수 있고 소통하기 편리하지만, 개발의 요소를 지나치게 단순화하고 개발도상국의 빈곤을 공여국의 정책으로 해결해야 할 과제로서 인식하는 문제를 내포했다. 특히 국제개발협력에서 개발도상국의 주인의식(ownership)을 이끌어 내고 수원국의 정책적 우선순위에 맞게 개발을 추진하는 것이 중요함에도 불구하고, 빈곤과 기아가 야기되는 근본적인 구조적 메커니즘에 접근하는 데 한계가 있었다. 또한 목표를 일반적이고 획일적으로 설정하여 분쟁이나 재난을 겪은 취약국가나 내륙국 또는 기후변화에 약한 도서국가의 특수한 현실을 충분히 고려하지 않았고, 개발도상국 현장이 지니는 지리적 특수성을 충분히 고려하기에는 부족했다.

셋째, MDGs는 빈곤을 개발도상국의 문제로 간주하고 불공정한 무역과 금융정책 등 구조적인 문제 해결과 공여국의 역할에 대한 구체적이고 실질적인 목표가 취약했다. 이는 서두에서 말한 '지리적 상호연결성'에 대한 인식을 오히려 은폐하는 것이므로, 국제개발협력에서 특정 지역의 빈곤과 기아를 우리 모두의 문제로 인식하는 것이 아니라 '그들의 문제'로 국한시켜 휴머니즘이나 범세계주의에 바탕을 둔 연민의 문제로 치환한다는 점에서 문제적이다. 아울러 빈곤을 좁은 의미의 사회개발 어젠다로 축소하여 인권, 민주적 거버넌스, 환경, 군축 및 평화 등 여러 분야와 접점을 형성하는 이슈들과 정책적 일관성의 중요성이 반영되지 못했다. 그리고 빈곤을 소득과 같은 좁은 의미의 경제적 측면으로 국한하여 빈곤의 정치·사회·문화적 측면 등 다면성을 충분히 고려하지 않았다.

넷째, MDGs는 빈곤 퇴치만을 강조하여 양적인 경제성장 과정에서 발생한 사회·경제적 불평등의 문제와 부정부패 문제에 제대로 대처하지 못했다. 오히려 빈곤은 1차 산업에 의존하고 있는 전통사회에서와 같이 저개발의 상태에서 나타나기보다는, 기존의 토착 경제구조가 기존의 개발 경로를 이탈하여 급격하고 급속하게 개발되는 과정에서 빈번하게 나타난다. 이 때문에 빈곤은 저개발에 상존한다기보다 개발 과정에서 나타나는 필요악이나 부작용으로 간주되는 경우가 많다. 따라서 MDGs는 빈곤 퇴치와 양질의 일자리 창출을 위한 생산적이며 지속가능한 경제성장과 이를 위한 사회·경제적 인프라의 중요성, 그리고 이와 관련된 개발원조의 역할, 즉 원조·개발 효과성(effectiveness)이 충분히 반영되지 못했다.

다섯째, MDGs는 각각이 분절적으로 설정되어 목표 사이의 유기적 연관성 및 시너지를 제고하려는 효과적인 전략과 정책을 만드는 데 어려움을 겪었다. 가령 사하라사막 이남 아프리카의 경우 빈곤 및 기아로 드러나는 시급한 문제들이 오히려 일차적으로 여성 및 여아의 인권 보장이나 이들에 대한 교육이 불충분하기 때문에 야기되는 경우들이 많음에도 불구하고, 여성 및 여아의 인권 보장 및 교육 기회 제공보다 빈곤 및 기아가 우선순위가 높은 개발목표로 수립된 경우가 많다. 또한 개발 대상과 개발 성과를 평가하기 위한 지표가 결과 중심으로 설정되어 있기 때문에 각종 목표 및 지표들의 상호관계나 중·장기적인 성과와 영향을 측정하는 데 어려움이 많았다. 결과적으로 MDGs의 이행을 성별, 지역별, 분야별로 효과적으로 모니터할 수 있는 객관적 통계를 확보하는 데 기술적 어려움이 있었다.

여섯째, MDGs를 실질적으로 달성하기 위해서는 목표 달성이 미미한 분야 및 국가를 선정하고, 이에 대한 중·장기적 프로그램을 통합적으로 추진하는 것이 필요했을 것이다. 8개의 MDGs는 각각이 단기간에 성취할 수 있는 목표가 아니며, 이 중 유기적 관계를 갖는 분야(예를 들어 목표 4, 5, 6)가 많기 때문에 한 가지 분야만 지속적으로 지원한다고 하더라도 타 분야가 개선되지 않으면 기존의 프로그램도 그 효과가 미미하게 나타날 것이다. 또한 개발협력 대상국가 선정 시 MDGs 달성 정도나 빈곤 정도가 주요 선정요인이 되는 것이 아니라 외교적 관계, 경제협력 가능성 등 경제·외교적 관계가 가장 우선적인 선정기준이 되고 있는 것도 국가별 노력에서는 문제로 지적될 수 있다.

MDGs는 부분적인 달성을 이루어졌지만 시간적 목표와 정량적 목표치, 그리고 측정을 위한 지표를 제시하며 결과 중심의 문화를 시작했다는 면에서 국제개발협력의 역사에서 큰 의미를 가진다. 개발협력의 '결과 중심' 문화는 많은 이해관계자가 무조건적으로 막연한 기간 동안 지원을 하는 것이 아니라, 객관적 목표를 정해진 기간 내에 달성하기 위해서는 계획을 수립한 후 체계적인 지원이 이어지도록 유도했다. 또한 목표 달성을 위해 원조사업 이행 이전에 현재 상황과 수준을 객관적으로 파악하기 위한 기초선 조사를 시행하고, 이행 과정에서 시행착오를 줄이고 더 나은 결과를 도출하기 위해 중간 점검을 하는 제도 또한 정착시키며, 사업수행이 보다 성실하게 이행되도록 했다. 결과 중심 제도는 사업 완료 후 성과 평가를 통해 교훈을 도출하고 후속 사업에 반영하는 과정의 변화를 가져오게도 했다.

MDGs의 가장 중요한 의의는 개발도상국 정부의 국가발전목표 수립을 위한 기준점이 되었고, 공여국은 개발도상국 정부의 개발목표의 중점 분야를 존중하여 개발사업을 계획하고, 공동의 노력을 위한 파트너십을 기반으로 원조 규모를 증가시키고자 했다는 면에서 긍정적 효과를 가져왔다. MDGs는 개발과 공적개발원조에 대한 국제사회의 관심을 끌어내며 원조피로를 느끼고 있던 국제사회에 개발협력의 중요성을 다시 불러들여, 개발도상국의 개발과 발전이 개별 국가의 숙제가 아닌 국제사회 모두가 해결해야 할 문제임을 부각시켰다는 면에서 의의가 있다.

SDGs로의 이행이 갖는 기회

MDGs는 유엔 내부의 소수의 사람들만이 참여하여 만들어졌고, 기후변화나 환경문제와 같은 문제는 포함하지 못했다. 그러나 SDGs는 개발 과정에 유엔뿐 아니라 개발도상국 정부, 시민사회단체, 기업, 연구소 등 다양한 사람들이 참여하게 되었다는 점에서 개발 과정에서의 민주성이 크게 높아졌다. 특히 전 세계의 주요 시민사회단체(CSO)들은 2010년부터 '2015를 넘어(Beyond 2015)'라는 캠페인을 통해 포스트-2015에 대한 자체적인 비전을 갖고 방향을 제시해 왔다. 이들은 2012년부터 유엔의 SDGs 수립 프로세스에 본격적으로 참여, 활동했고, 2015년을 기준으로 132개국에서 1,000개가 넘는 시민사회단체들이 이 네트워크에 참여하여 캠페인을 벌여 왔다. 또한 '행동 2015(Action 2015)'라는 캠페인 네트워크는 전 세계 2,200개의 시민사회단체들이 수립한 조직으로 보다 많은 세계 시민들이 기후변화, 빈곤, 불평등 등의 이슈에 관심을 가질 것을 촉구하고 포스트-2015에 참여하기 위해 노력해 왔다.

MDGs에서 SDGs로의 이러한 이행 과정은 개방성과 아울러 목표 자체에서도 중요한 가능성과 기회를 높이게 되었다. 또한 MDGs는 개발도상국 내의 빈곤에 초점을 두었다면, SDGs는 선진국 내에서도 나타나는 빈곤과 불평등의 문제를 포괄하고 있다. MDGs는 인간의 기본적 필요(basic human needs)와 인간개발지수(human development index) 등에서 알 수 있듯이 빈곤과 기아 문제를 인간의 경제적 삶에 국한해서 접근하는 경향이 있었지만, SDGs는 이러한 경제적 삶이 사회적·정치적·환경적으로 지속가능한 삶과 공존해야 한다는 것을 제시하고 있다. 이에 따라 폭력과 억압으로부터의 자유, 인권 보장과 민주주의의 발전과 같은 사회적 진보의 포괄적인 내용을 아우르고 있다는 점에서 큰 진전이다. 또한 2030 어젠다는 세분화된 데이터를 적용하도록 규정해 국가나 지역의 총량적 지표를 산출하던 기존의 관행으로부터 벗어나, 성, 연령, 거주지, 인종, 언어, 장애 여부, 사회·경제적 수준 등에 따라 데이터를 여러 선분으로 교차 구축함으로써 개발의 효과를 보다 세밀하게 모니터링할 수 있도록 했다는 점 또한 매우 고무적이다.

4. 지속가능개발목표의 한계

지속가능개발목표는 새천년개발목표를 넘어 다양한 목표를 설정하며 개방적이고 포괄적인 접근으로 기회와 가능성을 넓히고 있다. 그러나 SDGs 또한 한계를 가지고 있어 실행하는 과정에서 면밀한 주의와 보완이 필요한데, 4가지를 언급해 볼 수 있다.

자유주의적 사상의 한계

SDGs는 지속가능한 소비와 생산이라는 어젠다를 통해 부의 불평등이라는 문

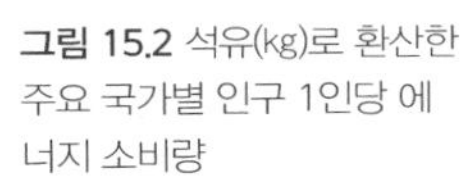
그림 15.2 석유(kg)로 환산한 주요 국가별 인구 1인당 에너지 소비량

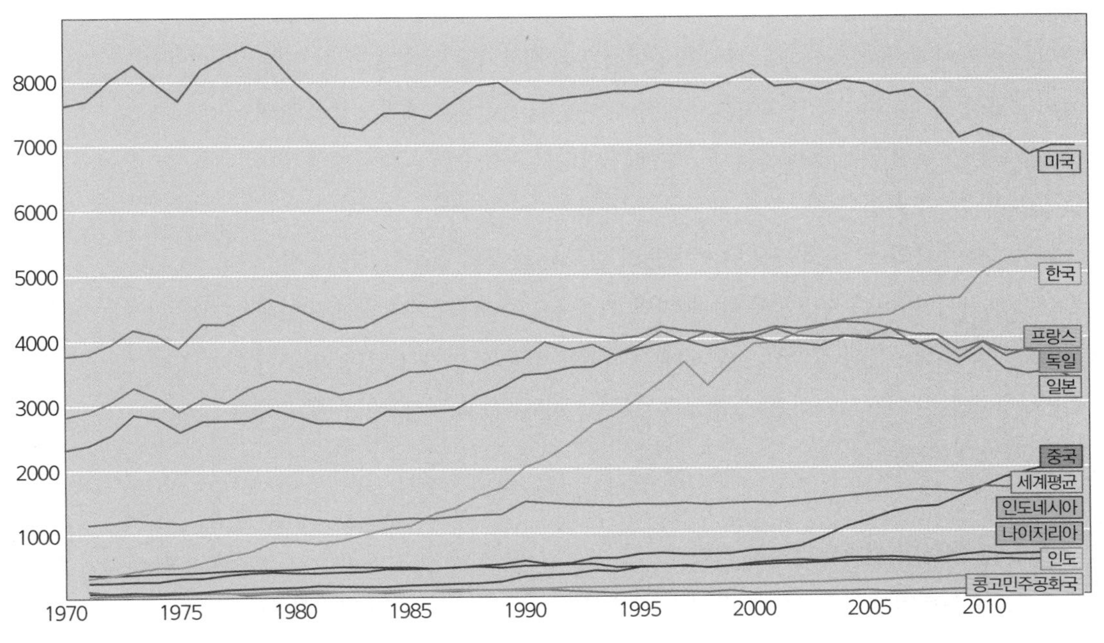

제와 소비의 불균형과 양극화라는 문제 간의 상호연관성을 보다 바람직하게 조정할 것으로 예상된다. 왜냐하면 오늘날 선진국 시민들은 개발도상국 시민들에 비해 훨씬 많은 재화, 서비스, 에너지를 소비하고 있기 때문이다. 가령 인구 1인당 에너지 소비량으로 볼 때 세계 인구 1인당 평균 1,630kg을 소비하는데, 미국은 1년에 석유 7,056kg에 해당되는 에너지를 소비하지만 나이지리아는 292kg, 콩고는 606kg, 인도는 854kg에 불과한 에너지를 소비하고 있다. 전 지구적 자원 소비의 이러한 양극화 현상은 에너지 공급만이 아니라 에너지 소비에서의 분배, 효율성, 윤리 등도 중요한 사안이라는 점을 드러낸다. 이런 측면에서 향후 특히 재화, 서비스, 에너지 소비와 관련된 기존의 시장 자유주의적 관념은 전 지구적 공존과 형평성이라는 보다 공동체주의적이고 평등주의적인 입장에 의해 견제를 받을 것으로 생각된다.

그러나 이와 동시에 2030 어젠다 전문 중 '선언'의 도입부에서는 2030 어젠다 행동계획의 목표가 전 지구적으로 가장 큰 위협이자 지속가능한 개발의 필수적 선결조건인 빈곤 퇴치임을 명시하면서, '빈곤이라는 폭군'으로부터 인류를 자유롭게 해야 한다는 것을 명시하고 있다. 이런 점에서 여전히 SDGs는 서양의 고전적 자유주의적 사상에 뿌리를 두고 있음이 명백하다. 그러나 빈곤에 대한 이러한 자유주의적 접근은 오늘날 빈곤이나 기아가 발생하는 근본적인 원인에 대한 냉철한 분석과 비판에 대해 침묵한다는 점에서 정치적으로 제한되어 있다고 볼 수 있다. 특히 불균등 발전이론이나 종속이론의 관점에서 볼 때 선진국과 개발도상국 간의 부등가교환과 투자 및 금융에서의 종속관계는 이러한 자유주의적 접근을 통해서는 문제시되기가 어렵다.

MDGs의 주요 목표 중 하나였던 빈곤율의 감소는 중국의 급속한 경제성장이 있었기 때문이며, 이런 측면에서 볼 때 과연 선진국으로부터의 개발원조로 인해 개발도상국의 빈곤율이 감소한 것인지에 대해서는 의문의 여지가 있다. 여전히 최빈국을 포함한 아프리카의 많은 개발도상국은 빈곤율에서 큰 진전이 이루어지지 않고 있기 때문이다.

국제개발협력의 신자유주의화 경향

MDGs의 이행에서 가장 취약했던 점은 개발목표 달성을 위한 재원 마련과 관련된 부분이었는데, 특히 2000년대 후반 미국의 서브프라임모기지 사태로 인한 글로벌 금융위기, 그리스의 채무 불이행과 관련된 유럽연합(EU) 경제권의 재정 건전성 악화 등으로 인해 선진 공여국들의 재정상태와 금융 불안이 가중됨에 따라 공적개발원조는 규모 면에서 큰 진전을 이루지 못했다. 오히려 주요 OECD 국가들은 2000년대에 들어 사실상 GNI 대비 공적개발원조 비율에서 정체상태를 보이고 있다. 이런 측면에서 시민사회에서는 금융거래세 도입, 부유세 징수, 군사비용 축소, 조세 회피 징계 등을 통해 기업에 대해 보다 투명하고 합법적인 운영과 보다 엄격한 윤리와 책임을 적용할 것을 요구해 왔다. 민관협력의 확대는 단기적으로는 국제개발협력에서 재원을 늘리는 데 기여하겠지만, 장기적으로 볼 때에는 오히려 국제사회가 국제개발협력을 통한 기업의 이윤 추구 방식에 대해 시민사회가 요구하는 보다 윤리적이고 투명한 개입을 할 수 있는 여지가 점차 줄어들고 있다고 하겠다.

SDGs를 위한 재원에서 DAC를 중심으로 하는 선진국의 공적개발원조가 대폭 확대되어야 함에도 불구하고 이를 강제할 수 있는 수단이나 장치는 여전히 마련되어 있지 않다. GNI 대비 공적개발원조 비율로 볼 때 스웨덴, 노르웨이, 룩셈부르크, 덴마크 등 북서부 유럽 국가들은 이미 1970년대 중반부터 국제사회의 권고 수준인 0.7%를 넘어섰지만, 미국과 일본 등을 포함한 다른 많은 OECD DAC 회원국은 1970년대부터 40년 이상이 지난 오늘날에 이르기까지 여전히 매우 낮은 수준에 머무르고 있다. 2030 어젠다는 선진국으로 하여금 GNI 대비 0.7%의 공적개발원조 공여, 그리고 최빈국에 대해서는 GNI 대비 0.2% 지원을 달성하겠다는 목표와 공약을 제시했지만, 역설적이게도 이는 여전히 개발도상국에 대한 지원에서 개발의 잠재력 자체가 약한 최빈국에는 절대적으로 미미하다는 것을 말해 준다.

이런 측면에서 2030 어젠다는 기업의 대폭적인 참여가 필요하다는 점을 공언해 왔다. SDGs는 고위급포럼 등 다양한 루트를 통해 이런 공적개발원조 재원 부족분을 기업으로부터 충당하려는 계획을 갖고 있지만, 실제 기업이 얼마나 진정성을 갖고 지속가능개발목표 달성을 위해 노력할 것인지는 미지수이다. 2030 어젠다는 제41항에서 "소기업에서부터 협동조합과 다국적기업에 이르기까지 다양한 민간영역의 역할을 인정한다."라고 명시하고 있다. 또한 '이행 수단과 글로벌 파트너십'에 해당되는 제67항은 '민간기업 활동, 투자, 혁신은 생산성 향상과 포괄적 경

정보

만일 유엔의 SDGs가 모세의 십계명처럼 간략했으면 좋았을 것이다. 17개 목표 아래 169개에 달하는 세부 목표는 너무 많고, 이를 위해 재원과 정부 정책을 어떻게 조달하고 진행시킬 것인가는 걱정스럽다. SDGs는 좋은 것을 모두 가질 수는 없다는 것을 생각하게 하는 과욕적인 목표이며, 세계의 가난한 사람들에 대한 '배신'이다. 모든 로비집단들이 자신의 이해를 위해 다수의 이해관계자 간 협력을 포함한 지속가능한 개발을 위한 글로벌 협력을 포함하고 있는데 아직 혼란스럽다. 지속가능목표는 모세의 십계명처럼 빈곤 감소, 교육 확대, 보건 증진과 같은 기본적인 목표에 정면으로 돌파하는 방향이 요구된다.

「이코노미스트」, 2015

제성장의 주요 동인'이기 때문에 이러한 민간영역의 중요성을 강조하고 있다. 나아가 제68항에서는 "국제무역은 포괄적 경제성장과 빈곤 감소의 동력이고 지속가능개발에 기여한다. 우리는 WTO하의 보편적, 규칙 기반의, 개방적, 투명한, 예측 가능한, 포괄적, 비차별적, 공평한 다자간 무역체계와 무역자유화의 증진을 지속할 것이다. … 개발도상국에 대해 대륙 경제 통합 및 상호연결성 증진 등을 포함한 무역역량 구축을 제공하는 것이 중요하다."라고 지적하고 있다.

그러나 국제개발협력에 기업의 투자나 무역을 통한 재원 마련이 어느 정도 도움이 될 것인지에 대해서는 심각하게 고려할 필요가 있다. 예를 들어, 세계적인 기업 컨설팅회사인 영국의 프라이스워터하우스쿠퍼스(PricewaterhousCoopers)사는 2030 어젠다와 관련한 설문조사 결과 SDGs는 기업의 비즈니스 기회와 높은 상관관계를 가지고 있다는 결론을 얻었다. 특히 SDGs 중 (3) 모든 연령층의 건강 및 복지 증진, (7) 값비싸지 않고, 안정적이고, 지속가능하며 현대적인 에너지에 대한 접근성 보장, (8) 포괄적이고 지속가능한 경제성장, 생산적인 완전 고용, 양질의 일자리 촉진, (9) 회복력을 갖춘 인프라 구축, 포용적이며 지속가능한 산업화, 혁신의 추구, (12) 지속가능한 소비 및 생산 패턴의 보장, (13) 기후변화에 대한 즉각적인 대응의 6가지는 기업의 입장에서 부가가치 창출에 매우 긍정적인 영향을 끼칠 것으로 전망했다.

지리적 차이에 대한 인식 부족

SDGs의 본질적 목적은 세계의 가난한 국가에 살고 있는 주민들을 돕는 것이고, 이를 위해 다른 국가들이 어떻게 재원을 마련해서 어떠한 정책으로 이들을 돕는가에 주안점을 두고 있다. 그러나 SDGs는 빈곤과 기아와 같이 개발도상국이 직면한 핵심문제 이외에, 도시화, 인프라, 기후변화 등 너무나 폭넓은 목표들을 아우르고 있다. 특히 개발도상국의 빈곤은 전체 시스템의 불평등과 부정의에서 비롯된 것으로 간주함으로써 마치 개발도상국을 '진정하게' 돕기 위해서는 전체 거버넌스를 향상시켜야 하고, 시스템의 투명성을 제고해야 하며, 제도화된 불평등을 줄이기 위한 수많은 목표들을 달성해야 가능하다고 제안하고 있다. 또한 개발도상국에서는 더 많은 목표를 수립해야 더 많은 공적개발원조를 받을 수 있을 것이라고 기대하지만, 실제로 2030년까지 공적개발원조를 위해 투입해야 하는 자금만 하더라도 연간 무려 2~3조 달러에 달할 것으로 예측되고 있다. 이는 세계 총 연간 저축액의 15%에 해당되며, 세계 GDP의 4%에 해당되는 액수이다. 더군다나 OECD에 속한 선진 공여국들은 자국의 GDP 대비 0.7% 공여를 목표로 하고 있지만, 이 약속은 1960년 이후 2014년 현재까지 6개국 정도를 제외하면 이루어지지 않은 공약에 불과하다. OECD 국가의 경우 2014년 현재 GNI 대비 ODA 비율은 0.3%에 불과하다. 더군다나 SDGs의 목표들이 비록 개발도상국의 참여 속에서 만들어진 것이기는 하지만, 개별 개발도상국이 처한 지리적 현실과 정치경제적 상

그림 15.3 OECD 회원국의 GNI 대비 공적개발원조액 비율

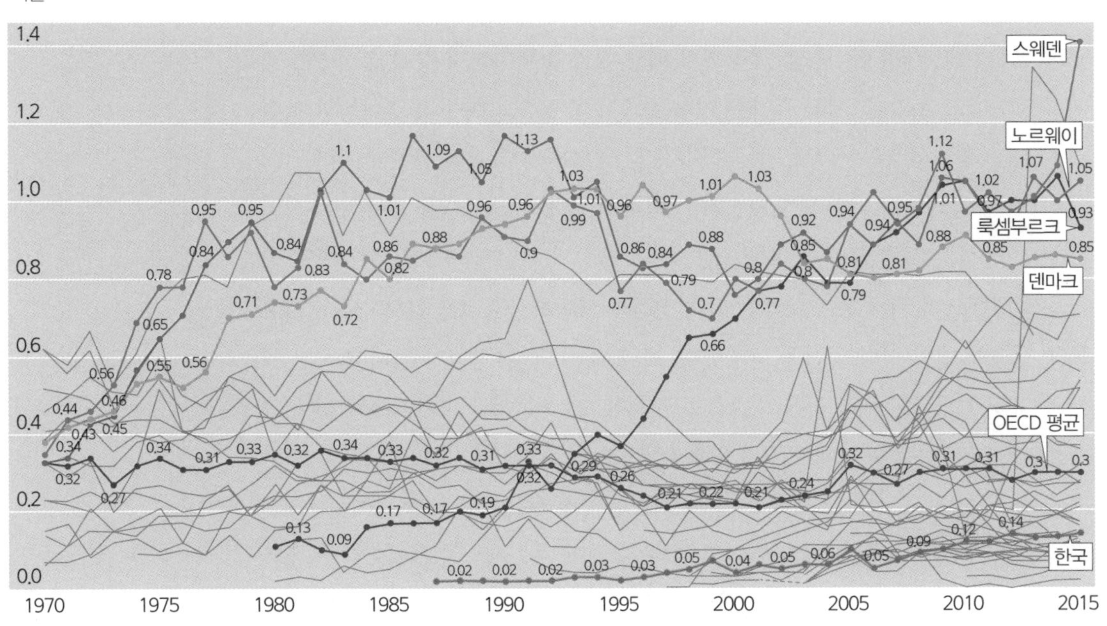

황에 대한 구체적 고려 없이 일반화된 목표라는 점에 더 큰 문제점이 있다. SDGs가 추구하는 방향이 진실로 구체적이고 실질적인 빈곤 및 기아 퇴치라고 한다면, 전 세계의 무역 및 산업 구조의 불균등을 다룰 수 있는 체제 구축과 아울러 개별 개발도상국이 처해 있는 현실에 적합한 차별화된 목표들이 설정될 필요가 있다.

하루 1.25달러 미만으로 생계를 유지하는 10억 명의 개발도상국 극빈층을 구제하는 것은 그렇게 어렵지 않을 수 있다. 만일 선진국으로부터 직접적이고 기본적인 공여로서 1년에 최소한 650억 달러면 이들의 빈곤과 기아를 해결할 수 있으므로, 650억이라는 공여를 통해 빈곤 및 기아 퇴치라는 제1목표를 달성할 수 있다. 그러나 SDGs가 제시한 169개의 세부 목표는 이러한 가장 시급한 목표의 달성을 오히려 지연시키고 어렵게 만들고 있다. 또한 SDGs에는 도시화, 인프라, 거버넌스 스탠다드, 소득 불평등, 기후변화, 녹색 에너지, 생물 종 보존 등 수많은 어젠다들이 망라되어 있으며, 기후변화에 어떻게 대응할지에 관해 부유한 국가와 빈곤 국가가 나뉘어 있고, 대부분의 국가는 자기 자신이 아니라 다른 국가들이 글로벌 경제 시스템을 강화하기 위해 희생할 것을 요구하고 있다.

이와 유사한 맥락에서 2014년 국제식량정책연구소는 SDGs 초안을 비판하면서 개발도상국의 기아 퇴출을 위해 유엔이 충분히 적극적이지 않다고 주장했다. 연구소는 식량 부족 문제를 해결하기 위해서는 중국과 베트남, 브라질, 태국이 추구해 왔던 여러 가지 방식들을 결합해서 해당 지역의 특수성에 맞게 병행하는 것이 타당하다고 보았다. 이들 국가는 식량 부족을 해결하고 아동 영양실조와 저성장 비율을 크게 낮추는 데 모두 성공했지만 그 방식은 각 국가적 상황에 따라 달랐다. 가령 중국과 베트남은 농업기반을 강력하게 확대하는 정책을 추구하여 성공했고, 브라질은 전체 국민을 대상으로 사회보장정책을 실시하여 충분한 영양 공급을 달성했으며, 태국은 농업기반 확대 정책과 사회보장정책을 실시하면서 핵심 목표 집단에 대한 영양 공급을 병행했다. 또한 SDGs를 달성하기 위해서는 전 세계의 GDP 성장률이 매우 높은 수준을 유지해야 하는데, 이는 결과적으로 세계 그 자체의 생태적 목적을 침해하는 자가당착적 계획일 수밖에 없다. 또한 1일 1.25달러를 빈곤선으로 규정하고 있지만, 실제 최소한의 생계를 유지하기 위해서는 1일 소득 기준이 5달러로 높아져야 한다고 본다. 그리고 지속가능한 개발이라는 개념 자체도 매우 모호하기 때문에 이산화탄소 증가를 안정화하거나 환경적 조화를 추구하기가 어렵다.

SDGs는 도출 과정에서 유엔은 2015년 유엔총회에 제출할 목적으로 17개의 목표와 169개의 지표를 평가해 줄 것을 국제과학위원회(ICSU)와 국제사회과학위원회(ISSC)에 요청했다. 21개국에서 40명 이상의 학자들이 참여한 보고서는 SDGs가 제시한 목표와 지표들이 과학적으로 타당한지, 경제적·사회적·환경적 지속가능성을 포괄하고 있는지, 구체적이고 효과적으로 실행·평가될 수 있는지에 대해 검토·평가했다. 검토의 기준으로서는 현행의 국제적 합의 및 과정에 대한 부합성, 실행가능성, 측정가능성의 3가지였다. 이 보고서는 잘 개발된 목표는 49개(29%)로 제안사항을 제시했는데, 우선 모든 목표와 세부 목표를 포괄하는 SDGs의 최종적인 목적을 달성하는 목표를 설정할 것, 17개의 목표를 서로 관련되어 있는 몇 가지로 범주화할 것, 서로 다른 목표에 속해 있기는 하지만 상호 관련성이 있는 세부 목표들을 연결하는 방안을 고려할 것, 세부 목표는 측정 가능하고 관리가능하며 구체적이어야 하고, 목표들이 지리적 다양성을 담고 있는가에 대한 재검토의 필요성을 제안했다.

국제개발협력에서의 포스트식민 정치

선진국과 개발도상국의 이분법을 비롯하여 개발과 관련된 많은 용어들은 여전히 개발에 대한 선형적 관념, 이른바 '저개발 지역'에 대한 식민주의적 사고를 반영하고 있음을 부정할 수 없다. SDGs는 여전히 개발과 개발이 가져올 미래세계에 대한 낙관론에 근거하고 있지만, 빈곤과 기아는 계속되고 있다. 보다 정확하게 말하자면 결국 개발로 인해 개발이라는 것이 실패하기 때문에 가난한 사람들은 더욱 가난해지고 있는 것이다. 특히 개발도상국 내에서도 정부 관료나 전문가와 같은 엘리트 계급의 목소리가 아니라 이들이 대변하고자 하는 빈곤과 기아에 처해 있는 하위 계급 자신들의 목소리가 실제적으로 반영되어야 한다는 점이 무엇보다 중요하다. 따라서 국제개발협력이 추구하려는 어젠다는 이러한 포스트식민적 사고에 입각하여 개발이론의 국지화(localization)와 아울러 지역 토착민이 행위주체성을 갖고 개발을 주도할 수 있는 여건이 마련되어야 한다. 이런 측면에서 많은 이론가들은 개발이 실패하는 주요 이유가 개발이 이루어지는 지역주민들의 지식을 경청하지 않은 데 있다고 지적한다. 곧 개발은 부유한 지역에 살고 있는 자들에 의해 가난한 국가에 살고 있는 주민들에게 행해지기 때문이라는 것이다. 따라서 빈곤과 기아가 나타나는 지역에서는 반드시 그곳에 거주하는 토착 주민들의 가치 체계, 생활방식, 문화적 태도 등이 충분히 고려·반영되어야 한다. 왜냐하면 오랜 세월 동안 그들이 모진 환경에 적응해 온 방식을 이해함으로써 서양의 또는 개발도상국의 관료나 엘리트를 포함한 소위 '전문가들'이 배울 수 있는 바가 많기 때문이다. 이러한 접근은 타자의 목소리에 귀를 기울이려는 포스트식민적 관심이 개발의 실행과 관련되어 있음을 보여 준다.

이러한 포스트식민적 맥락에서 2030 어젠다를 살펴보면 몇 가지 점에서 비판적인 이해가 필요하다. 우선, "정보통신기술의 국제적 상호연결성의 확대가 의학에서부터 에너지까지 다양한 분야를 포괄하는 과학 및 기술의 혁신을 가속화시킬 것이고, 이로 인해 인간의 진보가 가속화되고 정보 격차가 좁혀지면 지식사회가 발전되어 나갈 것"이라고 말하고 있다. 여전히 지식 및 과학이라는 용어를 탈정치화하고 서양 중심적인 시각에서 바라보려는 노력이 배어 있다. 또한 인프라, 산업 및 혁신과 관련해서는 "특히 개발도상국에서 과학기술 연구를 강화하고 … 개발도상국에서의 국내 기술개발, 연구, 혁신 확대를 지원한다."라고 되어 있는데, 이는 SDGs 달성을 위해 각 지역 및 국가에서의 과학, 기술, 지식, 혁신적인 정책이나 메커니즘 등을 서로 교환해서 공유할 수 있는 온라인 지식 플랫폼을 구축할 것을 규정하고 있다. 그리고 이는 다양한 성공 사례와 교훈을 학습할 수 있는 기회도 제공하고 다수의 이해관계자들 간의 파트너십과 네트워크 형성의 장으로 활용될 것임을 규정하고 있다. 2016년 12월 현재 '지속가능한 개발지식 플랫폼'이라는 명칭으로 온라인으로 개설되어 있고(https://sustainabledevelopment.un.org), 이를 책임지는 부서는 유엔 경제사회부(DESA) 산하의 지속가능한 개발부이다. DESA는 지속가능한 개발에 대한 고위급 정치포럼 회의를 총괄하며, 이를 통해 17개의 SDGs와 169개의 세부 목표로 이루어져 있는 2030 어젠다의 달성을 모니터링하고 제언을 하는 것을 주요 목표로 하고 있다. 그러나 이 온라인 플랫폼이 과연 개발도상국, 특히 사회 및 경제적 인프라가 발달되지 못한 최빈국의 주민이나 활동가들에게 어느 정도 접근 가능한지에 대해서는 의문의 여지가 있다. 더군다나 이 플랫폼을 통해 유통·공유되는 지식이 토착민의 로컬 지식으로부터 공식화된 것이라고 한다면, 과연 이런 공식화된 형태의 지식이 어느 정도 로컬의 차이와 특수성을 반영할 것이며, 이를 다른 지역이나 사례에 적용할 때 어떠한 점에 유의해야 할지에 대해서는 신중하게 생각할 필요가 있다.

한편, 중국은 DAC를 중심으로 한 서구 중심의 공적개발원조 실행이 수원국에 까다로운 정치적 조건을 제시한다는 점에서 위계적이고 식민주의적이라고 비판하면서 자국의 공적개발원조를 공동발전과 상호이익에 부합하는 보다 바람직한 형태라고 주장한다. 그러나 아프리카에 대한 중국의 공적개발원조는 대개 해외직접투자나 경제특구 조성을 통한 원조 비중이 높을 뿐만 아니라, 과거와 비교할 때 점차 기업 주도의 원조와 투자가 지배적으로 부상하고 있다. 이로 인해 중국의 공적개발원조 정책은 민간기업의 투자를 유인하면서 토지와 해양의 전유, 노동력 착취, 환경오염 등의 문제를 일으키고 있다. 이런 측면에서 볼 때 국내 과잉생산과 산업구조 재편을 주된 목적으로 추진한 중국 기업의 공격적 개발투자는 공여국의 지속적 발전보다는 중국의 경제적 이익을 최우선으로 두는 다분히 중상주의적 경제 전략에 가깝다. 이런 점에서 중국과 같은 비OECD DAC 국가의 다분히 전략적이고 정치적인 개발협력이 SDGs 달성에 어느 정도 기여할지 또는 반대로 장애가 될 수 있을지에 대해서도 충분한 논의가 이루어져야 할 것이다.

지속가능개발목표의 미래

지속가능개발목표는 개발도상국과 중간소득 국가들의 빈곤한 지역이 경험하고 있는 다양한 문제들을 해결하는 데 새로운 기회가 될 것이지만 한계점도 동시에 내재하고 있다. 특히 2030 어젠다는 지속가능성이라는 개념 자체의 느슨함으로 인해 자칫 개발도상국의 문제가 지니는 중요성이 반감될 수 있는 가능성을 안고 있다. 그러나 지속가능개발목표는 유엔뿐만 아니라 세계무역기구(WTO)와 국제금융기구가 주도해 나가는 국제사회 담론에서 가장 핵심적인 위치를 차지할 것이며, 이의 영향은 개발도상국뿐만 아니라 세계 모든 국가들의 경제적·사회적·환경적 거버넌스에 영향을 끼칠 것으로 예상되기에 성공적인 이행을 위해 우리 모두 비판적이고 지속적인 관심을 기울일 필요가 있다.

··참고문헌

Bauer P., 1978, 'Western Guilt and Third World Poverty', in Karl Brunner (ed), *The First World and the Third World*, University of Rochester Policy Center.

Black M., 2002, *No Nonsense Guide to International Development*, New Internationalist.

Brautigam D., Knack S, 2004, *Foreign Aid, Institutions, and Governance in Sub-Saharan Africa*, Chicago University Press.

Codrington Stephen, 2007, *Planet Geography* (4th edition), Solid Star Press.

Colgan A-L., 2002, *Hazardous to Health: The World Bank and IMF in Africa*, Africa Action.

Collier P., 2007, *The Bottom Billion: Why the Poorest Countries are Failing and What Can be Done About It*, Grove Art.

Desai V., Potter R., 2002, *A Companion to Development Studies*, Arnold.

Easterly W., 2002, *The Elusive Quest for Growth*, MIT.

Easterly W., 2006, *The White Man's Burden: Why the West's Efforts to Aid the Rest Have Done So Much Ill and So Little Good*, Penguin.

Eberstadt N., 2007, *Too Many People?*, International Policy Press.

Gill P., 2010, *Famine and Foreigners: Ethiopia Since Live Aid*, OUP.

Escobar A., 1995, *Encountering Development: The Making and Unmaking of the Third World*, Princeton University Press.

Hanlon J., Smart T., 2009, *Do Bicycles Equal Development in Mozambique?*, James Currey.

Hay C., Marsh D. (eds), 2000, *Demystifying Globalization*, Palgrave.

Kaplan R., 1997, *The Ends of the Earth*, Random House.

Klein N., 2000, *No Logo*, Harper Collins.

Mehta L. and Nicol A., 2006, *Water*, Oxfam.

Nagle, Garrett, 2000, *Advanced Geography*, OUP.

Naughton B., 2007, *The Chinese Economy, Transitions and Growth*, Cambridge.

Potter R., Binns T., Elliott J., Smith D., 2004, *Geographies of Development*, Pearson.

Polman L., 2010, *The Crisis Caravan: What's Wrong With Humanitarian Aid?*, Metropolitan Books.

Ransom D., 2002, *No Nonsense Guide to Fair Trade*, New Internationalist.

Regan C. (ed), 2002, *80:20 Development In An Unequal World*, Tide.

Sachs J., 2005, *The End of Poverty: How can we make it happen in our lifetime?*, Allen Lane.

Sachs J., 2008, *Common Wealth: Economics for a Crowded Planet*, Penguin.

Sachs W., 1992, *The Development Dictionary: A Guide to Knowledge as Power*, Zed Books.

Saquet A-M., 2005, *World Atlas of Sustainable Development*, Anthem Press.
Seabrook J., 2003, *No Nonsense Guide to World Poverty*, New Internationalist,
Seager J., 2003, *The Atlas of Women in the World*, Earthscan.
Sen A., 1999, *Development As Freedom*, OUP.
Southall R., Melber H., 2009, *A New Scramble for Africa? Imperialism, Investment and Development*, University of KwaZulu-Natal Press.
Spencer N., 2010, *Health Consequences of Poverty for Children*, End Child Poverty Report.
Stiglitz, J., 2003, *Globalization and its discontents*, Norton.
Terry G., 2006, Women's Rights, Poverty and Development, Oxfam.
Williams G., Meth P., Willis K., 2009, *Geographies of Developing Areas: The Global South in a Changing World*, Routledge.
Willis K., 2005, Theories and Practices of Development, Routledge.
Usdin S., 2007, No Nonsense Guide to World Health, New Internationalist.

한국어판 추가 부분

김수진, 2016, 국제개발협력 최근 동향과 이슈: MDGs와 SDGs 체제 비교를 중심으로, 제주대학교 국제개발협력의 이해 강의자료.
박경환·윤희주, 2015, 개발지리학과 국제개발협력(IDC)의 부상, 한국도시지리학회지, 18(3), 19-43.
박경환·이영민·이용균 역, 2016, 공간을 위하여, 심산, 서울(Massey, D., 2005, *For Space*, Sage, London).
박성우, 2016, 글로벌 분배적 정의의 관점에서 본 해외원조의 윤리적 토대, 평화연구, 24(1), 5-41.
배진수·강성호·한희정, 2006, 유엔 MDGs(천년개발목표) 달성을 위한 한국의 추진 전략 및 기여 방안, 한국국제협력단, 서울.
여유경, 2016, 중국식 개발원조의 등장: 역사적 변화와 특색, 『개발협력의 세계정치』, 서울대학교 국제문제연구소 편, 서울, 사회평론, 224-270.
오정화·박영실, 2015, 2030 지속가능발전아젠다에 대한 국가통계 대응방안 수립, 통계개발원 연구보고서.
우동완·조아영, 2009, 천년개발목표 달성을 위한 협력단 정책 및 지원사업 이행현황 종합평가, 한국국제협력단.
이성훈, 2014, Post-2015 개발 아젠다란 무엇인가: 한국 시민사회의 관점에서, 국제개발협력민간위원회·국제개발협력시민포럼·지구촌빈곤퇴치시민네트워크, 서울.
이영민·박경환 역, 2011, 포스트식민주의의 지리: 권력과 재현의 공간, 서울, 여이연(Sharp, J., 2009, *Geographies of Postcolonialism: Spaces of Power and Representation*, Sage, London)
임소진, 2016, 국제개발협력 최근 동향과 이슈, KOICA ODA 교육원 편, 국제개발협력 입문편, 시공미디어, 서울, 151-226.
한국국제협력단, 2013, 국제개발협력의 이해(개정판), 한울아카데미, 서울.
한국국제협력단, 2014, 개발학 강의, 푸른숲, 서울.
한국국제협력단, 2015, 한국의 개발원조, http://koica.go.kr
ODA Watch 실행위원회, 2010, 새천년개발목표(MDGs)에 대한 불편한 진실, ODA Watch, 45, 1-4.
KoFID·KOICA, 2016, 알기 쉬운 지속가능발전목표 SDGs, action/2015 Korea, 국제개발협력시민사회포럼, 서울.
Anderson, B., 1983, *Imagined Communities: Reflections on the Origin and Spread of Nationalism*, Verso, London.

Briggs, J. and Sharp, J., 2004, Indigenous knowledges and development: a postcolonial caution, *Third World Quarterly*, 25(4), 661-676.

Economist, 2015a, *The 169 Commandments*, Mar 28th, Leaders Edition.

Economist, 2015b, *Unsustainable Goals*, Mar 28th, International Edition.

Escobar, A., 1995, *Encountering Development: The Making and Unmaking of the Third World*, Princeton University Press, NJ: Princeton.

Fan, S. and P. Polman, 2014, *An Ambitious Development Goal: Ending Hunger and Undernutrition by 2025*, International Food Policy Research Institute(IFPRI).

Ferguson, J., 1994, *The Anti-Politics Machine: Development, Depoliticization, and Bureaucratic Power in Lesotho*, University of Minnesota Press, MN: Minneapolis.

Hobsbaum, E., 1983, *The Invention of Tradition*, Cambridge University Press, Cambridge.

International Council for Science(ICSU) and International Social Science Council(ISSC), 2015, *Review of Targets for the Sustainable Development Goals: The Science Perspective*, Paris, International Council for Science(ICSU).

James, J., 2006, Misguided Investments in Meeting Millennium Development Goals: a reconsideration using ends-based targets, *Third World Quarterly*, 27(3), 443-458.

Poku, N. and Whitman, J., 2011, The Millennium Development Goals: challenges, prospects and opportunities, *Third World Quarterly*, 32(1), 3-8.

PricewaterhouseCoopers(PwC), 2015, *Make it Your Business: Engaging with the Sustainable Development Goals*. http://www.pwc.com/sdg

Rigg, J., 2014, The millennium development goals, in V. Desai and R. Potter (eds.), *The Companion to Development Studies*, third edition, Routledge, London, 67-73.

Sylvester, C., 1999, Development studies and postcolonial studies: disparate tales of the 'Third World'', *Third World Quarterly*, 29(4), 703-21.

United Nations Commission for Sustainable Development, 2012, *The Future We Want*, New York, United Nations.

United Nations Development Programme(UNDP), 2015a, *Human Development Report 2015: Work for Human Development*, United Nations, New York.

United Nations Development Programme(UNDP), 2015b, *A New Sustainable Development Agenda*, http://www.undp.org/content/undp/en/home/mdgoverview, United Nations, New York.

United Nations Development Programme, 2011, *Human Development Report 2015: Sustainability and Equity – A Better Future for All*, New York, United Nations.

United Nations, 2012, *Realizing the Future We Want for All: Report to the Secretary-General*, UN System Task Team on the post-2015 UN Development Agenda, June, 2012. United Nations, New York.

United Nations, 2013a, *A life of dignity for all: accelerating progress towards the Millennium Development Goals and advancing the United Nations development agenda beyond 2015*, Report of the Secretary-General, United Nations, New York.

United Nations, 2013b, *The Report of the High-Level Panel of Eminent Persons on the Post-2015 Development Agenda, 2013*, A New Global Partnership: Eradicate Poverty and Transform Economies Through Sustainable

Development, United Nations, New York.
United Nations, 2014, *Open Working Group Proposal for Sustainable Development Goals*, United Nations, New York.
United Nations, 2015a, *New Millennium Development Goals Report 2015*, United Nations, New York.
United Nations, 2015b, *New Millennium Development Goals 2015 Progress Chart*, United Nations, New York.
United Nations, 2015c, *Addis Ababa Action Agenda of the Third International Conference on Financing for Development*, United Nations, New York.
World Bank Open Data, http://data.worldbank.org (2016년 11월 10일)

온라인 정보

Useful journals, newspapers and other online sources
Aid Watch – information on aid, trade and debt www.aidwatchers.com
All Africa – African news and information provider http://allafrica.com
BBC online www.bbc.co.uk
Development Education Association www.dea.org.uk
Global Health Watch www.ghwatch.org
Global Link online resources www.globalink.org
The Guardian and The Observer – newspapers www.guardian.co.uk
The Independent – newspaper www.independent.co.uk
International Development Research Centre www.idrc
New Internationalist www.newint.org
Panos – global development information provider www.panos.org.uk
People and Planet www.peopleandplanet.net

NGO와 구호단체

Action Aid www.ActionAid.org.uk
Bill and Melinda Gates Foundation www.gatesfoundation.org
Christian Aid www.christianaid.org.uk
End Child Poverty http://endchildpoverty.org.uk
Excellent Development – NGO supporting farmers in Africa www.excellentdevelopment.com
Fairtrade Foundation www.fairtrade.org.uk
Jubilee Debt Campaign www.jubileedebtcampaign.org.uk
Oxfam www.oxfam.org.uk
Plan International http://planinternational.org
Practical Action, charity that promotes appropriate technology www.PracticalAction.org
Wateraid www.wateraid.org

개발 관련 국가 및 국제기구

Food and Agricultural Organization of the United Nations www.fao.org
International Monetary Fund www.imf.org
Organization for Economic Cooperation and Development www.oecd.org
UK Department for International Development www.dfid.gov.uk
United Nations Children's Fund www.unicef.org
United Nations Conference on Trade and Development www.unctad.org
United Nations Education, Scientific and Cultural Organization www.unesco.org
UNAIDS www.unaids.org
UK Government statistics www.statistics.gov.uk
World Bank www.worldbank.org
World Economic Forum www.weforum.org
World Food Programme www.wfp.org
World Trade Organization www.wto.org

‥찾아보기

ㄱ
거버넌스 295
공여국 291
공장형 축산 30
공적개발원조 113, 291
공정무역 141, 153
공중보건 재앙 172
관세무역일반협정 82
교역조건 136
구국제분업 58
구속성 원조 115
구조조정 대출 80
구조조정프로그램 72
국내총생산 16
국민총생산 16
국민총소득 16
국제개발협력 284
국제부흥개발은행 78
국제분업 35
국제통화기금 72, 79
국제협력 270
국지화 293
군나르 뮈르달 53
굿 거버넌스 89
그라민은행 92
그린피스 86
극빈층 292
근대화이론 36
기대수명 157
기본적 수요 22
기본적 필요 286
기술 238
기아 제거 253
기후변화 220, 266
긴급수입제한조항 139

ㄴ
나이저 삼각주 83, 84
나이지리아 83
낙수효과 54
난민 205
난민캠프 213
남북문제 14
남아프리카공화국 50
네덜란드병 84
네팔 261
노스다코타 27
노트북 컴퓨터 242
녹색경제 279
녹색혁명 26, 105
농식품업 24
농촌 쇠퇴 29
누적적 인과론 54

ㄷ
다르에스살람 72
다르푸르 248
대량 학살 213
대안무역기구 141

ㄹ
라벤슈타인 206
라운드업레디 86
라이베리아 194

로마클럽 108
로컬 지식 294
르완다 25, 213
리우+20 회의 279, 280
린다 폴만 120

ㅁ
마셜플랜 12
마오쩌둥 62
마하트마 간디 11
말라리아 181, 187
말라위 124, 184
맥도널드화 71
맬서스주의자 103
멕시코 195
모성보건 260
모잠비크 41
몬산토 86
무기의 왕좌 42
무역 135
미국 168
미국화 77
미붐바 91
민영화 72

ㅂ
바나나 농장 153
바이오매스 248
발전 11, 12
밥 겔도프 121
방콕 17
베트남 292
보건소 132
보존경운 219
보편적 초등교육 254
보호무역주의 56
복제약품 165, 241
볼프강 작스 39, 245
부문접근 114
부정부패 284
부채 감면 113, 128, 133
부채 위기 157
부채 탕감 134, 270
북미자유무역협정 143
분절노동시장 208
불균등 발전 39
불평등 52
브라질 59, 292
브란트위원회보고서 14
브레턴우즈 회의 77
비동맹그룹 14
빅토리아호 89
빈곤 퇴치 288
빈곤 44, 253
빈곤격차비율 19
빈곤선 18

ㅅ
사이클론 227
사하라사막 이남 아프리카 156
살충제 처리 모기장 182, 187
삼림 파괴 265, 266
상업적 자본주의 33
상호책임 128
새천년개발목표 180, 250, 276
새천년개발목표의 성과 272
생물다양성 225, 265
성 평등 190, 256
성과관리 128
성장극 54
성평등발전지수 22
세계개발보고서 221
세계무역기구 81, 139, 140
세계무역회담 139
세계은행 72, 78, 162
세계체제론 208
세계화 69
소작농 218
송금 68
수단 248

수입대체 56
수출지향 56
승수효과 54
시민사회단체 286
식량 146
식량농업기구 107
식민주의 33
신마르크스주의 120
신맬서스주의자 103
신식민주의 33
신자유주의화 288
신흥공업국의 성장 58

ㅇ
아동 빈곤 47
아동 사망률 259
아랄해 230
아르투로 에스코바르 39, 126
아이티 133
아파르트헤이트 50
아프가니스탄 246, 268
아프리카 145, 177
악성채무빈국 89, 130
안드레 군더 프랑크 32
에버렛 리 208
에볼라 275
에스터 보저럽 105
여성 권익 99
여성 201
여성과 취업 257
역학적 전이모델 159
연령구조 99
영국 44
옥스팜 15, 115
올림픽 234
우간다 88, 171, 187
우리가 원하는 미래 280
우즈베키스탄 230
워런 톰프슨 95
원조 프로그램의 문제 121
원조 75, 113
원조일치 128
원조조화 128
원조피로 274
월드 휘트먼 로스토 36
위생시설 267
윈드워드 제도 153
윌리엄 이스털리 124
유엔 경제사회부 294
유엔개발계획 18
유엔지속가능개발위원회 279
유엔환경프로그램 279
유전자변형 86
음용수 267
의료 개혁안 170
의료 160
의료비용 169
이산화탄소 221
이주 203
이주노동자 212
인간개발 281
인간개발보고서 21
인간개발지수 19, 98, 286
인간면역결핍바이러스 173
인간빈곤지수 21
인구 94
인구변천모형 95, 97
인도 11, 55, 166, 196
인터넷 243
일반재정지원 114
일본 201, 267

ㅈ
자유시장 근본주의 70, 80
자유주의 287
점적관수 219
제3세계 13
제네바협약 205
제약산업 163
제프리 색스 123

젠더 190
젠트리피케이션 237
조지 리처 70
조지프 스타글리츠 81
종속이론 32, 38, 137
주민공동체 112
주민의식 128
주빌리부채감면캠페인 129, 134
주인의식 284
중간기술 244
중국 62, 210, 292, 295
중력 모델 207
지속가능개발목표 276, 279, 280
지속가능개발목표의 한계 287
지적재산권 240
짐바브웨 261

ㅊ

참여적 빈곤평가 125
천편일률적인 처방 80
초국성 지수 146
초국적기구 77
초국적기업 70, 146

ㅋ

카랄라 248
카자흐스탄 230
카팅카 59
커피생산자연합 61
케냐 109, 199, 233
케랄라 55, 65
코끼리 232
코카랄 댐 231
코카콜라 151
콘돔 179
콜리어 271

ㅌ

탄자니아 90, 233, 255
태국 241
토머스 맬서스 102
토지 200
토지개혁 67
투발루 224, 227
특별경제구역 62
특허권 239

ㅍ

파리선언 127
파생상품 75
퍼다 197
페루 25
포르투갈 41
포스트-2015 개발 어젠다 277, 278
포스트식민 정치 293
풍토병 182
피터 바워 118

ㅎ

항레트로바이러스 약 178
해리 트루먼 12
해수면 상승 223, 227
해외직접투자 57
호랑이 경제 58
환경과 개발 217
환경의 지속가능성 264
효과성 284
효과적 원조 124
후기구조주의 이론 39
후천면역결핍증 173
후커우 211
휴대전화 91, 246

H~P

HIV 치료제 240
IMF 115
IMF 130
OECD 개발원조위원회 251
POET 108